よくわかる
仕上ゲ作業法

大西久治　編

Ohmsha

本書を発行するにあたって、内容に誤りのないようできる限りの注意を払いましたが、本書の内容を適用した結果生じたこと、また、適用できなかった結果について、著者、出版社とも一切の責任を負いませんのでご了承ください。

本書に掲載されている会社名・製品名は一般に各社の登録商標または商標です。

　本書は、「著作権法」によって、著作権等の権利が保護されている著作物です。本書の複製権・翻訳権・上映権・譲渡権・公衆送信権（送信可能化権を含む）は著作権者が保有しています。本書の全部または一部につき、無断で転載、複写複製、電子的装置への入力等をされると、著作権等の権利侵害となる場合があります。また、代行業者等の第三者によるスキャンやデジタル化は、たとえ個人や家庭内での利用であっても著作権法上認められておりませんので、ご注意ください。
　本書の無断複写は、著作権法上の制限事項を除き、禁じられています。本書の複写複製を希望される場合は、そのつど事前に下記へ連絡して許諾を得てください。

出版者著作権管理機構
（電話 03-5244-5088、FAX 03-5244-5089、e-mail：info@jcopy.or.jp）

JCOPY ＜出版者著作権管理機構 委託出版物＞

は　し　が　き

　機械の製作は，工作機械だけにまかせておけるものではなく，手による仕上ゲと組ミ立テ作業によって初めて完成するものであることはいうまでもありません．むしろ，できあがった機械に魂を入れるものは，最後の仕上ゲと組ミ立テの技術にあるといえましょう．たとえば工作機械のベッドの工作は，キサゲによるスリ合ワセ作業がその急所になり，精密なジグやゲージ類の製作は，最後のラッピング作業によってその精度が決まります．また，精密な機械であればあるほど，その組ミ立テにはち密な技術が必要になります．

　部品の工作上，ハツリやヤスリ作業，穴アケやネジ立テ作業あるいはケガキ作業なども重要な仕上ゲの仕事ですが，これらの作業は工作的にも技術的にも互いに深い関連を持っています．しかもそれは，あらゆる機械工作の基本であるところに，仕上ゲ作業の大きな意義があります．機械工にしろ板金工にしろ修理工にしろ，機械工作に携わるものは，すべて仕上ゲ作業の基本的な技能を身につけておくことが必要なのです．

　しかし，仕上ゲ作業は主として手工具によって行なうだけに，熟練するためにはかなりの努力と忍耐とがいります．一日も早く技術を身につけようとするならば，科学的な基礎知識を学び，能率的な基本作業を理解して，さらにこれを活用し，応用することを心がけるほかありません．いずれにしても，基本的方法をマスターすることが先決です．

　この本は，多年の実技指導の体験から，仕上ゲ作業に必要な基礎知識と基本技術について述べ，さらにその応用についてできるだけわかりやすく記述したものです．組ミ立テ作業についても実際に即して説

はしがき

明し，さらに，仕上ゲ工場や修理工場などでしばしば行なわれる形削リ盤作業についても解説しておきました．

この本が，仕上ゲ作業について学ぼうとする人人の入門書として，また，この道で働いている人人の参考書として，あるいは学生・生徒諸君の教材として，少しでも役立つならば幸です．

最後に，この本を草するに当たって参照・引用させていただいた諸文献の著者の方方，ならびに終始協力を惜しまれなかった理工学社社長中川乃信氏と編集部の諸君に対し，厚く感謝の意を表します．

1963年6月

編 者	大 西 久 治
執筆者	塩 川 満 丸
〃	伊 藤 猛
〃	兼 子 昇

目　　次

1章　仕上ゲ作業について　…　1-1
　1・1　仕上ゲ作業の意義　　1-1
　1・2　仕上ゲ作業と組ミ立テ作業との関連…　…　…　1-2

2章　切断作業…　…　…　…　2-1
　2・1　弓ノコと万力　…　…　2-1
　　1.　弓ノコ…　…　…　…　2-1
　　2.　万　力…　…　…　…　2-3
　2・2　切断作業　…　…　…　2-5
　　1.　切断作業の準備　…　…　2-5
　　2.　棒材の切断…　…　…　2-6
　　3.　板金の切断…　…　…　2-8
　　4.　管の切断　…　…　…　2-8
　2・3　切断用機械…　…　…　2-9
　　1.　金切リノコ盤　…　…　2-9
　　2.　高速度切断機　…　…　2-10

3章　タガネ作業　…　…　…　3-1
　3・1　タガネ…　…　…　…　3-1
　　1.　タガネの種類と形状…　3-1
　　2.　タガネの火造リと熱処理　3-2
　　3.　タガネのとぎかた　…　3-3
　3・2　片手ハンマ…　…　…　3-4
　3・3　ハツリ作業…　…　…　3-4
　　1.　ハンマとタガネの使いかた…　…　…　…　…　3-4
　　2.　ハツリ作業の姿勢と動作　3-5
　　3.　はつりかた　…　…　…　3-7
　3・4　タガネによる切断　…　3-8

　　1.　棒材の切断…　…　…　3-8
　　2.　板金の切断…　…　…　3-9

4章　ヤスリ作業　…　…　…　4-1
　4・1　ヤスリ…　…　…　…　4-1
　　1.　鉄工ヤスリ…　…　…　4-1
　　2.　組ミヤスリ…　…　…　4-8
　　3.　ヤスリの切レ味…　…　4-8
　　4.　布ヤスリ　…　…　…　4-8
　4・2　ヤスリのかけかた　…　4-9
　　1.　ヤスリの持ちかた　…　4-9
　　2.　ヤスリかけの姿勢と動作…　…　…　…　…　4-9
　　3.　組ミヤスリの使いかた　4-11
　　4.　ヤスリの目詰マリ　…　4-12
　4・3　平面のヤスリ仕上ゲ　4-12
　　1.　ヤスリのかけかた　…　4-12
　　2.　小さい平面と広い平面のヤスリ仕上ゲ　…　…　4-13
　　3.　仕上ゲシロの多い平面のヤスリ仕上ゲ　…　…　4-14
　　4.　布ヤスリのかけかた　…　4-14
　4・4　立方体と曲面のヤスリ仕上ゲ　…　…　…　…　4-15
　　1.　円筒の仕上ゲ　…　…　4-16
　　2.　内曲面の仕上ゲ…　…　4-17

5章　キサゲ作業　…　…　…　5-1
　5・1　キサゲ…　…　…　…　5-1
　　1.　キサゲの種類と形状…　5-1
　　2.　キサゲの材質　…　…　5-2

目 次

3. 刃先の角度 … … 5-2
5・2 キサゲの火造りと焼キ入レ … … 5-3
　1. キサゲの火造り・焼キ入レ … … 5-3
　2. ササバ キサゲの火造り・焼キ入レ … … 5-6
　3. 自動キサゲ機 … … 5-8
5・3 キサゲのかけかた … 5-9
　1. 平キサゲのかけかた … 5-9
　2. ササバ キサゲのかけかた … … … 5-11
5・4 平面のスリ合ワセ作業 5-11
　1. 直定規とスリ合ワセ定盤 … … 5-11
　2. スリ合ワセ作業 … … 5-12
　3. スリ合ワセの精度 … 5-16
　4. 定盤の三枚合ワセ 5-17
　5. 大きな平面のスリ合ワセ … … 5-17
5・5 軸受ケのスリ合ワセ作業 … … 5-18

6章 ケガキ作業 … … 6-1

6・1 ケガキ用工具 … … 6-1
　1. ケガキ針とポンチ … 6-1
　2. 心出シ定規・キー ミゾ定規 … 6-2
　3. コンパスと片パス … 6-3
　4. 尺立テと目安板 … 6-4
　5. トースカン … 6-5
　6. Vブロックと豆ジャッキ 6-6
　7. 平行台とアングル プレート … … 6-7
　8. 心 金 … 6-7

6・2 ケガキ作業 … … 6-8
　1. ケガキ塗料 … … 6-8
　2. ケガキの基準と置きかた 6-9
　3. ケガキ線とポンチ マーク … 6-10
6・3 ケガキ作業の実例 … 6-12
　1. 丸棒の中心のケガキ … 6-12
　2. 穴の中心のケガキ … 6-12
　3. 水平線のケガキ … 6-13
　4. 垂直線のケガキ … 6-13
　5. 角度のケガキ … 6-15
　6. 円周を等分するケガキ 6-16
　7. キー ミゾのケガキ … 6-17
　（1） 軸のキー ミゾ … 6-17
　（2） 穴のキー ミゾ … 6-17
　8. 基準のとりにくいケガキ … 6-18
　9. 黒皮部分の残る工作物のケガキ … 6-19
　10. ハイト ゲージ … 6-19
　11. カムのケガキ … 6-20
　12. 板金のケガキ … 6-21

7章 穴アケ作業 … … 7-1

7・1 ボール盤 … … 7-1
　1. 手回シ ボール … 7-1
　2. ラチェット ドリル … 7-1
　3. 電気ドリル … 7-2
　4. 空気ドリル … 7-2
　5. 卓上ボール盤 … 7-3
　6. 直立ボール盤 … 7-4
　7. ラジアル ボール盤 … 7-5
7・2 ドリル … … 7-6
　1. ドリルの形状 … 7-6
　2. ドリルの種類 … … 7-6

목 次

3. 平キリ … … … 7-15	8章 リーマ作業 … … … 8-1
4. その他のキリ … … 7-16	8・1 リーマ… … … … 8-1
5. ドリルの取リ付ケ … 7-19	1. リーマの形状 … … 8-1
7・3 ドリルのとぎかた … 7-20	2. 手回シリーマ … … 8-4
1. ドリルの摩耗 … … 7-20	3. テーパリーマ … … 8-4
2. 切レ刃の角度と形状… 7-21	4. 機械リーマ… … … 8-6
3. 切レ刃のとぎかた … 7-21	5. シェルリーマ … … 8-7
（1） 手トギ… … … 7-21	6. 調整リーマ… … … 8-7
（2） 機械トギ … … 7-22	7. その他のリーマ… … 8-9
（3） シンニング… … 7-23	8・2 リーマ作業… … … 8-10
4. 切レ刃の検査 … … 7-24	1. リーマ下穴… … … 8-10
（1） 切レ刃の影響 … 7-24	2. リーマ作業… … … 8-11
（2） 検査の方法… … 7-25	（1） リーマの選択 … 8-11
7・4 工作物の取リ付ケ作業 7-26	（2） 手回シによるリーマ作業 … … … 8-11
1. 手持チ… … … … 7-26	
2. 万力への取リ付ケ … 7-26	（3） テーパリーマによるリーマ作業 … 8-12
3. テーブルへの取リ付ケ 7-27	
（1） 取リ付ケ用工具… 7-27	（4） 機械によるリーマ作業 … … … 8-12
（2） 取リ付ケ方法 … 7-28	
4. ドリルジグと取リ付ケ具 … … … 7-30	（5） 切削速度と切削剤 8-13
	（6） リーマの摩耗と研削… … … … 8-14
7・5 穴アケ作業… … … 7-31	
1. センタの合わせかた… 7-31	9章 ネジ立テ作業… … … 9-1
2. 切削方法 … … … 7-32	9・1 タップ… … … … 9-1
（1） 通シ穴… … … 7-32	1. タップの形状 … … 9-1
（2） メクラ穴 … … 7-32	2. 等径手回シタップ … 9-3
（3） 切リ粉の状態 … 7-33	3. 増径手回シタップ … 9-4
（4） 下穴 … … … 7-33	4. 機械タップ… … … 9-5
3. 各種の穴アケ … … 7-33	5. 管用タップ… … … 9-5
4. 電気ドリルによる穴アケ … … … … 7-38	6. その他のタップ… … 9-6
	9・2 ダイス… … … … 9-8
（1） 切削速度と送り … 7-40	1. ダイスの形状 … … 9-8
（2） 回転数の計算 … 7-40	2. 割リダイス …… … 9-8
（3） 切削剤… … … 7-40	
5. 切削速度と切削剤 … 7-41	

目次

  3. ムク ダイス ……… 9-10
  4. その他のダイス… 9-11
 9・3 タップによるネジ切リ 9-12
  1. ネジ下穴 ……… 9-12
  2. タップ回シ……… 9-16
  3. タップ作業……… 9-16
  （1）手回シによるネジ立テ ……… 9-16
  （2）機械によるネジ立テ……… 9-18
  （3）切削速度と切削剤 9-21
  4. 折れたタップの抜きかた……… 9-22
  （1）タップの折れる原因……… 9-22
  （2）タップの抜きかた 9-23
 9・4 ダイスによるネジ切リ 9-24
  1. ダイス回シ ……… 9-24
  2. ダイス作業……… 9-24

10章 ラップ作業 ……… 10-1

 10・1 ラップ仕上ゲの原理… 10-1
  1. 湿式法と乾式法… 10-1
  2. ラップ……… 10-2
  （1）ラップの材料 … 10-2
  （2）ラップの形状 … 10-4
  3. 仕上ゲ量とラップ圧力 10-4
  4. 仕上ゲ面 ……… 10-6
  5. ラップ焼ケ……… 10-7
  6. ラップ面のダレ… 10-7
  7. ラップ仕上ゲによる変形……… 10-8
 10・2 ラップ剤とラップ液… 10-8
  1. ラップ剤の種類… 10-8
  2. ラップ剤のカタサと粒度… 10-9
  3. ラップ剤の適性… 10-10
  4. ラップ液 ……… 10-12
  5. ラップ作業場 … 10-12
 10・3 平面のラップ作業 … 10-13
  1. 軸用限界ゲージのラップ仕上ゲ ……… 10-13
  2. ブロック ゲージのラップ仕上ゲ… … 10-15
  3. 直定規のラップ仕上ゲ 10-18
  4. 細長い円筒の端面ラップ仕上ゲ ……… 10-19
 10・4 円筒のラップ作業 … 10-19
  1. 外径のラップ仕上ゲ 10-19
  2. 内径のラップ仕上ゲ 10-21
 10・5 ネジのラップ作業 … 10-23
  1. オネジのラップ仕上ゲ 10-23
  2. メネジのラップ仕上ゲ 10-24
 10・6 ラップ盤作業 ……… 10-25
  1. ラップ盤の構造… 10-25
  （1）ラップ定盤… 10-26
  （2）修正リング… 10-26
  （3）カクハン装置 10-27
  2. ラップ盤作業… 10-27
  （1）準備作業 … 10-27
  （2）工作物の配置 … 10-27
  （3）ラップ剤 … 10-28
  （4）ラップ仕上ゲ量… 10-28
  （5）ラップ仕上ゲにおいて生じる欠陥とその対策 ……… 10-29
  3. ラップ定盤の保守 … 10-29

11章 形削リ盤作業… ……… 11-1

 11・1 形削リ盤 ……… 11-1

目次

1. 早モドリ機構 … … 11-1
2. ラムの行程と位置の調節 … … … 11-2
3. 削り速度の調節 … … 11-3
4. テーブルの横送リ機構 11-3
11・2 刃物（バイト）… … 11-3
 1. 形削リ盤用バイト … 11-3
 2. バイトのとぎかた … 11-5
 3. バイトの取リ付ケ … 11-6
 （1）刃物台 … … … 11-6
 （2）バイトの取リ付ケ 11-6
11・3 工作物の取リ付ケ … 11-7
 1. 万力による取リ付ケ 11-7
 （1）万力の検査 … 11-7
 （2）万力の使用法 … 11-7
 （3）平行台による取リ付ケ … … 11-8
 （4）Vブロックによる取リ付ケ … 11-8
 （5）クサビによる取リ付ケ … … 11-9
 2. テーブルによる取リ付ケ … … … 11-9
11・4 形削リ盤作業 … … 11-10
 1. 心出シ … … … 11-10
 2. 水平削リ … … … 11-11
 3. 角度削リ … … … 11-12
 4. 垂直削リ … … … 11-12
 5. キーミゾ削リ … … 11-12
 6. 削リ速度と切削剤 … 11-13
 7. 形削リ盤作業の一般的注意 … … 11-14

12章 組ミ立テ作業 … … 12-1

12・1 組ミ立テ作業の内容 … 12-1

 1. 多量生産と組ミ立テジグ … … … 12-1
 2. 単一生産と現物合ワセ 12-2
 3. 固着組ミ立テと運動部分組ミ立テ … … 12-3
 4. ハメアイの種類 … … 12-3
 （1）スキマのある穴と軸 … … … 12-3
 （2）シメシロのある穴と軸 … … … 12-3
 （3）トマリバメの穴と軸 … … … 12-6
 （4）ハメアイの選択 … 12-6
12・2 組ミ立テ用工具 … … 12-6
 1. スパナ … … … 12-6
 2. ネジ回シ … … … 12-10
 3. その他の工具 … … 12-11
12・3 組ミ立テの基本作業 … 12-12
 1. ネジの締メ付ケ … … 12-12
 （1）一般的な注意 … 12-12
 （2）ネジのユルミ止メ 12-13
 （3）ボルト穴の座グリ 12-13
 （4）折れたボルトの抜き方 … … 12-14
 2. ブシュ等の圧入 … … 12-14
 3. コロガリ軸受ケの取リ付ケ・取リハズシ … 12-15
 （1）一般的注意 … … 12-15
 （2）取リ付ケ前の注意 12-16
 （3）取リ付ケ方法 … 12-16
 （4）運転検査 … … 12-18
 （5）軸受ケの取リハズシ … … … 12-19
 4. 回転体のツリアイ調整 12-19
 （1）静的ツリアイ試験 12-20

目次

(2) 動的ツリアイ試験 12-21
5. 工作機械の組ミ立テ作業… 12-21
12・4 旋盤の組ミ立テ作業… 12-23
1. ベッドの仕上ゲ組ミ立テ作業… 12-23
2. 主軸台の仕上ゲ組ミ立テ作業… 12-24
3. 往復台の組ミ立テ作業 12-25
4. 前ダレの組ミ立テ作業 12-26
5. 旋盤の精度検査… 12-26

13章 据エ付ケ作業… 13-1

13・1 据エ付ケの条件… 13-1
1. 機械基礎が受ける力… 13-1
2. 安定した地盤 … 13-5
13・2 据エ付ケ材料 … 13-5
1. セメント … 13-5
2. 骨材… … 13-6
3. 鉄筋… … 13-6
4. 基礎ボルト… … 13-7
5. レベリング ブロック 13-8
6. ジャッキ ボルト … 13-10
13・3 防振据エ付ケ … 13-11
1. 機械と振動… … 13-11
2. 防振基礎 … 13-11
3. 防振材料 … 13-12
13・4 据エ付ケ作業 … 13-15
1. コンクリートの練りかた… 13-15
2. 基礎施工 … 13-18
3. 機械の運搬… … 13-21
4. 機械の水平調節… 13-24
5. 据エ付ケ作業の実例… 13-26

14章 測定工具… 14-1

14・1 測定工具 … 14-1
1. スケール … 14-1
2. 直角定規と直定規 … 14-1
3. 外パスと内パス… 14-2
4. 分度器 … 14-4
5. 組ミ合ワセ定規… 14-6
6. コンビネーション ベベル … 14-6
7. 水準器… … 14-7
8. 下ゲ振リ … 14-8
14・2 ゲージ類 … 14-9
1. スキマ ゲージ … 14-9
2. 針金ゲージ … 14-9
3. 半径ゲージ … 14-9
14・3 ノギス… … 14-9
1. ノギス… … 14-9
2. ハイト ゲージ … 14-13
14・4 マイクロメータ… 14-13
1. 外側マイクロメータ 14-14
2. 内側マイクロメータ 14-15
3. その他のマイクロメータ … 14-16
4. マイクロメータの使いかた … 14-16
14・5 ダイヤル ゲージ 14-18
14・6 ブロック ゲージ 14-19
1. ブロック ゲージ … 14-19
2. アングル ブロック ゲージ … 14-21
14・7 サイン バー … 14-23

索引

よくわかる
仕上ゲ作業法

1章　仕上ゲ作業について

1・1　仕上ゲ作業の意義

　仕上ゲ作業は，機械加工された部品に手作業によって最後の加工を加え，完全に仕上げるものである．もちろん，機械加工だけですむものもあるが，仕上ゲ作業を施さないと完成しないものが多い．たとえば，工作機械のベッドのスベリ面などは，平削リ盤または形削リ盤で機械加工を施したうえ，必ずキサゲ仕上ゲをする．キサゲ仕上ゲというのは，キサゲという手工具で少しずつ工作物の表面を削りとって，精度の高い平面や曲面にすることである．しかも，キサゲ仕上ゲした表面には当タリという小さい凹凸ができて，スベリ面の性能をよくする．このような加工は，機械加工だけではできないのである．

1・1 図　流レ作業による組ミ立テ工場．

　研削仕上ゲを施した機械部品またはゲージ類を，いっそう高精度に仕上げようとすれば，是非ともラッピング仕上ゲする必要がある．ラッピング仕上ゲはラップ盤で機械的に行なうこともあるが，手作業で行なうことが多い．とくに多量生産方式ではやれないゲージ類の最終仕上ゲは，どうしても手作業による

ラッピング加工によって，きわめて高い精度を出すよりほかに方法がないのである．このように，機械加工された部品またはゲージ類に，最後の精密加工を施すことは，仕上ゲ作業の重要な意義である．しかし，仕上ゲ作業の重要性はそればかりではない．機械加工のすんだ部品に穴アケしたり，ネジを切ったりすることも仕上ゲ作業の領域である．形削リ盤や平削リ盤で仕上げた直角両面の縁も，最後にヤスリで面をとらないものにならない．

仕上ゲ作業は，機械加工に続くものばかりではない．素材や材料を直接タガネやヤスリで加工することが必要な場合もある．とくに少量生産の場合，工作機械に頼らず，仕上ゲ作業だけで完成することさえある．ケガキ作業は，切削加工前の準備作業であるが，これも仕上ゲ作業の重要な仕事の一つである．

このように仕上ゲ作業の範囲はきわめて広いが，さらに形削リ盤などの工作機械を使って，簡単な平削リ加工をするような作業がふくまれることもある．

1・2　仕上ゲ作業と組ミ立テ作業との関連

機械の部品がそろったところで組ミ立テ作業に移ることはいうまでもない．しかし，この組ミ立テ作業の方式は，製品の種類や工場の規模によって違う．大規模の工場で大量生産が行なわれるところでは，1・1図に示したように，いわゆるコンベア式流レ作業によって組ミ立テ作業が行なわれるし，小規模・少量生産の工場では，1台ずつ調整しながら組み立てていく方式をとることになる．流レ方式によれば，組ミ立テ作業は極端に分業化されるので，作業に対する熟練はさほど必要ではなく，この場合に必要なものは完備した設備であり，多くの人数である．これに対し，1台ずつ組み立てる方式では，1人が受け持つ作業範囲が広くなるとともに，作業に技術的な熟練が必要である．したがって，組ミ立テという場合は，後者に属する作業を考えるのがふつうである．

組ミ立テ作業は，すべての部品が精度検査に合格していれば簡単にできそうに思われるが，実際にはそれほど単純なものではない．許容誤差内で合格した部品でも，いくつも組み合わせていくうちに，＋（プラス）だけの誤差が積み重なったり，－（マイナス）だけの誤差が集積されると，できあがった製品は誤差の大きいものになる．そこに調整が必要となり，仕上ゲ加工を加える必要が生じる．このように仕上ゲ作業と組ミ立テ作業との関連は深く，この二つを切り離して考えることはできない．仕上ゲ作業と組ミ立テ作業とを一つにして仕上ゲ作業と呼ぶゆえんである．

2章 切断作業

鋼または非鉄金属の棒材・形鋼・板金などの材料は,定尺物を仕入れ,これを必要な長サあるいは形状に切断して,機械加工または手仕上ゲ加工にまわす.このように切断作業は,機械製作の第一段階なのである.

2・1 弓ノコと万力

1. 弓 ノ コ

弓ノコ（Hack saw）は金属材料を手でひき切るノコギリで,フレーム（Flame）にノコ刃（Hack saw blade）を取り付けたものである.

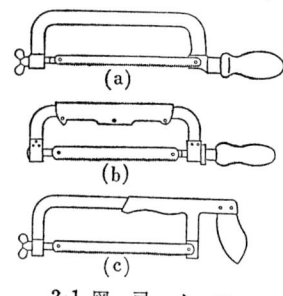

2・1図 弓 ノ コ

フレームには,2・1図（a）に示すように,一定の長サのノコ刃しか取り付けられない固定形のものと,同図（b）に示すように,ノコ刃の長サに応じて,フレームの長サを調整できるようにした自在形のものとがある.いずれも,ノコ刃の穴をフレームの両端のピンにはめて取り付けるが,ノコ刃を張るのに,柄を回して張るものと,チョウネジで張るものとがある.自在形のフレームの長サは,先端部のフレームのミゾに,本体のフレームの心棒をはめて自由に調整し,ノコ刃をはめてチョウネジで張るのである.同図（c）は洋式の弓ノコで,握リ柄が持ちやすい形になっている.

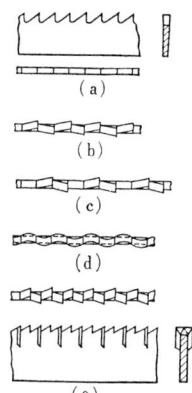

2・2図 歯の形.

ノコ刃は炭素工具鋼（SK 3）または合金鋼具鋼（SKS 7）でつくられ,全体に焼キ入レしたものと,刃の部分だけに焼キ入レしたものとがある.刃の形には,2・2図に示すようないろいろなものがあるが,同図（b）のように,歯を交互に曲げて,いわゆる**アサリ**（Saw setting）をつけたものが最も多く用いられる.同図（c）は三つ目ごとにアサリをつけたもの,同図（d）

2章 切断作業

は歯を押し曲げて波をつけたものであるが，いずれもアサリによって，刃の中身が工作物に触れないので，切るときの抵抗が少ない．同図 (a) は，歯の厚サよりも中身の厚サを薄くして切削抵抗を少なくしたものであり，同図 (e) は，歯の側面も切レ刃にしたものであるが，特別の用途以外には用いない．

ノコ刃の長サは，フレームに取り付ける穴の距離で測り，ふつうは 250mm のものが最も多く使われて

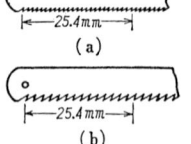

2.3 図 ハクソー

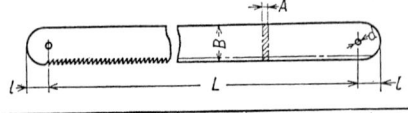

2・1表 弓ノコの形状と寸法 (JIS B 4751).

呼ビ寸法	L	厚サ A	幅 B	d	l
200	200				
250	250	0.64	12	4	7
300	300				

2・2表 弓ノコの歯数と工作物の関係．

歯　数 (25.4mmにつき.)	工　作　物 種　類	厚サまたは直径 (mm).
10 12	スレート	
14	炭素鋼（軟鋼） 鋳鉄・銅合金・軽合金 レール	25 をこえるもの. ――
18	炭素鋼（軟鋼・硬鋼） 鋳鉄・合金鋼	6 以上 25 以下. 25 をこえるもの.
24	鋼　管 合　金　鋼 アングル	厚サ 4 以上. 6 をこえ 25 以下. ――
32	薄鉄板・薄鉄管 小径合金鋼	6 以下

2・1 弓ノコと万力

いる．刃の幅は 12mm，厚サは 0.64mm になっている．2・1 表は，弓ノコの形状と寸法の JIS 規格を示したものである．

ノコ刃には，2・3 図に示すように，25・4mm 間の切レ刃数によって荒らいものから細かいものまで数種類のものがあるが，工作物の材質によって切レ刃数を選んで使用する．工材物の性質に応じた適当な切レ刃数は，2・2 表に示すとおりである．

2. 万　　力

（1）**横万力**　万力は，ネジの力で工作物をくわえ，確実に工作台に取り付けて使用する．その種類は多いが，仕上ゲ工場で最も広く使われるのがこの横万力（Parallel vice）である．2・5 図は角胴形のもので，主体は鋳鉄でできていて，ネジ部が角形の箱の中に入っている．ネジ棒をハンドルで回すと，アゴは，つねに平行に開閉する．アゴには，硬鋼製の口金を取り付けて，本体が損傷しないようになっている．

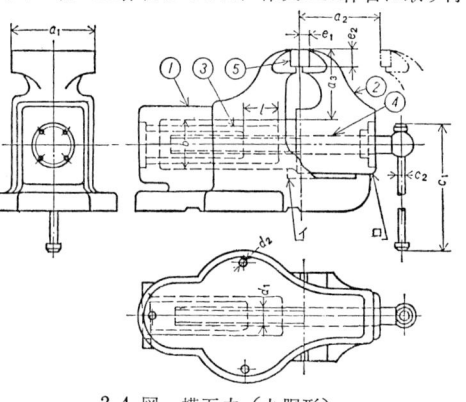

2・4 図　横万力（丸胴形）

2・4 図は，角胴を丸胴にした横万力で，丸胴はキーミゾで回らないようにしてあるから，性能はまったく角胴と同じである．

2・5 図　横万力（角胴形）

横万力の開閉をネジだけで操作するのは不便であるので，メネジとオネジを切り離せるようにし，アゴを直接本体から出し入れできるようにしたもの

がある．2·6 図に示す**パーキンソン万力**（Parkinson's vice）がそれである．メネジnは半割リナットになっていて，オネジのハンドルの前にあるツメjを握りしめて上にあげると，テ

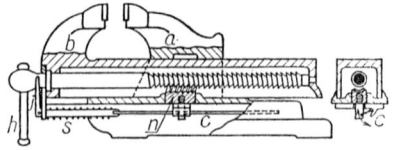

2·6 図　パーキンソン万力

コcが半割リナットnを下げ，オネジからはずれるようになっている．したがって，ツメjを握り上げれば，万力の口は自由に開閉する．ツメjを下げたままにしておけば，半割リナットnはバネsによってオネジとかみ合い，ネジとして働くわけである．一般に早締メ万力といわれ，引キ出シ万力とも呼ばれている．

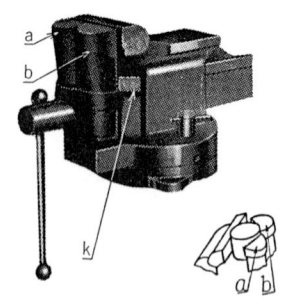

2·7 図　三方締メ万力

2·7 図は**三方締メ万力**（Chuck vice）といわれるものを示したものである．これはふつうの万力のアゴにあたる部分に，自由に回転することができるようにした2個の締メ金 a, b を設けた万力である．円筒をこれでくわえると，図でわかるように，3方から締め付けるので，確実に固定することができる．クサビkが付属されていて，これを締メ金 a, b の根元に入れると，本体の口金と平行になって，平行な締メ付ケもできる．

（**2**）　**立テ万力**　立テ万力（Leg vice）は，足付キ万力ともいわれ，2·8図に示すように，両脚をピンで連結し，このピンを中心にして口が扇形に開閉するようにした万力である．両脚は軟鋼製で，ツメを一体にしたものと，焼キ入レ鋼を接合したものとがある．構造が簡単で故障が少なく，工作物のハ握力も大きいが，口が扇形に開いて平行にならないという欠点がある．鍛造工場・溶接工場・組ミ立テ工場などで，材料のハツリや曲ゲなどの手荒らい仕事をするのに適している．

（**3**）　**万力の口金と締めかた**　万力を取り付ける高

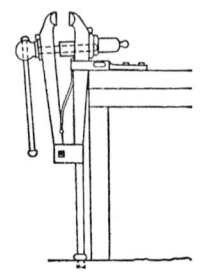

2·8 図　立テ万力

サは，作業の種類によっていくぶん違うが，ふつう万力の横に立ったときのヒジの高サか身長の60%ぐらいが万力上部に当たるようにする．精密なヤスリ作業などには，これよりも少し高くする方がよい．

やわらかい工作物や仕上げられた面などを直接万力の口でくわえると，工作物にキズがつく．これを防ぐために，2·9図に示す軟金属製の口金を万力の口に当てる．同図（a）はふつうの口金で，同図（b）は小さい工作物をつかむときに用い，同図（c）はこれに木片またはやわらかい金属を取り付けたものである．ボロなどを口金の代わりに使うことは禁物である．

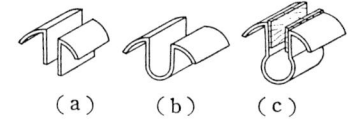

2·9図 口金

万力で工作物をくわえるときは，口金の中央に工作物をはさんで締め付けるようにする．また，工作物を口金から必要以上に長く出してくわえると，作業がしにくいばかりでなく，ヤスリ カケのときビビリを起こすことがある．

締メ付ケが弱いと工作物がすべり込むし，あまり強すぎると工作物がつぶれたり曲がったりするので，適当な締め加減にすることがたいせつである．とくにハンマでハンドルをたたいたり，パイプをハンドルにさし込んで回したりして，むりな締メ付ケをすることは絶対に避けなければならない．締メ付ケがすんだら，ハンドルは必ず下向キにおろしておく．

2·2 切断作業

1. 切断作業の準備

まず，工作物の材質や形状に応じて，適当な歯数のノコ刃を選んで弓ノコのフレームに取り付ける．適当な歯数は，さきに述べたように，鋳鉄・鋼材には25.4mm について歯数 14～18のもの，アルミニウム・シンチュウなどには刃数 14 のものが適当であり，管や板金には24～32の細かいノコ刃を用いる．

2·10図 ノコ刃の取り付けかた（1）．

弓ノコは，押すときに切削するので，ノコ刃の取リ付ケは 2·10 図に示すように，切レ刃が前向キになるようにしなければならない．ノコ刃の張りぐあいを適当にすることがたいせつで，張りが弱いとぐらぐらして折れやすいし，あまり強く張っても衝撃によって折損しやすい．弓ノコで切断が進むと，フレームが工作物にぶつかって，それ以上切断を進められないことがある．こんなときは，2·11 図に示すように，ノコ刃を 90° 回して取り付けなおし，切断を続ける．もちろん，この取り付けかたはやむを得ない処理であって，軽軽しく用いる方法ではない．

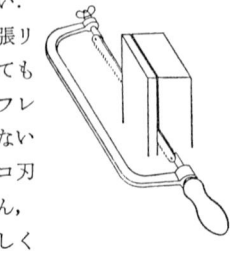

2·11 図 ノコ刃の取り付けかた（2）．

切断する工作物は，万力に確実にくわえることはいうまでもなく，もし切断作業中に工作物がゆるむと，その途端にノコ刃を折ってしまう．

2. 棒材の切断

棒材の切断に限らず，弓ノコの持ちかたは 2·12 図に示すようにする．柄の端を右の手のひらにあてて軽くにぎり，手のひらで押せるようにする．指に力

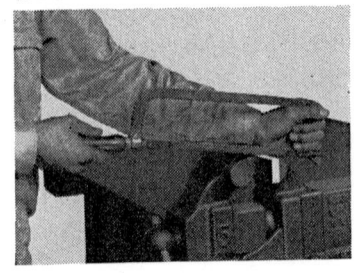

2·12 図 フレームの持ちかた．

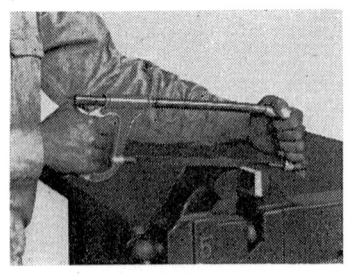

2·13 図 洋式フレームの持ちかた．

を入れて固く握るのは，手の疲労が大きくなるのでいけない．左手はフレームの前方をぐらつかないようにしっかりと握るのである．2·13 図は洋式フレームの握りかたを示したものである．

切断するには，まず切断の位置を決めなければならない．その要領は左手の親指のツメを切断線に当て，これにノコ刃を添わせて 2〜3 回往復し，軽く切リ込

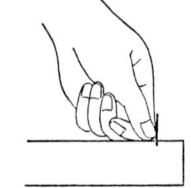

2·14 図 位置の決めかた．

2・2 切断作業

ミを入れるのである（2・14 図）．2・16 図は，丸棒の例を示したものである．切断作業の姿勢は，2・15図に示すように押すときは両手に力を入れ，もどすときにはからだを起こす気持でノコ刃の力を抜くようにする．

弓ノコの速度をあまり早くする必要はなく，毎分 50～60 行程でよい．適当な深さに切削してから，2・16 図に示すように，少し角度を変えて切ると能率がよい．切リ終ワリに近づいたときは，力を抜いて軽く切削する．さもないと，歯が載片に突っ込んでノコ刃を折ったり，ケガをしたりすることがある．

2・15図 弓ノコビキの姿勢．

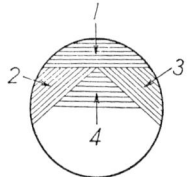

2・16 図　丸棒切削の進めかた．

もし，切断の途中でノコ刃が破損して，新しいノコ刃で切断を続けるときは，切リ口を変える必要がある．古いノコ刃はわずかにすり減らされているので，切リ口が新しいノコ刃よりも狭くなっているからである．

2・17図は角材の切断要領を示したものである．丸棒と違って，上面全体に切断線の切り込ミをつけておくことが必要である．それには，同図（a）に示すように，ノコ刃を手前から前方に向かって切削するようにする．

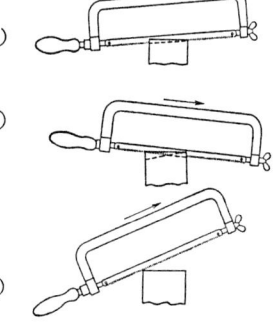

2・17 図　角材の切削．

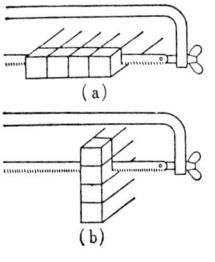

2・18 図　同一寸法の角材の切断．

切断の進めかたは，同図（b）に示すように，前方から切り込んでいき，中央のところまで切り込んだら，こんどはノコ刃を水平にして切削すると能率が

よい．しかし，同図（c）に示すように，ノコ刃をあまり大きく傾けると，ノコ刃を破損することがある．

同一寸法の小さな角材は，2・18図（a）に示すように，いくつかを横にそろえて万力にはさんで切断すると能率がよい．同図（b）のように縦に並べると，途中で曲がりやすく，まっすぐに切断することができにくい．

どんな切削作業でもそうであるように，切削部分に機械油をつけて切レ刃と切リ口との摩擦を少なくすると，切断が楽にできる．ただし，鋳鉄だけは油をつけてはならない．

弓ノコによる切断は，簡単な作業のようであるが，その正しい使いかたを知って，作業に習熟していないと，まっすぐに切断できないばかりでなく，ノコ刃の破損が多くなる．

3. 板金の切断

薄い板金を手で切断するときは，主として金切リバサミで行ない，長い直線で切断したり，比較的厚い板を切断したりするときは，セン断機が用いられる．したがって，板金を弓ノコで切断することはほとんどまれであるが，厚サ2mm以上の板材や帯材をノコで切断する必要にせまられることも皆無ではない．

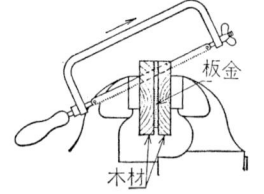

2・19図 板金の切断．

板金を弓ノコで切断するときには，2・19図に示すように木材の間に板材をはさみ，ノコ刃を30°ぐらい傾けて切断すると切りやすい．ノコ刃の歯数は，さきに述べたように細かいものを選んで切断するのである．注意しないとノコ刃を破損することがある．

4. 管の切断

管を切断する工具には，刃物を外周に当てて回しながら切断するパイプカッタがあるが，弓ノコで切断することもしばしばある．この場合，薄板を切断するときと同じく，歯数の多いノコ刃を選ぶことがたいせつである．管をしっかり万力で固定し，ノコ刃にはあまり強い圧力を加えないで，まっすぐに往復させて切るのである．切断中に管が動いたり，ノコ刃が左右にゆれたりすると，ノコ刃は切損しや

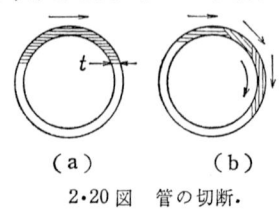

(a)　　　(b)

2・20図 管の切断．

2・3 切断用機械

すいので,充分注意することが必要である.鋼管の場合は,切断部に機械油をつけると,ノコ刃がいたまず作業能率も上がる.

2・20図(a)のように,切り込ミが深くなるにつれて歯の当たる部分 t が狭くなり,歯をいためるようになるので,切断の力を加減しながら,同図(b)のように少しずつ管を回して切るようにする.

2・3 切断用機械

切断を手作業で行なうことは非常に労力がいり時間もかかるので,切断用機械によって切断することが望ましい.

金切リノコ盤は切断機械の代表的なものであるが,このほか薄いトイシを使う高速度切断機や,突切リバイトを用いる丸棒の突切リ専用機があり,さらに切削以外の切断方法としてプレス切断・ガス切断・放電切断などがある.

1. 金切リ ノコ盤

弓ノコで材料を切断する仕事を動力で行なう機械である.大部分の材料は,この**金切リ ノコ盤** (Metal sawing machine) で切断するのが,最もたやすく経済的であるといえる.

2・21図は,一般的な金切リノコ盤を示したのである.ノコ刃はクランクによって機械的に往復運動を行ない,切削行程では切削のための圧力がかかり,モドリ行程では油圧によってノコ刃を持ち上げ,抵抗を少

2・21図 金切リ ノコ盤

なくするようになっている.切断作業中は,油ポンプが切削剤をたえずノコ刃に注ぎ,摩擦を軽減するとともに,冷却の効果を与えている.切断が終わって工作物が落ちると,自動的にノコ刃の運動が停止するので,切断中機械を見まもる必要はない.

ノコ刃の速度は,一般に毎分 50~150 ストローク(行程)の範囲が標準であるが,かたい材料に対しては低く,やわらかい材料に対しては高くする.切削剤を用いないときは,この速度を半減する.切断する材料に応じて,ノコ刃の長サ・幅・厚サ・歯の荒ラサの適当なものを選ぶことはいうまでもない.金切リノコ盤の送り圧力とノコ刃とを適切に選び,正確に調整すれば,直径 150 mm

の材料を 1 mm 幅に切断することができる．

弓ノコを帯ノコに代え，これを 2 個のノコ車にかけて張力を与え，ノコ車を回転するようにしたノコ盤もある．2・22 図に示す**帯ノコ盤** (Band sawing machine) がそれである．このノコ盤は，材料の締メ付ケ，帯ノコの張力，ノコ刃フレームの上昇・下降などが，すべて油圧によって操作できるようになっている．帯ノコの速度は一般に変えることができるようになっていて，しかも高速度で使用できるので，切断に要する時間は金切リノコ盤に比べてはるかに短くなる．

帯ノコ盤には立形のものがあって，薄い板材，やわらかい材料の軽切削に使用

2・22 図　帯ノコ盤

されるばかりでなく，内形・外形の切リ抜キやミゾ切リなどに特長を発揮している．帯ノコ盤の利点の一つは，2〜19 mm 幅の狭いノコ刃や薄いノコ刃を使用することができ，切削が安定していることである．

2. 高速度切断機

酸化アルミ (Al_2O_3) または炭化ケイ素 (SiC) のト粒と，エボナイトやエラスチックの結合剤で薄い円板状に成形した**切断トイシ** (Cut-off wheel) によって金属を切断する機械を**高速度切断機** (Cut-off machine) と呼んでいる．トイシは乾式と湿式および特殊材料を切断するものの 3 種類があり，機械の種類には卓上形・大形卓上形・箱形注水式などがある．2・23 図は大形卓上高速度切断機を示す．卓上形は最も多く用いられているもので，小形ではあるが，直径 50 mm の丸鋼，75

2・23 図　高速度切断機

2・3 切断用機械

mm のパイプやアングルを切断することができる．大量切断のための定寸装置が設けられているし，角度切断も可能で使用範囲が広い．トイシは直径 150〜300 mm のものが使われている．大形卓上形は最大 450 mm のトイシを用い，大形の軽量形鋼・アングル・パイプなどを切断するのに適している．

箱形注水式は，鋼材を切断するとき，焼キ入レされることを防ぐために，水または切削剤を注ぎながら切断する形式である．

トイシの研削速度は，卓上形で毎分 2000〜3000m，高速度式では 3500〜4500m に達し，一般の研削盤に比べると，かなり高速度になっている．したがって，トイシの取り付ケには充分注意して，締メ付ケ過度あるいは不足・偏心などがないようにしなければならない．安全のために，トイシを取り付けた後 1〜2 分間空転して，トイシの安定を見定めてから，切断作業に移るとよい．切断する材料も確実・堅固に取り付けることがたいせつで，不良であると，やはりトイシを破損する原因になる．

トイシは，ト粒・粒度（ト粒の大キサ．）・結合度（トイシのカタサ．）・結合剤によって各種のものがある．工作物の材質に合うものを使用することがたいせつである．2・3 表はその適用例を示す．

2・3 表　切断トイシの種類と工作物の関係．

工　作　物	トイシ 乾式				トイシ 湿式			
	ト粒	粒度	結合度	結合剤	ト粒	粒度	結合度	結合剤
アルミニウム（棒）	A	24	Q	B	—			
シンチュウ（棒）	A	30	R	B	A	60	R	R
鋳　　　　鉄	A	36	P	B	—			
銅　　　（棒）	A	60	R	R	A	80	R	R
ジュラルミン（管）	A	60	S	A	—			
ニッケル鋼	A	24	R	B	—			
ガ　ス　管	A	80	R	R	A	80	R	R
プラスチック類	C	60	N	B	—			
高　速　度　鋼	A	24	Q	B	A	46	R	R
低　炭　素　鋼	A	24	Q	B	A	46	R	R
高　炭　素　鋼	A	46	R	B	A	46	R	R
ステンレス鋼	A	46	Q	B	A	46	R	R

2章 切断作業

練習問題

問題 1 歯の形状によるノコ刃の種類をあげて，それぞれに適した作業をあげなさい．

問題 2 ノコ刃の歯数をあげて，それがどのような材質・大キサの工作物に適するかを述べなさい．

問題 3 万力の種類をあげて，それぞれどんな作業に用いられるかを説明しなさい．

問題 4 横万力のネジ棒のネジは，どのような名称のネジが使用されていますか．それはどのようなネジですか．

問題 5 横万力の大キサは，どこで表わしますか．

問題 6 薄い板金をノコ刃で切断するとき，どんな方法で行なえばよいでしょうか．

問題 7 薄鉄板をノコ刃で切断するには，ノコ刃の歯数はどれくらいが適当ですか．

問題 8 軟鋼丸棒をノコ刃で切断するとき，その歯数はどれくらいが適当ですか．

問題 9 管をノコ刃で切断するとき，どのような点に注意しなければなりませんか．

問題 10 切断用機械の種類と，その構造を調べて，どのような作業に適するかを考えなさい．

3章 タガネ作業

タガネは,手仕上ゲ作業で使われる工具のうちでは最も簡単なもので,これを工作物に当ててハンマでたたいてはつり取るのに使う.すなわち,鋳物のバリ取リや黒皮のハツリ,キー ミゾや油ミゾ切リ,棒材や板金の切断などをタガネと片手ハンマで行なうのである.しかし今日では,鋳物の後処理が発達してバリ取リの仕事はなくなったし,キー ミゾや油ミゾ切リも専用機械で行ない,切断にはセン断機を用いるなど,タガネ作業の領域は非常にせばめられている.とはいえ,タガネ作業は仕上ゲ作業における基本的な作業であるので,これに習熟しておくことはきわめて重要である.

3・1 タ ガ ネ

1. タガネの種類と形状

タガネ(Chisel)は,ハンマの衝撃を受けるので,粘り強い 0.8〜1.0%C のタガネ鋼でつくる.柄の部分が八角・六角・ダ円などいろいろな断面のものがあり,刃先に焼キ入レが施してある.

用途によって,平タガネ・エボシ タガネ・油ミゾ タガネなどの種類がある.

平タガネ(Flat chisel)は,3・1 図(a)に示すように,刃先を広くまっすぐにしたタガネで,平面のハツリ,棒材や板金の切断などに使用される.平タガネの寸法は,3・2 図で,$A=25mm$,$B=13〜16mm$,$L=150〜200mm$ がふつうである.刃先の幅はやや大きく,$W=28mm$ ぐらいにし,刃部の厚サ a を 3〜4mm にとり,工作物の材質に応じて,3・1 表に示すような刃先角 θ をつける.

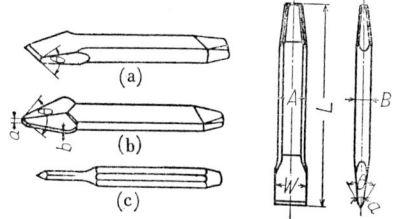

3・1 図 タガネの種類. 3・2 図 平タガネの形状.

エボシ タガネ(Cap chisel)は,3・1 図(b)に示すように,刃の幅 a を 5〜8mm ぐらいにし,厚サを大きくしたタガネで,ミゾ状に深く彫る場合に

使う．刃元の幅 b を a よりも多少薄くしてあるのは，削ったミゾとの摩擦を少なくするためである．刃先の角度は，平タガネの場合と同じである．

3.1 表 平タガネの刃先角

工作物の材質	刃先角 θ (°)
銅・鉛・ホワイトメタル	25～35
黄　銅　・　青　銅	40～50
軟　　　　　　　鋼	45～55
鋳　　　　　　　鉄	55～60
硬　　　　　　　鋼	60～70

油ミゾタガネは，刃先の下面を丸くし，軸受ケメタルや回転軸に油ミゾを彫るのに使用するタガネである．3・1 図（c）は，外面のミゾ彫り用のものを示す．内面用のものは，タガネの先を曲面に合わせて曲げてある．刃の幅は工作物によって違うが，3～8mm がふつうである．

このほかタガネには，穴の内部をはつる**穴用タガネ**，彫刻や文字を刻む**小細工タガネ**がある．

2. タガネの火造りと熱処理

ながく使用したタガネは，刃部の厚サが大きくなるばかりでなく，頭部に，3・3 図（b）に示すようにマクレができる．マクレのできたタガネは，それで負傷をすることがあるから，同図（a）のように正しい形状に研削するか火造りし直すことがたいせつである．タガネの火造りは，素材を1150～900°C に加熱して行なう．この火造り温度が低くなると，火造り加工がしにくいばかりでなく，ワレを生じることがある．900°Cよりも下がったら，再加熱して火造リを続けることがたいせつである．

3・3 図　タガネの頭部．

火造りしてだいたいの形のできたタガネは，ヤスリか研削盤で仕上げて熱処理をする．タガネにとって最も重要なことは熱処理で，適当な熱処理によって，刃先がこぼれず，へたらず，切レ味のよいタガネになる．

タガネの材質は 0.8～1.0%C の炭素工具鋼であるから，**焼キイレ**（Hardening）の温度は 760°～820°C であって，**焼キモドシ**（Tempering）の温度は 200～220°C である．この焼キ入レと焼キモドシを別に行なってもよいわけであるが，つぎのようにして１回の加熱で熱処理を施すこともできる．

すなわち，火床（ほど）で刃先の部分を 760～820°C に加熱した後，刃先を急冷し，柄の部分の余熱で刃先の温度が 200～220°C にもどったとき完全に冷

3.1 タガネ

却するのである．この加熱温度は焼ケ色によって判断すればよく，やや明るい赤色になったとき水の中に刃先だけを入れて急冷し，すぐ水から上げて刃先の焼ケ色が変化するのを見る．焼ケ色はムラサキからワラ色に変わるから，ワラ色になったときすばやく全体を水中に入れて冷却する．あとで，タガネの刃先に油目ヤスリをかけてすべるようなら，熱処理は完全にできたのである．

3. タガネのとぎかた

熱処理のすんだタガネの刃先は，3・4 図に示すような工具研削盤（Tool grinder）で正確にとぐ．トイシ車の粒度は 30～60 番の中目が適当である．トイシ車の周速度は，毎分 1400～1800m の高速であるので，研削するときは充分注意を払うことがたいせつである．

まず，工具支持台（Tool rest）とトイシ車のスキマは 2～3mm にする．このスキマを大きくしておくと，タガネに限らず研削する工作物がここにはさまって，不慮の災害を生じることがある．タガネをとぐには，刃先を上にしてトイシ車の外周面に当て，静かに押さえつけてとぐ．この際，タガネを保持する角度によっ

3・4 図　工具研削盤

て，必要な刃先角を与えるようにするのである．研削中摩擦熱によって刃先の温度が上昇するから，適時，水で冷却する．うっかり過熱させて，焼キ入レをもどらせてはならない．3・5 図は，とぎ上がった刃先を先端から見た形を示す．同図（a）は正しくとげたもの，同図（b）は刃がタガネの中心線に対して傾いてしまったものである．また，同図（c）～（e）は，平タガネの刃先を正面から見たもので，同図（c）のように直線にとぐのが正しい．しかし，荒ラ削リの場合には，同図（d）のように中高にすることもある．同図（e）のようにくぼませることは，仕上ゲ面にキズが入るので，絶対に避けなければならない．刃の両端はわずかに丸い面をとっ

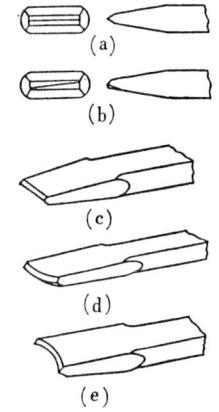

3・5 図　タガネの刃先．

て，仕上ゲ面にくい込まないようにするとよい．

研削した刃先は，油トイシで仕上げると切レ味もよく，仕上ゲ面もきれいになる．

3・2 片手ハンマ

ハンマの大キサは頭の重サを番号で表わすが，手仕上ゲ作業に用いる片手ハンマ（Hand hammer）は 0.45 kg（一番）〜0.9 kg（二番）程度のものである．このうち一番（記号#1）のものを使うことが最も多い．要は，作業に応じて強くたたくことができ，しかも疲れない重サのハンマを選ぶことが必要である．材質は炭素鋼で，頭部とタタキ面には焼キ入レと焼キモドシを施し，カタサ（ロックウェル C 43）を与えるとともに衝撃に耐えるようにしてある．3・6 図 (a) はふつうの片手ハンマであるが，同図 (b) のように頭部を細くしてリベットなどを打つときに便利なようにしたものもよく使われる．

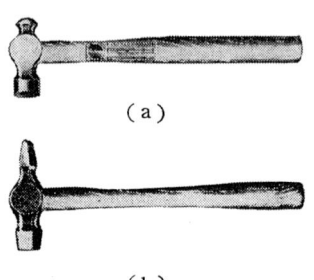

(a)

(b)

3・6 図　片手ハンマ

柄をはめる穴は，断面がダ円形で中央部が小さく，両方からコウ配になっている．柄を入れて，その先端に穴の長サの半分よりもやや長いクサビを打ち込むと，しっかり取リ付ケができる．柄の長サは，片手ハンマの大キサによって違うが，260mm から 360mm までのものが使われる．首の部分が握る部分よりも細くなっているのは，打撃する際，腕にくる衝撃をやわらげるためである．柄の木目は，断面で年輪がダ円の長軸の方向にとおり，しかも柄の全長にわたって縦にもとおった節のないものでなければならない．はめた柄は，ハンマの頭の中心線と柄の中心線とが正確に直角になっていることがたいせつである．

3・3 ハツリ作業

1. ハンマとタガネの使いかた

ハンマを使う前に，頭や柄に欠陥がないかどうかを調べる．柄と頭にユルミがないか，柄にヒビが入っていないか，頭にマクレやヒビはないかをよく調べ，欠陥のあるものは使わないようにする．また，柄あるいはタタキ面に油が

3・3 ハツリ作業

ついていたら，よくふきとることも忘れてはならない．

ハンマの握りかたは，3・7図に示すように，柄の端を軽く握り，ハンマを振り上げたとき，小指と薬指とは柄から離し，手のひらが見えるようにする．振りおろして打撃を加える直前に，全部の指でかたく握ると，握る反動でハンマに強い打撃力が生じる．ハンマ自身の重サと打つときの反動を利用すると，疲労も少なく効果もある．

タガネについても，頭にマクレがないかどうか，刃先が正しくとがれているかなどを調べたうえで使用する．

3・8図は，ふつうのタガネの握りかたを示したものである．軽く握ることが肝要で，頭をハンマで打ったとき，握った手から抜け出るくらいでよ

3・7図　ハンマの握りかた．

いのである．強く握ると，腕の力がタガネに影響して，頭が振れたり，刃先が当てがった位置からそれるおそれがある．

2. ハツリ作業の姿勢と動作

ハツリ作業をするときの姿勢は，3・10図（a）に示すように，右手でハンマの柄を水平に持ったとき，ハンマの頭が万力のハンドルにつくような位置で作

3・8図　タガネの握りかた．

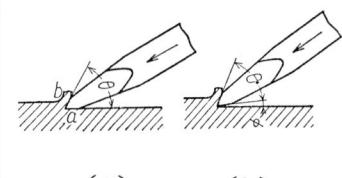

（a）　　　（b）

3・9図　タガネの角度．

業台の前に立ち，つぎに右を向いて右足を半歩後に引き，同図（b）に示すように足の位置を決める．

タガネは，3・9図（a）に示すように，中心線が工作面に対して切レ刃角の½の角度だけ傾けて当てる．こうすると，a面は工作の面にそって進む案内の役目をし，b面は切リクズが離脱する案内になる．荒ラハツリの場合は，同

図 (b) のように $\phi=10°$ ぐらいにとり，打撃の瞬間にこれを $5°$ ぐらいまで倒すと，切リクズを掘り起こすように働いて，ハツリが効果的になる．

3·11 図は，ハツリ作業の動作を示したものである．まず腕の力を抜いてハンマを上まで振り上げ，ヒジを曲げ，体を右にねじってハンマを後にたらして構える．つづいて勢いよく腕を前に出しながらヒジを伸ばし，ハンマを握る力を徐徐に強め，さらにタガネに強い打撃を加える．この瞬間に，ハンマの柄は全部の指で強く握られているし，ヒジはほとんど伸びている．この動作に続いて，ハンマ

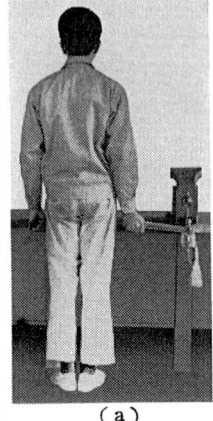
(a)

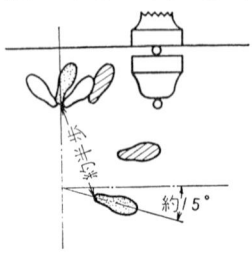

は，大振りの場合．

は，小振りの場合．
(b)
3·10 図　姿勢のとりかた．

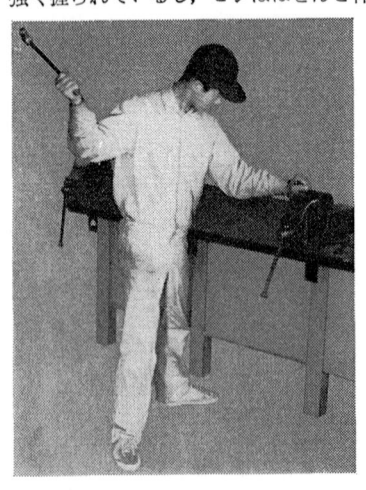
(a)

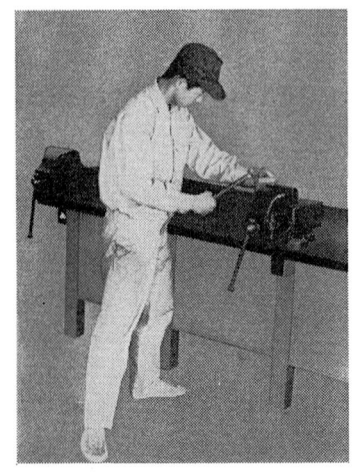
(b)

3·11 図　ハツリ作業の動作．

は打撃の反動ではね上がるので，これを利用して再び振り上げ，第1動作にもどるのである．

タガネを打った瞬間は，3·12図(a)に示すように，タガネの中心線とハンマの頭の中心線とが一致して，正確にタガネの頭部のまんなかを打っていなければならない．同図(b),(c)は，打ちかたが狂った状態を示したもので，このようになると充分打撃力が加わらないばかりか，タガネをはじくので危険でもある．

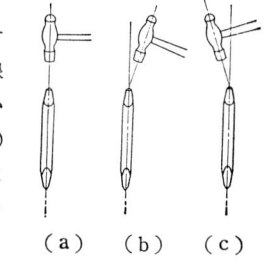

3·12図 打撃の目標．

タガネを打つときたいせつなことの一つに目のつけどころがある．目は必ずタガネの刃先を見なくてはならない．タガネの頭を見て打つと，かえって手をたたく原因になる．

ハツリ作業は，主として鋼材にはハンマを大きく振る**大振り**で行なうが，材質と工作物の大キサによっては，ヒジから先を使ってハンマを振る**中振り**，または鋳鉄のように手首だけで振る**小振り**がある．

3. はつりかた

はつりかたには**荒ラ ハツリ**と**仕上ゲ ハツリ**とがある．荒ラ ハツリでは，1回になるべく多くはつり取って仕事を速くすることがたいせつである．1回にはつる厚サは，ハツリの幅が狭いときは厚く，広いときは薄くなるのは当然であるが，ふつう1〜2mmを1回ではつり取るのである．仕上ゲ ハツリは，荒ラ ハツリで粗雑になった面をきれいにはつり取る作業で，1回にはつる厚サは 0.2〜0.5mm である．

広い平面をはつるときは，まずエボシ タガネで適当な間隔にミゾを入れておき，つぎに平タガネでミゾの底まではつると能率がよい．ミゾとミゾとの間は 12〜15mm を残すぐらい，ミゾの深サは 1〜2mm がよい．あまり深くすると工作物をきずつけることがあり，かえって能率が上がらない（3·13 図）．

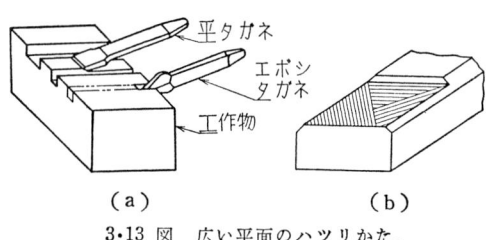

(a)　　　　　　　　(b)

3·13図 広い平面のハツリかた．

ハツリ作業の際，面

の縁まではつり切ってしまうと，縁が大きく欠けることがある．とくに鋳鉄や青銅はもろいから注意が肝要である．これを防ぐためには，縁に面を取っておくとよい．また，はつり切る前に反対側からタガネを入れることも一つの方法である．

平タガネで荒ラハツリをするときは，一方からばかりはつらないで，ときどき方向を変えるとはつりやすい．これは，ハツリの幅が自ら小さくなるからである．しかし，仕上ゲハツリは一方向からだけはつり進んで，きれいな面になるようにする．同図（b）は，ハツリシロが多い場合，ケガキ線までヤスリで面を取っておき，平タガネではつる要領を示したものである．

3・4 タガネによる切断

1. 棒材の切断

丸や角の棒材をタガネで切るときがある．万力にはさんで切断するときは，3・14 図に示すように，万力の口の上端にタガネの下端が触れる程度に傾け，握った手のひらを万力の上端に添わせてタガネの振れるのを防ぐ．そして，ハツリ作業と同じ姿勢と動作でできるだけ強くたたくのである．あまりタガネを立てすぎると，切断

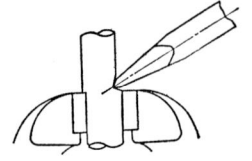

3・14 図　丸棒の切断．

した瞬間にタガネの刃を万力の口に当てるおそれがある．

直径 20 mm 以上の丸棒は，一方からだけ切ろうとせずに，前後あるいは四方からタガネを入れて切断するとよい．切断しやすいばかりでなく，切リ口もきれいになり，丸棒が曲がることも防げるからである．

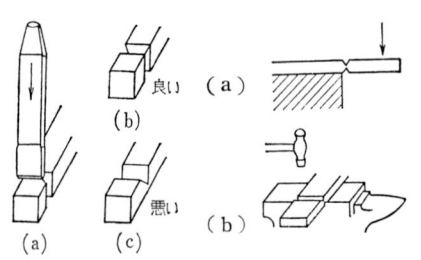

3・15 図　角材の切断．　3・16 図　平材の切断．

3・15 図は，金敷キの上で角材を切断する要領を示したものである．同図（a）のように角材を金敷キの上におき，タガネを垂直に当ててハンマでたたく．タガネを一方からだけ入れないで，同図（b）のように四方から切り込んで切断するのである．同図（c）

3・4 タガネによる切断

のように一方からだけ切断すると，労力がいるばかりでなく切リ口が変形する．

平材は，3・16図（a）に示すように，両面からタガネを入れ，金敷キの前ケンで同図（b）のようにしてハンマで打てば簡単に折れる．

2. 板金の切断

板金をタガネで切断するのは常道ではないが，セン断機が使えないとき，個数が少ないときなどにこの方法をとることがある．板金を万力にはさんで切断するときは，使う方を下にしてケガキ線を万力の口に合わせてはさみ，小口から切り始める（3・17図）．この場合，棒材の切断とは違って，タガネの刃を万力の口の上面に約30°傾けて密着させる．万力の口とタガネの刃ではさみ切るようにするわけである．小口から切り進むと切り離される部分が曲がることはやむを得ない．これを曲げずに切断するには，小口から切らずに板金の幅全体にわたって，一様にタガネを切り込ませるほかはない．あるいは，3・18図に示すように，金敷キの上で板金を切断すると，切断片が曲がる率が少ない．この場合は，板金の裏表に切断線をケガキしておき，まず表から切断線全体をひと通り切り込んでおき，つぎに裏返してタガネを入れるとよい．一方からだけ切り離そうとすると，金敷キにキズがつき，タガネの刃もキズがつく．また，タガネで切り進むとき，タガネの幅の半分ずつ移動して，切断線からはずれないようにまっすぐに切る要領がたいせつである．

3・17図　板金の切断（1）．

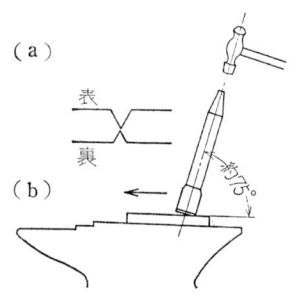

3・18図　板金の切断（2）．

練習問題

問題1　片手ハンマの大キサは，何で表わしますか．
問題2　ハツリ作業に用いる片手ハンマの大キサは，どれくらいが適当ですか．
問題3　タガネは，どんな材質でつくられていますか．
問題4　タガネには，どのような種類がありますか．また，それぞれどのような作業に適しますか．

3章 タガネ作業

問題 5 タガネの頭部は焼キ入レをしませんが，その理由を述べなさい．
問題 6 工作物の材質に応じた平タガネの刃先角を示しなさい．
問題 7 炭素工具鋼の焼キ入レ温度と，焼キモドシ温度は，それぞれ何度ですか．
問題 8 タガネの焼キ入レの方法について述べなさい．
問題 9 タガネの焼キ割レは，どのような原因によって生じますか．
問題 10 工具研削盤のトイシ車は，どれくらいの粒度のものが適当ですか．
問題 11 軟鋼をはつるときの平タガネの刃先角は，何度が適当ですか．
問題 12 タガネについて，つぎの文で正しいものに○をつけなさい．
① 刃先の角度は，工作物の材質によって異なるが，はつるときは30°ぐらいがよい．
② 刃先には焼キを入れるが，頭部には焼キを入れない．
③ 焼キ入レをするときは，全体を赤めて焼キ入レするとよく切れる．
④ タガネの頭は，大きいほど手を打たなくてよい．
⑤ タガネの材質は，タンガロイのような硬質合金を用いるほうがかたくてよい．

4章 ヤ ス リ 作 業

ヤスリ作業は，工作物を万力などにはさみ，手工具である**ヤスリ**によって平面や曲面の切削加工をする作業である．工作機械による切削加工に比べると，非能率的で熟練を要する工法ではあるが，個数の少ない品物の製作や，機械仕上ゲの補助的な作業として，重要な位置を占めている．とくに，ゲージ・ジグ・工具・金型などは，ヤスリによる細密な仕上ゲをもとにして，キサゲ作業やラップ作業をこれに加えて，精密に製作される．また，機械を組み立てるとき，どうしてもヤスリによる手仕上ゲを施さなければならないことが多い．機械の調整や修繕を行なうとき，ヤスリ仕上ゲにたよることが多いのも同じである．

ヤスリはきわめて簡単な手工具ではあるが，熟練した技術があれば $1/100$ mm の精度を出すこともできる．それには，ヤスリの基本的なかけかたに習熟し，測定工具の正しい使いかたを会得することがたいせつである．

4・1 ヤ ス リ

ヤスリ(File)は，棒状の鋼材の面に，タガネで無数の突起をつけた切削工具である．用途によっていろいろな種類があるが，JIS ではこれを**鉄工ヤスリ・組ミ ヤスリ・刃ヤスリ・製材ノコ ヤスリ**に分けている．

1. 鉄工ヤスリ

鉄工ヤスリは広く機械工場で用いられるヤスリで，だいたい大きい品物の切削に用いられる．材料は，炭素工具鋼 (SK2) またはこれと同等以上の材質のものを用い，目を切ってから約 800°C に加熱して，塩水で急冷して焼キ入レが施してある．カタサは $H_RC 62$ 以上でなければならないことになっている．種類は ①形状 ②寸法 ③目の大キサ ④目の切りかた ⑤輪郭 の五つの点からいろいろに分けられる．4・1 図はヤスリの各部の名称を示したものである．

形状は断面の形状でいい表わし，JIS ではこれを**平形・半丸形・丸形・角形・三角形**の5種類に分けている．

寸法は，ふつう 100mm から 50mm とびに 400 mm までのものがある．柄のはまる部分を

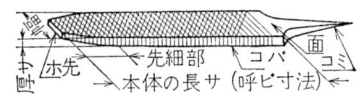

4・1 図 ヤスリの各部の名称.

コミ (Tang) といい，4·1 図に示すように，コミを除いた**本体の長サ**が呼ビ寸法になる．4·1 表は，これらの形状と各部の寸法を示したものである．

4·1表 鉄工ヤスリの形状と寸法 (JIS B 4703)．

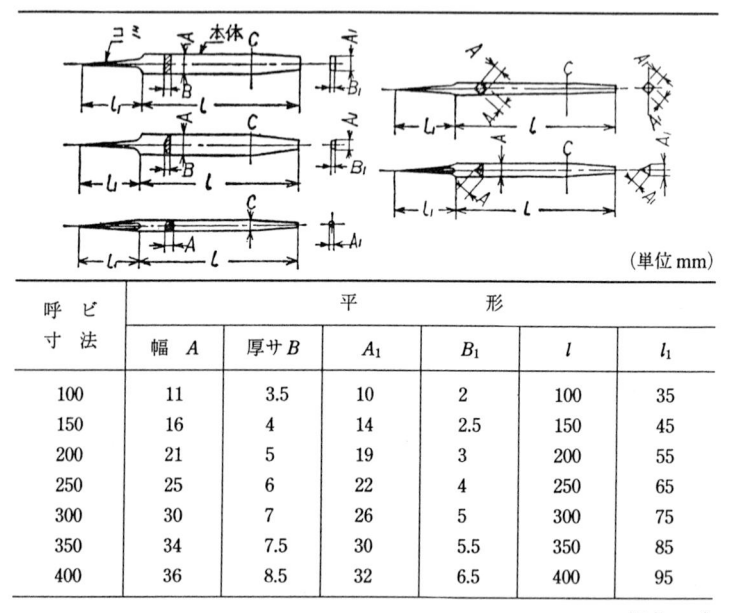

(単位 mm)

呼ビ寸法	平 形					
	幅 A	厚サ B	A_1	B_1	l	l_1
100	11	3.5	10	2	100	35
150	16	4	14	2.5	150	45
200	21	5	19	3	200	55
250	25	6	22	4	250	65
300	30	7	26	5	300	75
350	34	7.5	30	5.5	350	85
400	36	8.5	32	6.5	400	95

(単位 mm)

呼ビ寸法	半 丸 形					
	幅 A	厚サ B	A_1	B_1	l	l_1
100	11	3.5	5	2	100	35
150	16	4.5	8.5	3.3	150	45
200	21	6	12	4.3	200	55
250	25	7	15	5.5	250	65
300	30	8.5	17	6.5	300	75
350	34	10	19	6.8	350	85
400	36	11	20	7	400	95

(次頁に続く．)

4・1 ヤ ス リ

呼ビ寸法	丸 形				角 形			
	幅A	幅A_1	l	l_1	幅A	幅A_1	l	l_1
100	4	2.2	100	35	4	2.2	100	35
150	6	3.3	150	45	6	3.3	150	45
200	8	4.2	200	55	8	4.2	200	55
250	10	5.2	250	65	10	5.2	250	65
300	12	6.5	300	75	12	6.5	300	75
350	15	8	350	85	15	8.5	350	85
400	18	10	400	95	18	11	400	95

呼ビ寸法	三 角 形			
	幅A	幅A_1	l	l_1
100	9	4.8	100	35
150	12	7	150	45
200	15	8.5	200	55
250	17	10	250	65
300	20	12	300	75
350	22	13	350	85
400	25	14	400	95

〔備考〕
1. 寸法差のない寸法は，原則としてこの寸法によるものとする．
2. AおよびBは本体の目切りしてない部分で測定したときの寸法および寸法差とする．
3. Cから先端の部分はlの約2/5として，幅および厚サとも先端に向かい細くする．

目の大キサでは，最も荒らいものを荒ラ目，つづいて中目（チューメ）・細目（サイメ）・油目（アブラメ）という順に細かくなっている．ヤスリ目の大キサは，ヤスリの寸法によって異なるが，その目数は，25mmの長サについて 4・2 表のように決められている．

目の切りかたには，複目 (Double cut)・単目 (Single cut)・鬼目 (Rasp cut 石目・ワサビ目ともいう．)・波目 (Curved cut) の4種類がある．

複目ヤスリは一般に手仕上ゲ用として用いられ，4・2図（a）に示すように，斜めの目を交差状に切ったものである．先に切った目を下目（左上より右下がり．），あとに切った目を上目（右上より左下がり．）という．上目はヤスリの中心線に対して70°ぐらい，下目は45°ぐらい傾斜させてある．上目は主として切削作用をし，下目は削り粉の排出作用をする．下目の目数は上目の目数の80〜90%になっている．

4・2 表 鉄工ヤスリの目の種類と目数 (JIS B 4703).

呼ビ寸法 (mm)	上 目 (ウワメ) 数				下目 (シタメ) 数			
	荒ラ目	中 目	細 目	油 目	荒ラ目	中目	細目	油目
100	36	45	70	100				
150	30	40	64	97				
200	25	36	56	86	各目数とも上目数の 80〜 90%とする.			
250	23	30	48	76				
300	20	25	43	66				
350	18	23	38	58				
400	15	20	36	53				

単目ヤスリは,同図(b)のように,切レ刃を,右上から左下がりに80°ぐらいに切ったもので,鉛・スズ・アルミニウムなどの軟金属,または薄い板金のフチを仕上げるときに使用する.

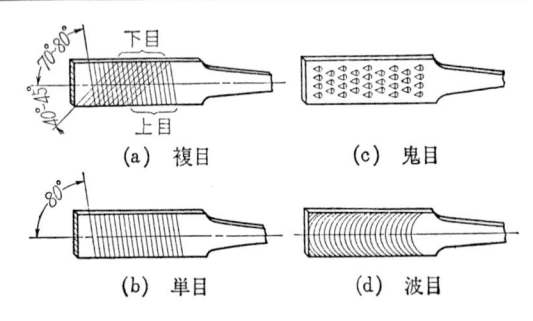

(a) 複目　(b) 単目　(c) 鬼目　(d) 波目

4・2 図 ヤスリの目の切りかた.

鬼目ヤスリは,同図(c)のように,ポンチ状のタガネで一つ一つ目を掘り起こしたものである.

(a) 複目(アヤ目)　(b) 単目(スジ目)　(c) 鬼目(石目)

4・3 図 ヤスリの目.

鉄工用には用いず,主として木・皮・ファイバなどの非金属,または鉛・スズのような軟金属の荒ラ削リに使用される.

波目ヤスリは,同図(d)のように,フライスで1本目の波形に切ってある

4・1 ヤスリ

ので，削リ粉が目に詰まらない．鉄・鉛・アルミニウム・樹脂・木材などに使用され，切削力が大きい．

ヤスリ目を切るには，①タガネによる手切リ，②タガネによる機械切リ，③フライス盤による機械切リの三つの方法があるが，今日では手切リのヤスリはほとんどなく，**ヤスリ目立テ機**（File cutting machine）により，タガネで目を立てて製作されている．フライス盤による機械切リも，波目のような特殊なもの以外には採用されていない．

輪郭から分けると，**先細ヤスリ**（Taper file）と**直ヤスリ**（Parallel file）に分けられる．ふつうのヤスリは，本体の長サの先端から $2/5$ までが，先端に向かって幅・厚サともに細くなっている．これを先細ヤスリという．この $2/5$ のところが凸面になっているので，この部分を利用して，工作物の平面切削における切削面のダレを調整して，精度をだすことができる．また全体がまっすぐで一様な形をしているものを直ヤスリといい，これは4・4図のような**ヤスリ盤**（Filing machine）に取り付けて使用する．

ヤスリは，4・5図に示すような柄をつけて使用する．柄は堅木でつくり，白カシが最もよく，割れないように口金がはめてある．ヤスリの柄をはめるには，ドリルであけられた穴に，古ヤスリのコミ

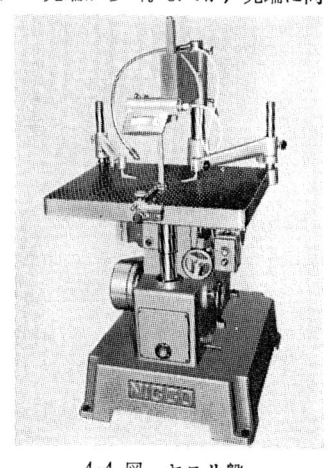

4・4図 ヤスリ盤

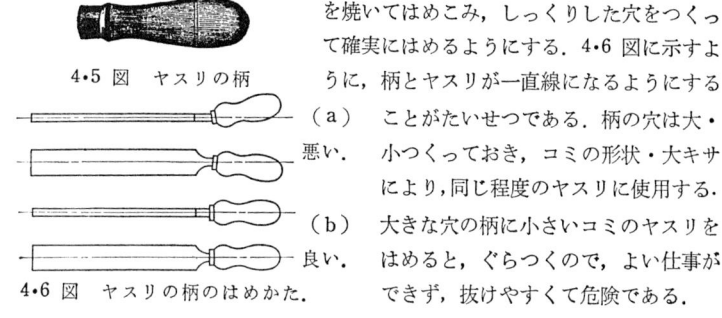

4・5図 ヤスリの柄

（a）悪い．

（b）良い．

4・6図 ヤスリの柄のはめかた．

を焼いてはめこみ，しっくりした穴をつくって確実にはめるようにする．4・6図に示すように，柄とヤスリが一直線になるようにすることがたいせつである．柄の穴は大・小つくっておき，コミの形状・大キサにより，同じ程度のヤスリに使用する．大きな穴の柄に小さいコミのヤスリをはめると，ぐらつくので，よい仕事ができず，抜けやすくて危険である．

4・7 図 組ミヤスリの形状と寸法(JIS B 4704).

(次頁に続く.)

8本組: 平形, 半丸形, 丸形, 角形, 三角形, 先細形, シノギ形, ダ円形

5本組: 平形, 半丸形, 丸形, 角形, 三角形

(単位 mm)

幅および厚サ (C点)	
寸 法	許容差
2 以下	+0.1 / −0.3
2をこえ5以下	+0.2 / −0.5
5をこえ15以下	+0.3 / −0.8

4・1 ヤ ス リ

12本組

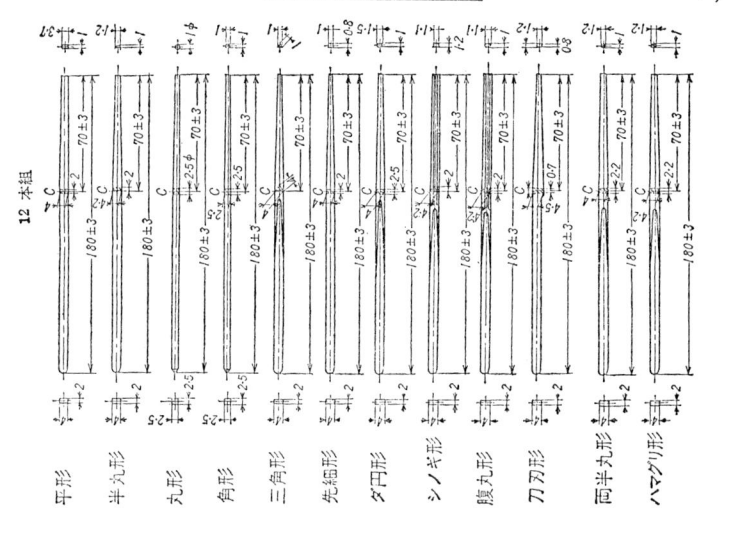

平形, 半丸形, 丸形, 角形, 三角形, 先細形, ダ円形, シノギ形, 腹丸形, 刀刃形, 両半丸形, ハマグリ形

10本組

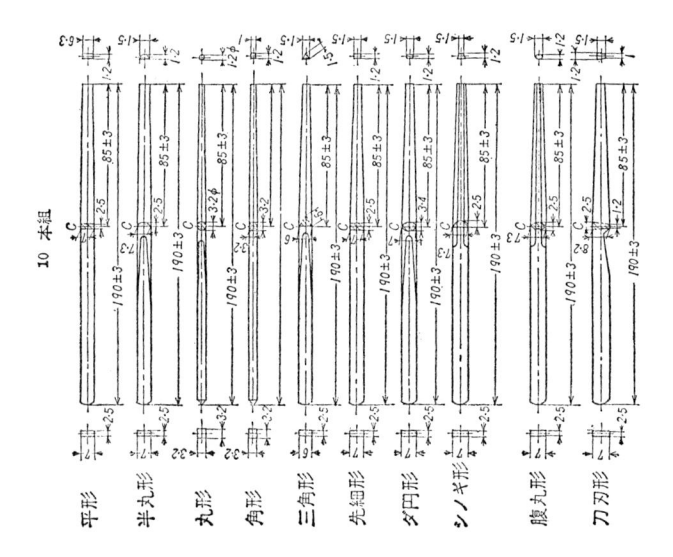

平形, 半丸形, 丸形, 角形, 三角形, 先細形, ダ円形, シノギ形, 腹丸形, 刀刃形

2. 組ミヤスリ

組ミヤスリ (Serial file) は，何本かのヤスリを一組ミとしたもので，小さな品物の切削や，精密を要する工作物の切削に用いられる．JIS ではその本数を **5本組ミ・8本組ミ・10本組ミ・12本組ミ**の4種類に分けているが，このうち多く用いられるのは8本組ミで，そのうち断面がダ円形のものを除いて7本組ミとする場合もある．材料は合金工具鋼 (SKS8) またはこれと同等以上の材質のものを用い，カタサは鉄工ヤスリと同じである．4･7図は JIS によって決められている組ミヤスリの形状と寸法を示したものである．目の大キサは，4･3表のように中目・細目・油目の3種類があり，組ミ数の多いほど寸法も目の大キサも小さくなっている．

4･3表 組ミヤスリの目の種類と目数．
(JIS B 4704)

種類	上 目 数			下 目 数		
	中目	細目	油目	中目	細目	油目
5本組ミ	45	70	110	各目数とも上目数の80〜90%とする．		
8本組ミ	50	75	118	^		
10本組ミ	58	80	125	^		
12本組ミ	66	90	135	^		

3. ヤスリの切レ味

ヤスリは新しいものがいちばんよく切れ，使っているうちに寿命がつきて切れなくなる．ヤスリの寿命は，シンチュウ・砲金などの銅合金に使う場合が最も長く，これに次いで軟鋼・硬鋼・鋳鉄の順になる．鋳鉄に使うとヤスリが最もいたむのは，その黒皮が非常にかたいからである．したがって，シンチュウ・砲金などの銅合金にヤスリをかけるときは，一度鉄鋼を削ったヤスリでは切レ味が悪いから，銅合金に使うヤスリと鉄鋼に使うヤスリとを区別して使用するとよい．できれば銅合金に使用して切れなくなったヤスリを鋼に使い，つぎに鋳鉄に使うという順に使用するのが賢明である．鋳鉄の黒皮は非常にかたいから，直接ヤスリをかけると，ヤスリの刃先はすぐ切れなくなる．したがってグラインダ・タガネまたは平ヤスリのコバすなわち側面で黒皮を取って，平らな面にしたのち，ヤスリをかけるようにする．

4. 布ヤスリ

布ヤスリ (Abrasive cloth) は，綿布に研摩材を接着剤でつけたもので，ヤスリに属する工具ではないが，ヤスリ仕上ゲを行なった面をなめらかにみがくために欠くことのできないものである．JIS ではこれを研摩布といい，一般に

はペーパと呼んでいる．形状には，シートとロールがあり，シートは70×115, 70×230, 93×230, 115×140, 115×280, 140×230, 230×280 mm のヒラ織りまたはアヤ織り，ロールは12.5～600 mm のうち13種類の指定幅×25, 36.5, 50 m のアヤ織りになっている．

研削材には，人造研削材・天然研磨材があり，人造研削材としては，アルミナ質研削材（記号はA, WA, PA, HA, AZ）・炭化ケイ素質研削材（記号はC, GC）があり，天然研磨材としてはガーネット（記号はG）がある．これらのうち，アルミナ質研削材がほとんど用いられている．

研磨材（ト粒）の大キサすなわち粒度は，粒度を示す数字の前にPを付けて示す．粒度の数字は25.4 mm平方の網目によって付け，微粒のP1000まである．たとえば $60 \times 60 = 3600$ の目を通る粒は P60 という．

4・4表にその規格を示す．

4・4表　研磨布の種類（JIS R 6251）.

形 状	研磨材の材質（記号）	研磨材の粒度
シート ロール	アルミナ質研削材 （A, WA, PA, HA, AZ） 炭化ケイ素質研削材（C, GC） ガーネット（G）	P24, P30, P36, P40, P50, P60, P80, P100, P120, P150, P180, P220, P240, P280, P320, P360, P400, P500, P600, P800, P1000

4・2　ヤスリのかけかた

1.　ヤスリの持ちかた

4・8図は平ヤスリの持ちかたを示したものである．まず，右手で柄を握る要領は，同図（a）のように手のひらのクボミのところに柄の端を当て，同図（b）のように親指を上に，他の指は全部下へまわし軽く包むように持つ．左手は同図（c）に示すように，ヤスリの先端に中指を当ててささえるのである．結局ヤスリの持ちかたは同図（d）のようになる．角ヤスリ・丸ヤスリなども同じ要領で持てばよい．

2.　ヤスリかけの姿勢と動作

正しい姿勢と動作でヤスリをかければ，正確に早く，かつ長時間の作業にも疲労が少ない．ヤスリかけの姿勢は4・9図（a）のように，まずヤスリをかま

4章 ヤスリ作業

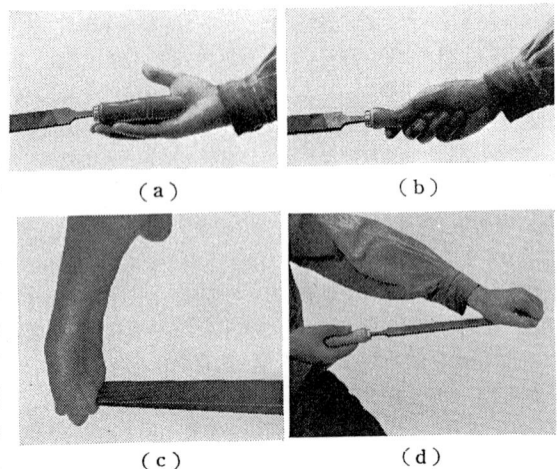

えて，工作物の中心にヤスリの先端がくるようにする．だいたい直角に曲げた右手のヒジの高サが，工作物の高サになるのが適当である．つぎに，同図（b）のようになかば右に向き，同図（c）のように左足を約半歩前に出し，つま先が

(a)　(b)　(c)　(d)
4・8図　ヤスリの持ちかた．

だいたい工作物の下のところにくるようにする．左足と右足の距離は，工作物の高サや身長の大小により適当に変える．

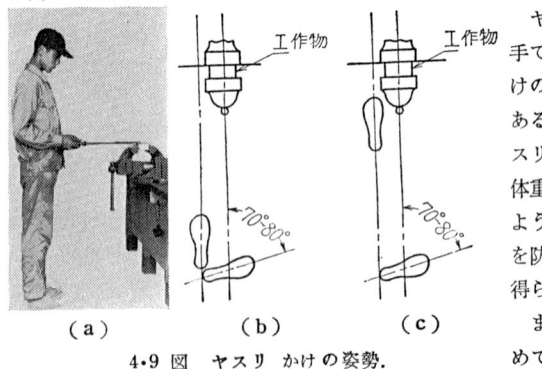

(a)　(b)　(c)
4・9図　ヤスリかけの姿勢．

ヤスリかけは，ただ手でヤスリを押す腕だけの動作では不充分である．とくに荒ラ目ヤスリをかけるときは，体重をヤスリにかけるようにして，腕の疲労を防ぎ，充分な効果が得られるようにする．

まず，足の位置を決めてから，4・10図（a）のようにヤスリかけの姿勢をとる．つぎに左足を徐徐に曲げ，体の重ミをヤスリにかけ，同図（b）のようにヤスリに体重をかけながら前進する勢いで，ヤスリの元までかける．このときには腕を充分前方に進ませる．かけ終わったら力を抜き，体を元の姿勢に起こしながら，しぜんに腕がついてくるようにする．

4・2 ヤスリのかけかた

ヤスリ仕上ゲで最も注意しなければならないことは,体を動かさずに,手だけを動かすことがないようにすることで,必ず体とともに手を動かすことである.すなわち,体でヤスリを押すような気持ちでかけることで,手だけに

(a)　　　　　　　　　(b)

4・10 図　ヤスリ かけの基本動作.

たよると疲労が大きくなる.しかし,体だけで押すことばかりに気を取られてかたくなると,ヤスリを持つ手の高サが一定しないので,仕上ゲ面が凸形になり,体の動キだけでは長いヤスリは長サ全部をかけることができない.

3. 組ミ ヤスリの使いかた

組ミ ヤスリ(Serial file)のことを共柄(トモエ)ともいう.組ミ ヤスリは工作物の細かいものとか,仕上ゲ シロの少ないものなどに用いられる.ふつうのヤスリのように力を入れて仕事をすることはないので,4・11図(a),(b)のように持ち,あまりヤスリに力を入れないよう

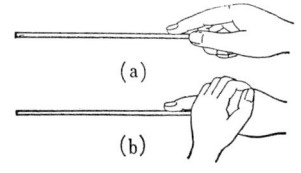

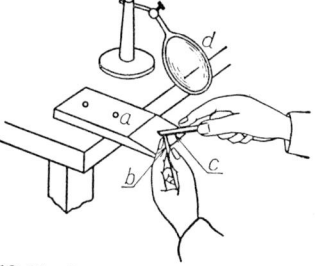

(a)

(b)

4・11 図　組ミ ヤスリの持ちかた.　4・12 図　組ミ ヤスリによる仕上ゲ.

にしてすべらせるようにして仕上げる．5本組ミのように，概して大きなものは，ヤスリの前後を持って仕上げることもある．

4・12 図は，スリツケ台（スリ木）を用いて組ミ ヤスリをかけるときの一例を示したもので，図において，aはスリツケ台，bは工作物，cは組ミ ヤスリ，dはルーペである．

4. ヤスリの目詰マリ

細目ヤスリや油目ヤスリは目が細かいので，切り粉が目に詰まって，工作物の面に大きなキズをつけることがよくある．この場合には針金ブラシでヤスリの下目にそって切リ粉を払い，それでも取れない場合には，薄板で目の間をかいて取る．

ヤスリ目にチョークをすり込んで使用すると，目に切り粉が入らず，また仕上ゲ面もチョークをつけないときよりきれいに仕上がる．油目は油を塗って使用すると，きれいな仕上ゲ面が得られる．

4・3 平面のヤスリ仕上ゲ

1. ヤスリのかけかた

ヤスリ仕上ゲで最もむずかしいのは平面仕上ゲであるが，とくに面積の小さいものほどむずかしい．4・13 図に示すように，できるだけ長手の2方向にアヤになるようにかけると，ヤスリの前後の振レが少なくなり，面が丸くならず正しい平面が得られる．

平面をヤスリ カケする方法に，①直進法，②斜進法，③併進法がある．

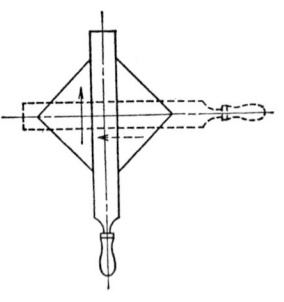

4・13 図　ヤスリをかける方向．

直進法は，4・14 図（a）のように，ヤスリの長手方向にかけるかけかたであ

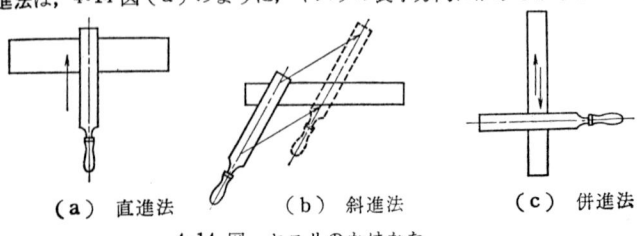

(a) 直進法　　(b) 斜進法　　(c) 併進法

4・14 図　ヤスリのかけかた．

4・3 平面のヤスリ仕上ゲ

る．このかけかたは，ヤスリの切レ刃は上目と下目とで工作物を斜めに切削するので，仕上ゲ面はなめらかでまっすぐにそろう．したがって，最後の仕上ゲに行なわれる．しかし，上達しないと前後がだれて中高になりやすいので，4・16図に示す小さな平面のヤスリ仕上ゲの要領で凸面を修正する．

斜進法は，4・14図（b）のように，ヤスリを右前方に押してかける方法である．切レ刃は上目に対し直角に進むので，形削リ盤のバイトと同じような作用で切削する．切削量が大きいので荒ラ削リまたは面取リに適する．これと反対に左前方に押してかける場合は，深く切り込んである上目が平行に進むので，工作面に深いスジがつくから，あまり採用されない．細長い工作面を**目通シ**するには，同図（c）のようにヤスリを工作物に対し横にして前後に動かして削る．これが併進法である．鋼材の黒皮を取り除く場合などに行なう．

平面仕上ゲをするときは，ヤスリにかかる力を適当に配分することがたいせつである．ヤスリの前後にかかる力の強弱が適切な配分であれば，ヤスリを工作物に対して平行に進めることができ，まっすぐな面が得られる．

ヤスリを平らに動かす力の入れぐあいは，まず4・15図（a）に示すように，先端Aの方に強く押す力を入れる．つぎに同図（b）のように，ちょうどヤスリの長サの中心に工作物があるときには，両端に同じ力を入れて，下に押さえるようにする．同図（c）のようにし一番ヤスリを進ませるときは，

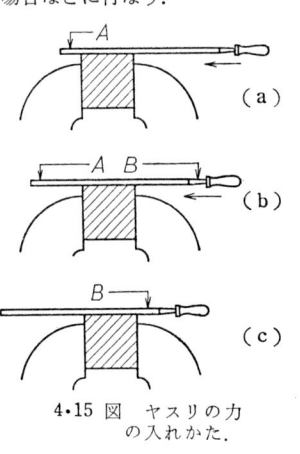

4・15図　ヤスリの力の入れかた．

先端に置かれている左手の力はごくわずかにして，根もとの方Bに強く力を入れる．すなわち，同図（a），（b），（c）の順に力の入れぐあいをだんだんと加減してゆけばよいのである．

2. 小さい平面と広い平面のヤスリ仕上ゲ

小さい面を仕上げるときは，ヤスリをさきに説明したように持つと平らに動かしにくいので，4・16図のように，ヤスリを短く持って仕上げる．工作物の一部の高いところを削って精度を出すときは，4・17図に示すように，先細ヤスリの凸面部を目標のところに当て，両端を浮かして凸面部で小さく削るので

ある．熟練すると相当な高精度(0.003mmぐらい．)な面に仕上げることができる．このようにすると正確な平面が得られる．

定盤や旋盤のベッドのような広い面の仕上ゲには，ヤスリをふつうのように使用したのでは，柄がじゃまになるので，4・18図のような特殊な柄をつけて使用する．左の手のひらで穂先を押さえ，右手で柄を握って大きく前後に動かして切削する．

4・16図　小さな面のヤスリ仕上ゲ．

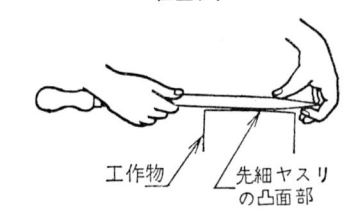

3. 仕上ゲシロの多い平面のヤスリ仕上ゲ

削りシロが多い場合は，タガネではつったり，研削盤で研削するのがふつうである．しかし，工作物によっては，ヤスリだけで仕上ゲシロを削りとらなければならないことがある．この場合は，4・19図に示すように，ヤスリに当たる面積を小さくして，単位面積にかかる力を大きくするため，最初に1の方向に，つぎに2の方向に，続いて3の方向にヤスリをかけて，水平に削ると能率がよい．

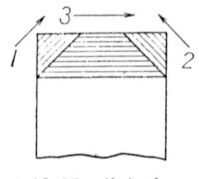

4・17図　ヤスリによる精度の出しかた．

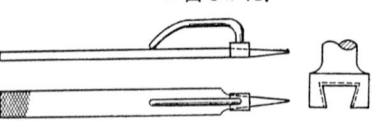

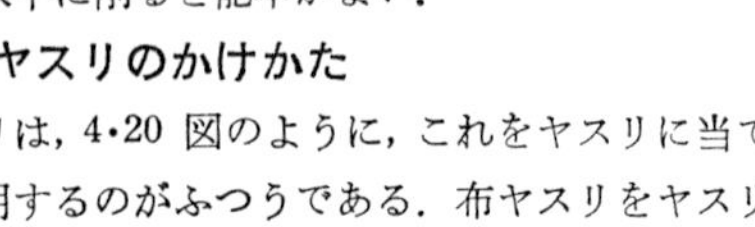

4・18図　特殊な柄．

4・19図　仕上ゲシロの多い場合．

4. 布ヤスリのかけかた

布ヤスリは，4・20図のように，これをヤスリに当てがって使用するのがふつうである．布ヤスリをヤスリと同じ幅に切り，ヤスリにそわせて先端は折り返し，左手でしっかり押さえ，右手でヤスリの面に密着するように，4・21図のように人さし指で押さえる．布ヤスリがヤスリにぴったりと密着していないと，布ヤス

4・4 立方体と曲面のヤスリ仕上ゲ

リはヤスリから離れて工作物の角をすりへらし，仕上げられた面がだれるおそれがある．

4・20 図　布ヤスリの当てかた．

多量に研磨するときには，4・22 図のような **帯ヤスリ盤** を使用すると能率がよい．これは機械の両端の回転車に継ギ目ナシのロール布ヤスリをかけて走らせ，その表面に工作物を当てて仕上ゲを行なうものである．

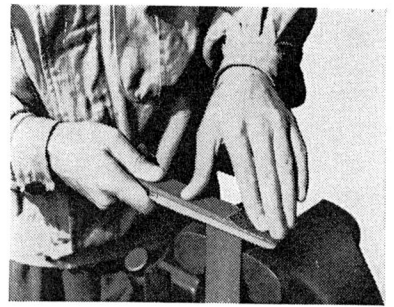

4・21 図　布ヤスリによる平面仕上ゲ．

4・22 図　帯ヤスリ盤

4・4　立方体と曲面のヤスリ仕上ゲ

4・23 図のような立方体を仕上げるには，まず基準になる A 面を直角定規で測定しながら平面に仕上げ，つぎに相対するB面を，外径パスで平行を調べながら平面に仕上げる．また，4・24図のようにしてノギスで平行を測定しながらヤスリ仕上ゲする．つぎに，直角定規を用いて第3面のCをA，Bの2面に

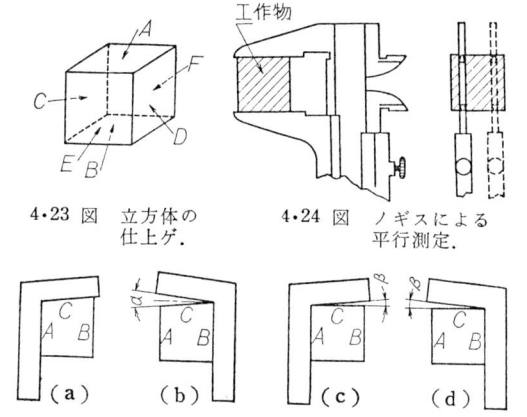

4・23 図　立方体の仕上ゲ．

4・24 図　ノギスによる平行測定．

4・25 図　直角定規による立方体の直角測定．

対して直角に仕上げる．この場合，A，B面が正確に平行に仕上がっていても，4・25図のように必ずA面とB面に対していずれも直角かどうかを調べるようにする．同じ要領でD，E，F面を仕上げる．

1. 円筒の仕上ゲ

角材を円筒に仕上げる要領を 4・26 図に示す．円は無数の角の集まりといえるので，まず4角にし，8角，16角，32角と順次に多角形にして，ついに円筒にすることができる．

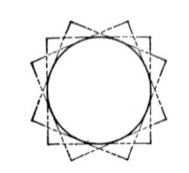

4・26 図　丸いものの仕上ゲの順序．

長い円筒は，4・27 図（a）に示すように，ヤスリを横にずらしながら多角形の角をとっていき，最後に同図（b）のようにヤスリの先端を工作物に直角に当て，矢の方向にヤスリを動かして削る．細かいものは，4・28 図のように親指と人さし指とで工作物をはさんで回しながら，その凸凹を検査し，凸部を再仕上ゲしてだんだん真円に仕上げる．ここで考えておかなければならないことは，円筒をヤスリで精密につくり出すことは不可能であるということである．たとえそれができたとしても，時間がかかってむだにひとしい．したがって，実際上円筒をヤスリで仕上げるのは円周の一部を修正する場合だけに限られて，むしろ部品の一部分を円弧状に仕上げることが多い．

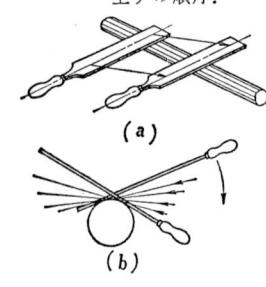

4・27 図　丸いもののヤスリのかけかた

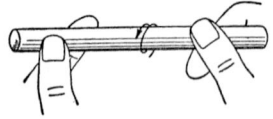

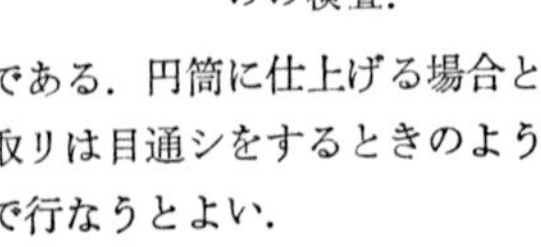

4・28 図　丸く仕上げたものの検査．

4・29 図は丸い面取リの要領を示したものである．円筒に仕上げる場合と同じ方法でヤスリをかけるのであるが，長い面取リは目通シをするときのように併進法で行なうとよい．

ヤスリは荒ラ目・中目・細目の順にかけ，最後に布ヤスリで仕上げることが多い．布ヤスリは適当な幅に切って，4・31 図に示すような要領でみがくのである．

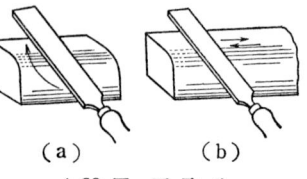

4・29 図　面 取 リ

4・4 立方体と曲面のヤスリ仕上ゲ

2. 内曲面の仕上ゲ

丸くへこんだ面または穴を仕上げるときには，曲面に近い丸ヤスリを用いる．大きな曲面に対しては，半丸ヤスリがよい．ヤスリは単に直線的に動かさないで，4・30図（a）に示すように，斜め右へ前進しながら，しかも同図（b）のようにヤスリの先端の中央から，根もとの左の端までヤスリを回しながらかける．この場合に，ヤスリをあまり大きくずらしすぎると切レ味が悪いから，ヤスリの幅の2～3倍の幅に，順次削ってゆくとよい．

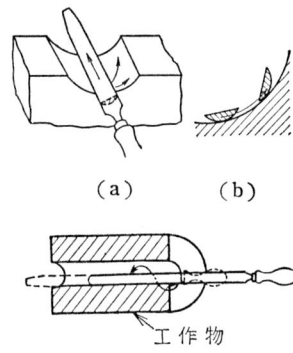

(a) (b)

(c)

4・30図 丸い穴の仕上ゲ．

丸ヤスリの使いかたは同図（c）に示すように回して行なう．

小さい内曲面に布ヤスリをかけるときは，4・31図（b）に示すように，布ヤスリを細かく切ってヒモ状により，それでみがくとよい．

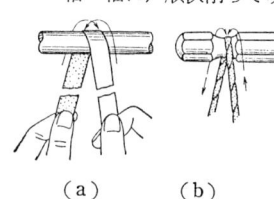

(a) (b)
4・31図 丸棒とミゾの布ヤスリのかけかた．

練習問題

問題1 ヤスリの略図を書いて，各部の名称を入れなさい．
問題2 ヤスリについて，つぎの文章のうち，正しいものに〇をつけなさい．
① ヤスリは，鋳物の黒皮をとるのに用いる．
② ヤスリの削リクズは，ヤスリ目をふさいで，より正確な，なめらかな仕上ゲ面を得ることに役立つ．
③ やわらかい材料を削るときほど，ヤスリ目は細かいほうがよい．
④ ヤスリのかけかたには，直進行と斜進行とがある．
⑤ ヤスリの長サは，コミをふくんだ全長の長サをmmで表わす．
問題3 鬼目ヤスリは，どのような作業に用いられますか．
問題4 新しいヤスリは，はじめ銅合金に使用し，つぎに鋳鉄に使うようにするとよいのはなぜですか．その理由を説明しなさい．
問題5 ヤスリの目詰マリを防ぐには，どのような方法がありますか．

4章 ヤスリ作業

問題 6 研摩布は，どのようなときに用いますか．
問題 7 工作面の目通シは，どのような目的で行なう作業ですか．

5章 キサゲ作業

　キサゲ作業は，形削リ盤や平削リ盤などで切削加工した平面や，旋盤で仕上げた軸受ケの内面を，さらに精度の高い面に仕上げるために，5·1 図に示すようなキサゲ (Scraper) という工具を使ってごく少量ずつ削り取る精密加工方法の一つである．まったくの手作業であり，時間のかかる作業ではあるが，スリ合ワセ定盤や工作機械のスベリ面などの仕上ゲには，欠くことのできない作業であって，仕上ゲ・組ミ立テ作業の中でも重要な作業になっている．

5·1 図 キサゲ

　キサゲ作業は，基準になる平面または軸を工作物にすり合わせてアタリをとり，高い部分をキサゲで削りとっていくので，**スリ合ワセ作業**といわれている．しかし，キサゲを使って加工面に単に模様をつける作業もある．

　加工面の真直度・平面度または平行度だけを問題にするのなら，精密な研削盤による仕上ゲで足りるわけである．ところがスリ合ワセした加工面は，研削仕上ゲと同等またはそれ以上の精度が得られるばかりでなく，その面に小さく浅いミゾが分布するので，工作機械のスベリ面などの潤滑がうまくできるという特長がある．スリ合ワセ定盤の仕上ゲでは，三枚合ワセという方法でスリ合ワセすれば，精密な基準がなくても，きわめて精度の高い平面が得られるのもキサゲ作業の妙味である．

　キサゲ作業は，精密仕上ゲ方法の一つであるだけに，充分に練習を積んで熟練することが必要であることはいうまでもない．

5·1 キ サ ゲ

1. キサゲの種類と形状

　キサゲには，使用目的によって，5·2 図に示すようなものがある．同図 (a) は平面仕上ゲに最も多く使われる**平キサゲ** (Flat scraper) である．これには 1 のような平ヤスリ状の**直キサゲ**と，2 のような山形に曲がった**バネ キサゲ**とがあるが，主として後者が多く使われている．同図 (b) は**ササバ キサゲ**

または軸受ケキサゲといわれるもので，切レ刃の部分がササの葉の形をしている．断面図に示すように，円弧状の面をといで刃をつけ，中央部を大きくへこませて，とぐ面積を小さくしてある．軸受ケのスリ合ワセ専門のキサゲである．同図（c）は**カギ形キサゲ**といい，刃先を曲げたもので，平面をごく微量に削り取る仕上ゲ用のキサゲである．平面仕上ゲ用キサゲは，ふつう前方へ突いて切削するが，このキサゲは手前へ引いて切削をする．そのため切削中の刃先が見えず，切れぐあいがわからないのが欠点である．同図（d）は**斜メ刃キサゲ**

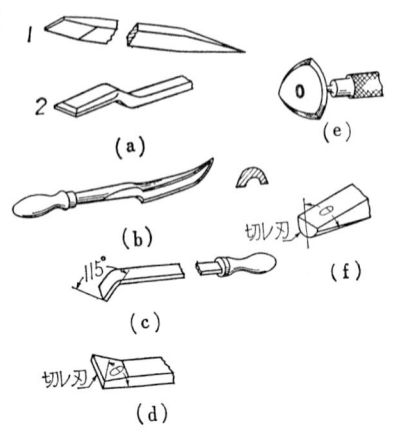

5・2 図 キサゲの種類と形状．

で，直キサゲの先をつぶして先を開いたもので，角ミゾの底をさらえるときに使用される．同図（e）は**三角板キサゲ**といい，外にふくらんだ三角形の板の各辺に切レ刃をつけたもので，広い面からごく微量に削り取るキサゲである．これも，手前へ引いて削る．同図（f）は**半丸キサゲ**で，**甲丸キサゲ**ともいわれ，穴の内面や曲面のキサゲ仕上ゲに使用される．

2. キサゲの材質

キサゲは，ふつう SKH 2（高速度鋼2種）でつくったものが使用され，先端に超硬チップを取り付けたキサゲもしばしば用いられる．SK2（炭素工具鋼2種）製のものも使われるが，これはヤスリの材質と同じものであって，使い古しのヤスリを火造りして，キサゲにつくり直して使うことができる．

3. 刃先の角度

キサゲの切レ味は，材質・焼キ入レ，刃先の角度，工作面とキサゲとのなす角度などに関係する．5・3 図（a）は平キサゲ，（b）はササバキサゲで，刃先角度 θ は工作物の材質によって異なるが，だいたいの標準はつぎのとおりである．

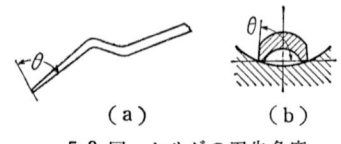

5・3 図 キサゲの刃先角度．

鋳鉄・軟鋼用 {荒ラ仕上ゲ…70～90°
　　　　　　本仕上ゲ……90～110°

青・銅ホワイト メタル用 {荒ラ仕上ゲ…60～75°
　　　　　　　　　　　　本仕上ゲ……75～80°

5・2 キサゲの火造リと焼キ入レ

1. 平キサゲの火造リ・焼キ入レ

　平キサゲを火造リするには，まず適度の温度に加熱することがたいせつである．火造リ標準温度は，工具鋼で 900～1150°C，高速度鋼で 950～1250°C である．これよりも高い温度に加熱すると，結晶が粗大になるばかりでなく，酸化燃焼してツチ打チするとき火花が散る．反対に火造リ中に温度が下がって 300～500°C にもなると，いわゆる**青熱モロサ**のために，延ビが悪く，質が非常にもろくなる．

　素材を火造リ温度に加熱したならば，金敷キの上に 5・4 図（a）のように置いてツチ打

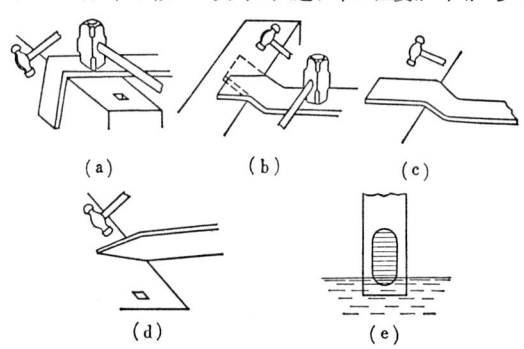

5・4 図　キサゲの火造リと焼キ入レ．

チし，根もとを曲げる．つぎに，同図（b）に示すように素材を逆にして刃の方をツチ打チして曲げる．これまでを1回の加熱だけですばやく火造リするのである．つぎにもう一度加熱し，同図（c）に示すように，刃先の部分を火造リする．最後に柄の方を加熱して，同図（d）のようにして火造リする．

　火造リしたキサゲは，焼キ入レを施して刃先のカタサを増すが，焼キ入レで最もたいせつなことはその加熱温度である．

　炭素工具鋼の焼キ入レ温度は 760～820°C で，水冷して焼キ入レし，高速度鋼（2種）の焼キ入レ温度は 1260～1300°C で，油冷して焼キ入レする．キサゲは焼キ モドシをしないで焼キ入レしたまま使うのがふつうである．

　加熱の際には，急激な温度上昇を避け，刃先だけを均一に焼キ入レ温度に達

するようにする．また，水冷するとき，5・4図（e）に示すように，まっすぐ冷却液に入れて，刃先だけに焼ラ入レする．この場合，円を画くように動かして，刃先の周囲だけ温度が高くなることのないようにする．

焼キ入レされたキサゲは，まず工具研削盤（Tool grinder）で荒ラ刃をつけ，つぎに油トイシで切レ刃をつける．研削盤でとぐとき，刃先を強くトイシ車にあてると，刃先だけが膨張して他の部分がそれにともなわず，刃先が割れたり，欠けたり，または刃先の焼キがもどって切レ味が悪くなる．これを防ぐには，たびたび水に浸して刃先の温度が上昇しないようにするとよい．しかし，加熱と冷却を何回も繰り返すと，ついには刃先にワレが生じたり，割れないまでも非常にもろくなってながもちしない原因になる．急冷・急熱によって材質に変化を及ぼすことのないように注意することがたいせつである．

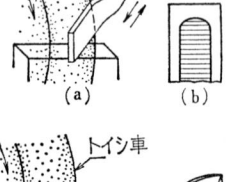

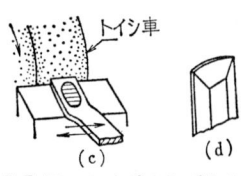

5・5図（a）は，研削盤で荒ラ刃をつける要領を示す．トイシ車の外周で，矢印の方向へ動かし，同図（b）のように中低にといで，いわゆる二番取リを行なう．つぎに刃先を同図（c）のように左右に動かし，キサゲの中心と直角に，しかもまっすぐになるようにとぐ．同図（d）は悪いとぎかたを示したもので，このように刃を斜めにしたり，刃先を中高にしたりしてはいけないのである．

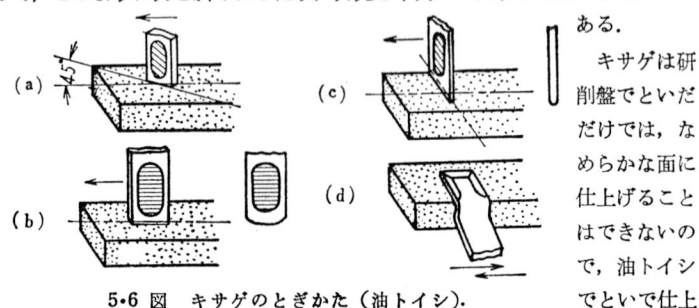

5・5図　キサゲのとぎかた（研削盤）．

キサゲは研削盤でといだだけでは，なめらかな面に仕上げることはできないので，油トイシでといで仕上げをする．とぎはじめる前に，トイシに数滴の石油またはマシン油を与えて，5・6図（a）のように，キサゲをトイシの長手方向に45°ぐらい斜めにし，刃

5・6図　キサゲのとぎかた（油トイシ）．

5・2 キサゲの火造りと焼キ入レ

先を所要角度に保ちながら力を入れてとぐ．同図（b）のようにしてとぐと刃先の面が丸くなり，しかもトイシに縦キズが入ってとぎにくくなる．また，同図

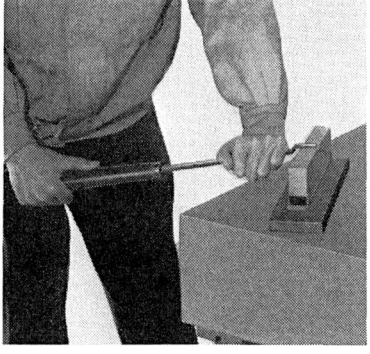

（a）　　　　　　　　　　（b）
5・7 図　キサゲ とぎの姿勢．

（c）のようにしてとぐと，刃先が丸くなりやすい．

5・7 図（a）は，油トイシで刃先をとぐ場合の姿勢を示す．柄の端を左手で軽く握り，右手で刃先部の上をしっかり握って力を入れてとぐのである．この場合，右手と左手をいつも平行にして往復運動を与えるようにする．裏面をとぐには，同図（b）のようにして裏面とトイシを密着させてとぐ．

刃先をとぎ終わってから，刃の裏を 5・6 図（d）のように，トイシ面に密着させてとぐ．最初に荒ラ トイシで裏をつけ，最後に仕上ゲ トイシでしっかりとぎこむ．いつでも刃先をといでできる裏面のカエリは，仕上ゲ トイシで取る．キサゲの刃先部を，手のひらでトイシに押さえ気味にといだ刃裏は，5・8 図（a）のように平面になるが，握って引き気味にとぐと，同図（b）のように円弧になりやすい．また，手もとを持ち上げると刃

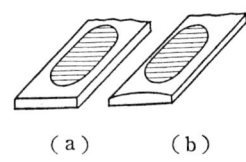

（a）　　　（b）
5・8 図　キサゲの刃裏．

先だけがとげて，切レ刃の角度が変わってしまうから，注意を要する．

さきに述べたように，油トイシでとぐときに用いる油は石油でよいが，といだ面のキメがややあらくなる．キメを細かくとぐには，機械油を用いる．

ここで**油トイシ**（Oil stone）について述べておこう．油トイシには天然品と人造品とがあり，いずれも赤カッ色のものと白色のものとがある．天然品の

赤カッ色トイシでは，インデアン トイシといわれるアメリカ産のものが多く使われ，白色トイシには同じアメリカ産のアルカンサス トイシがある．インデアン トイシは比較的キメがあらく，主として荒ラ トギ用として使い，白色のアルカンサス トイシはキメが細かいので仕上ゲトギに用いる．

人造トイシは，カーボランダムまたはアランダムのト粒を磁器質のもので焼き固めてつくったもので，質において天然産には及ばないが，価格が安い．

油トイシの表面は，端から端まで全面にわたって使うようにし，局部的にくぼませないようにするとよい．もしクボミができたときは，それがあまり大きくならないうちに修正しなければならない．油トイシの修正は，平らな鉄板の上に金剛砂をのせ，油トイシには石油をつけて鉄板の上ですればよい．

2. ササバ キサゲの火造リ・焼キ入レ

ササバ キサゲの火造リは平キサゲよりもむずかしい．素材が丸鋼である場合と，平鋼である場合とで火造リのしかたもいくぶん違ってくる．

素材が丸鋼の場合には，5・9図(a)に示すように，1の素材を加熱してから，まず，2のように先端を先細に火造リする．つぎに3のように，平らになるように火造リをしておく．

平鋼の場合は，5・9図(b)に示すような要領で火造リしておく．

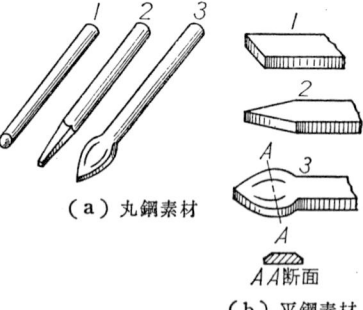

5・9図 ササバ キサゲの火造リ(その1).

つぎに，ササバの幅よりやや大きめのタップの上に置き，丸ヘシで軽く打つと，5・10図(a)のようになる．この場合，強く打ちすぎて真中の肉が薄くならないように注意する．

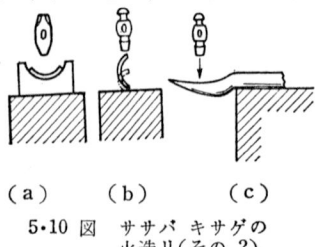

再び加熱して，同図(b)のように切レ刃部の一方を打つと，弧が小さくなり，ミゾが深くなって，切レ刃部にソリができる．

最後に頭部を加熱して金敷キのケンで同図(c)のように刃部を打って，頭

5・10図 ササバ キサゲの火造リ(その 2).

5・2 キサゲの火造りと焼キ入レ

部の曲ガリをつける．この曲ガリはあまり大きくつけない方がよい．

また，つぎのようにする別な火造リのしかたもある．

刃部の火造リは前項と同じようにして行ない，5・11図（a）のように，金敷キの上に横にのせて，角度を少なくして形をつくる．つぎに同図（b）のようにして，刃部を片方ずつ打って，フクラミを出す．最後に，前の方法と同じようにして頭部の曲ガリをつけるやりかたである．

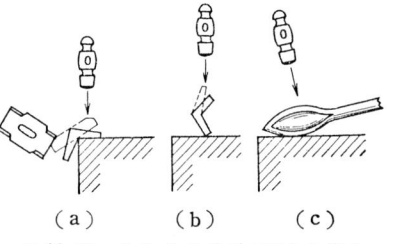

5・11図　ササバ キサゲの別な火造リ．

焼キ入レ温度と冷却は平キサゲの場合と同じである．頭部を加熱し，冷却は刃部だけにする．頭部まで冷却すると，刃部との境で割れたり折れたりすることがあるので，5・12図のように，刃部の先端からすくうようにして，すみやかに冷却液に入れることがたいせつである．

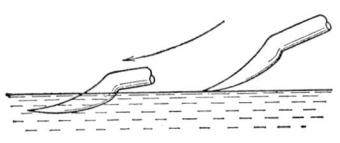

5・12図　刃部の焼キ入レ．

焼キ入レができたならば，最初に工具研削盤で荒ラ刃をつける．5・13図（a）のようにトイシ車にあて，刃裏の丸ミにそって軽くとぐのである．つぎに同図（b）のようにして，切レ刃角をとぐ．いずれも摩擦熱によって焼キがもどらないように，ときどき水につけて冷却して行なうことがたいせつである．

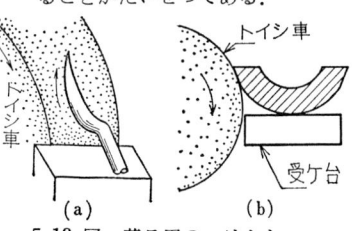

5・13図　荒ラ刃のつけかた．

荒ラ刃がついたら，インデアン トイシで刃裏をとぐ．5・14図（a）のように長手方向にまっすぐにしてとぐと，同図（b）のようにトイシにミゾがつき，刃裏が丸くなり鋭い刃がつかない．同図（c）のように，トイシの長手方向に対し斜めにおいて

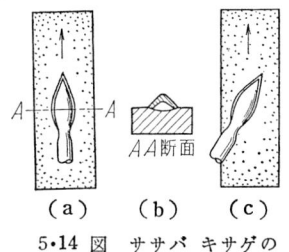

5・14図　ササバ キサゲのとぎかた（その1）

トイシの面全体を使用すると，トイシの平面度が狂わない．この場合，刃部の先端から根もとの方へと，すくい上げるようにしてとぎ，刃裏の長手方向に丸ミをつける．

つぎに切レ刃角をとぐのであるが，5·15図(a)，(b)に示すようにしてとぐのがふつうである．しかし刃裏が曲面であるため，切レ刃角を一様にとぎにくいので，同図(c)のようにトイシを持って切レ刃角を一様にとぐとよい．最後にアルカンサス トイシでとぎこみ，キメを細かくする．切レ刃角にできたカエリもアルカンサス トイシで軽く取る．使用中切レ味が悪くなった場合は，刃裏をといで刃をつける．

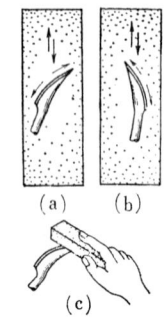

5·15図 ササバ キサゲのとぎかた(その 2).

3. 自動キサゲ機

5·16図は自動キサゲ機を示す．インスタント ブレーキ モータと減速機構があり，特定支点により，前後傾動カンをマイクロスイッチと連動させ，特殊スプリング機構と減速機構を介してカム筒を回転し，さらに，ストロークを調整できる装置がある．小形・軽量であるので携帯に便利である．

加工面に切レ刃を当てるとただちに作動し，離すとすぐに停止するようになっている．ストロークは 15mm まで，指先でローレット輪を回すだけで簡単に調節でき，手元の切リ換エ スイッチで低速・高速の2段に切リ換えることもできる．平面・垂直面・斜面・Vミゾ・アリミゾなどの精密キサゲ加工が容易にでき，手作業と同じ美しい仕上ゲ面が得られる．食い込む心配がなく，工作時間と労力を節減できて能率もよい．

荒ラ削リを手動で行なう場合は，電源コードをはずして右手でグリップを持ち，左手で補助バンドを押さえて作業をすればよい．切レ刃は刃幅20mm のものを使って，機械の重量（約3.5kg）を

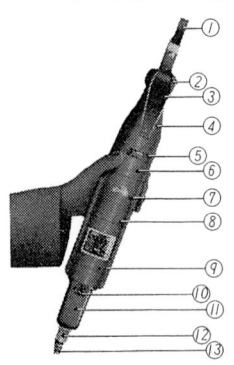

①標準切レ刃②特定支点③補助バンド④特殊スプリング機構⑤ストローク調整輪⑥マイクロスイッチ⑦カムローラ機構⑧太陽・遊星・インタナルギャ機構⑨インスタントブレーキモータ⑩低速・高速切リ換エスイッチ⑪グリップ⑫コネクタ⑬コード

5·16図 自動キサゲ機

5・3 キサゲのかけかた

生かし，加工面に対し約 15～20° くらいの角度で両手の動かせる範囲内で 荒ラ削リをするのである．

中仕上ゲの場合は，まず肩掛ケ ベルトを左肩から右斜めにして機械の握リ凹部に掛け，両手は補助バンドを握りやすいように持つ．ストロークは 10～15mm にして，切レ刃を加工面に当ててただちに離す動作で行なう．この場合，切レ刃が後退するのはバネにより，前進するのはカムによって作動しているから，切レ刃を加工面に当てて離すタイミングをよく合わせて切削することが必要である．手元スイッチを H 側に倒すと高速になり，Lに倒せば低速になる．高速で切削するときは，切レ刃を加工面からすみやかに離すことが必要である．離せばスイッチが切れてモータが停止する．

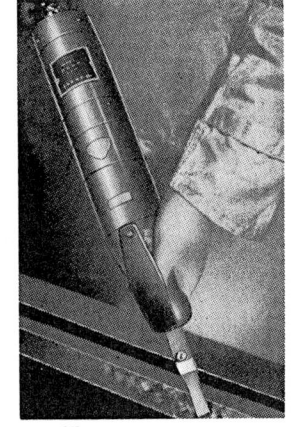

5・17 図　自動キサゲ機の使用例．

精密仕上ゲは，中仕上ゲの要領で行なう場合と，ストロークを 0.1～0.2mm に小さくして，加工面に対して機械を少しずつ前後に動かして切削する方法とがある．

模様付ケは，高速でストロークを 0.1～0.2mm にし，機械自体を動かして所要の模様を付ける．5・16 図は，自動キサゲ機の使用例を示したものである．

5・3 キサゲのかけかた

1. 平キサゲのかけかた

キサゲをかけるには，その持ちかたを会得しなければならない．平キサゲの場合は，左手をなるべくキサゲの刃部の近くにもってゆき，削り取る力が充分刃先にかかるようにする．右手はキサゲの角度を保持する役目を するので，5・18図に示すように，下からキサゲの柄の部分を握りしめ，キサゲ全体をからだの方に持ち上げるような気持でささえる．キサゲはヤスリと違って，腕はいつも一定した形で動かされず，からだの方を動かして削るのである．なお，左手は，キサゲを押す力の加減をして，切削する深サを自由に調節する役目もすることになる．

5.18 図は平キサゲをかける要領を示したものである．同図(a)は小さな面，またはごく精密に仕上げるときの要領で，左手をキサゲの刃部近くに置き，下

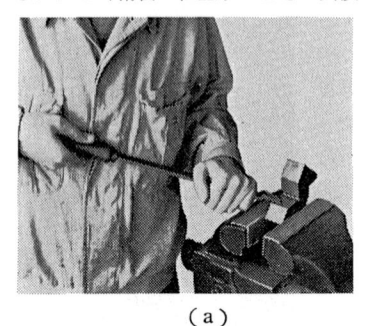

(a)

(b)

5.18 図　平キサゲのかけかた．

に押しながら右手で前に進める．このとき平キサゲの柄の端を右腹に当てて押してもよい．

大きな工作物の場合は，この方法では大きくキサゲがかからないから同図(b)のようにキサゲをかまえる．左かがとを軽く浮かせ，右足でふんばり，体重をキサゲにかけて押すのである．柄はカシのような丈夫な木でつくり，コミの部分に鉄輪を入れてある．長さは300～600 mmのものが最も多く用いられる．

工作物にキサゲを当てがった場合，工作物とキサゲとのなす角度は 5.19 図のようにだいたい 30°ぐらいがいちばんよい．この角度は，切削する量と仕上げられた面の良否，きれいさに相当影響する．したがって，工作物にキサゲを当てがったとき，この角度を見て，工作物を適当な高サに上下させ，最もよい高サになるようにすることが必要である．キサゲが立ちすぎていると，工作面にキズが入りや

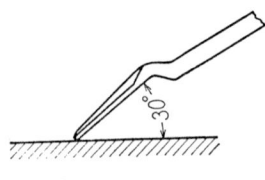

5.19 図　工作物とキサゲの角度．

すいから注意しなければならない．また，動かせないような工作物にキサゲをかけるときは，その周囲に台を置いて，その上に乗って作業するような準備が必要である．

切削方向は，工作物の縁に対し，最初は 45°の斜めにかけ，つぎに 90°方向
を変えて，反対方向からかける．さらに縁に平行方向に，あるいは直角方向に
かけ，四方八方から切削し，削リ面の平均をはかるようにする．

2. ササバ キサゲのかけかた

ササバ キサゲの持ちかたは，5・20 図に示すように，右手で柄の上方を持ち，左手は刃部の少し上方を握る．左手はキサゲを前後・左右に回す力と，切削に必要な押さえる力を加えるので，しっかり握る．

深い穴の場合は，長い柄を使用する．この場合も，左手は工作物につかえない限り，刃先の方を持たないと切削力が弱くなる．

5・21 図はササバでの切削のしかたを示したものである．ササバ キサゲの動かしかたは，同図 1 のように右斜め前方に進めて切削する場合と，同図 2 のように左斜め前方に進めて切削する場合とがある．平面キサゲのように，方向を交互に変えてかけることができないが，できるだけ方向を変えるように工夫することが必要である．

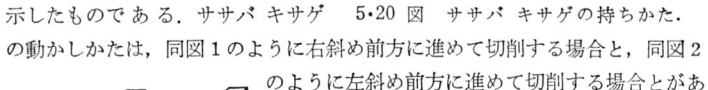

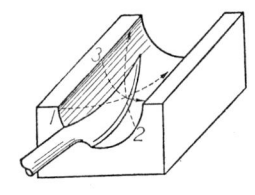

5・20 図 ササバ キサゲの持ちかた．

同図 3 のようにすると，ビビリが生じて切削面に波形の凹凸ができるのでよくない．キサゲをかけるには，円周面の当タリのところへキサゲの両刃をぴったりとつけて動かすのであるが，削リアトが細くならないように注意しなければならない．

5・21 図 切削のしかた．

5・4 平面のスリ合ワセ作業

1. 直定規とスリ合ワセ定盤

直定規 (Straight edge) は，まっすぐに線をケガキしたり，平面を検査したりする測定工具の一つである．5・22 図 (a) は工具鋼でつくった扁平形のもので，直線のケガキおよび平面測定用として用いられ，同図 (b) は鋳鉄製で，

旋盤などのベッドや平削リ盤のシュウ動ミゾなどの平面度を検査したり，これをすり合わせたりするのに使用するものである．

これらの直定規の測定面は，精密な工作が施されてあり，ヒズミに対しても充分注意を払った構造になっているが，わずかの熱の変化によってもヒズミが生じる．したがって，取り扱いに際しては火気を避けることが必要である．

(a)

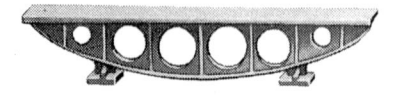

(b)

5・22図　直定規

スリ合ワセ定盤 (Surface plate) は，組織がチ密でかたく，裏面にはヒズミの起こらないように力骨 (Rib) を設けた鋳鉄製の定盤である．よく枯らして収縮内力によるヒズミを取り去り，機械仕上げを施したあと，さらにスリ合ワセ仕上ゲを施して正しい平面にしてある．5・23図はスリ合ワセ定盤の一種で，平面の検査をしたり，平面のスリ合ワセ仕上ゲの基準としたりして用

5・23図　スリ合ワセ定盤

いる．これをケガキ用定盤と混用したり，この上で荒ラ仕事をするようなことは，絶対に避けなければならない．使用しないときは木のフタをして保護し，日光の直射する場所，水気の近いところ，寒冷なところなどには置かないようにし，またつねに油を塗って，サビの出ないように，平素からその保護に充分注意することが必要である．

2.　スリ合ワセ作業

定盤をスリ合ワセするには，まず，作業台の据エ付ケをしっかり決める．これが適切でないと，キサゲをかけるときの姿勢が不自然になって，むだな疲労を招いたり，正確なアタリが取りにくくなる．作業面の高さは身長とキサゲの長さによって決まるが，だいたい 600 mm が適当である．定盤は，上面を水平にして，作業中にがたつかないようにしっかり固定しなければならない．

定盤を据え付け，スリ合ワセ作業の準備ができたら，別の基準定盤に光明丹を塗る．光明丹は，機械油で練ったものを使うが，機械油だけでは延ビが悪い

5・4 平面のスリ合ワセ作業

ことがある．その場合は石油または軽油を少し混ぜるとよい．最初の荒ラ仕上ゲのとき，やわらかいものを濃いめに塗り，精度が高くなるにしたがっていくぶん固くして，薄く一様な厚サで塗ることがたいせつである．

光明丹を塗るには，これをタンポにつけ，定盤の上にところどころに点点とおいた後，そのタンポでムラのないように一面に塗りひろげる．タンポというのは，木綿布にほかの布切れを丸めて包み，こぶし大よりいくぶん小さめにしたものである．タンポ塗リが終わったならば，手のひらでもう一度よくのばしながら，チリが入っていないかを充分に確かめる．チリが入っていると，スリ合ワセをしたとき，基準定盤にも工作物にもキズがつく．光明丹の容器には必ずフタをしておき，チリなどが入らないようにする心づかいも必要である．

光明丹をごく薄く塗るときは，最初から手のひらでていねいに塗るとよい．

光明丹のほかにベアリング ブルも使われるが，これはシンチュウ・青銅・銅などに適している．

さて，光明丹を塗り終わった基準定盤は，これを裏返して作業台上の定盤の工作面に静かにのせ，前後・左右に 30～50mm ぐらいずつ数回すり動かす．基準定盤を取り去ってみると，定盤の工作面には 5・24 図に示すような当タリがついている．この当タリは，加工面の高いところに基準定盤の光明丹が付着したものであることはいうまでもない．このような光明丹の当タリを赤当タリといっている．

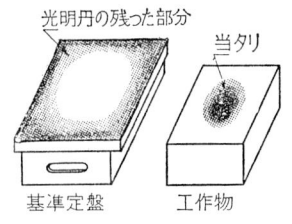

5・24 図 スリ合ワセの当タリ．

つぎに，赤当タリの全面にわたって平キサゲをかける作業に移る．最初は，定盤の機械工作面を一皮削り取る気持ちで，赤当タリを流シ削リするのである．この作業が終わったならば，工作面をきれいにボロでふいて削リクズを完全に取り去り，再び赤当タリを取ってキサゲをかける．これを何回も繰り返すと，赤当タリは工作面の全面につくようになり，基準定盤と同じ平面度になってくる．

このようなスリ合ワセ作業は，決してやさしいものではない．とくに，工作面に光明丹が付着している状態をよく見て，キサゲの強弱を加減しながらかけることには熟練がいる．赤当タリは決して一様についているものではなく，赤黒く現われているところもあり，カスミのように付着しているところもあって，

付着していないところとの境界も決して判然としているとは限らない．つまり光明丹が厚くついているところよりも，黒光リがしてついているところが最も高いところなのである．高いところは強く，それよりも低いところは軽くというように，キサゲのかけかたを加減しながら削り取っていくことがたいせつである．これを会得しないで，同じ調子でキサゲ作業をすると何回スリ合ワセを繰り返しても平面の精度は得られない．

このように，赤当タリをつけて行なうキサゲ作業は荒ラ削リであって，荒ラ削リでだいたいの平面がでたならば仕上ゲ削リに移る．仕上ゲ削リは，基準定盤の光明丹をふき取リ，今度は定盤の工作面に光明丹を薄く塗って両者をすり合わせるのである．この場合，基準定盤を押さえつけるとかえって当タリが取りにくいから，基準定盤は軽く扱うことがたいせつである．また，荒ラ削リおよび仕上ゲ削リした定盤の工作面には，キサゲのマクレができているので，これを白色油トイシで軽くすって取り去り，布できれいにふくようにする．マクレが残っていると，つぎのスリ合ワセの当タリが正確に出ないばかりでなく，基準定盤にキズをつけることになる．もっとも，マクレは流シ削リしたときにはできない．

工作面に光明丹を薄く塗って基準定盤で当タリを取ると，工作面の高い部分の光明丹がすり取られて黒光リしたものになる．これを**黒当タリ**といっている．仕上ゲ削リは，この黒当タリをキサゲで削り取って，いっそう精度の高い平面にスリ合ワセするのである．

定盤の場合もそうであるが，工作機械のスベリ面などを機械で切削加工したままのものは，その平面度がひどく狂っていることがある．このような平面は，**直定規を当ててスキマ ゲージ**（Thickness gauge）を入れてみると，狂っている程度がわかる．このような場合には，初めからキサゲでスリ合ワセをすることはたいへんであるから，ヤスリで高いところを削り取り，だいたいの平面度にしてからスリ合ワセをする．

工作機械のスベリ面は，平面の精度を出すためばかりでなく，油ダマリの役目をさせるためにキサゲでスリ合ワセ仕上ゲをするのであることは前にも述べた．この油ダマリの役目は，キサゲのかけかたによってどのように影響されるであろうかは，考えてみる必要のある問題である．5・25図は，スリ合ワセ面をキサゲの切削方向に直角にした断面によって，キサゲのかけかたで油ダマリがどんな状態になるかを示したものである．同図（a）は，切レ刃にカドのある

5・4 平面のスリ合ワセ作業

キサゲで切削したもので，断面の形状から油が左右のスベリ面に流れにくい．同図（b）は，キサゲを傾けて切削したもので，右には油が行きわたるが，左には行かない．これらは，いずれもキサゲの正常な使いかたではなく，スベリ面にキズ跡が残る．同図（c）は，両カドを丸く落としたキサゲで切削したもので，油が左右のスベリ面に流れやすくなっている．同図（d）は，両角をとり，切レ刃を丸くしたもので，最も理想的に油が行きわたる．

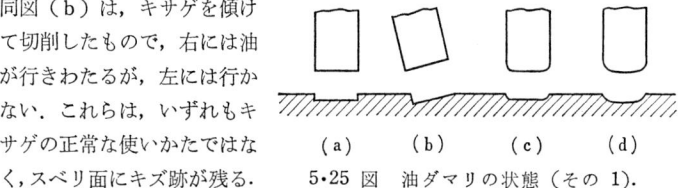

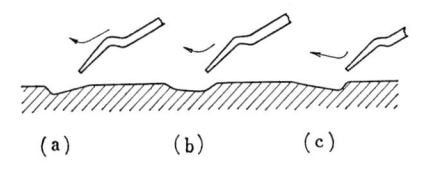

5・25 図 油ダマリの状態（その 1）．

5・26 図 油ダマリの状態（その 2）．

5・26 図は，キサゲの切削方向の断面を示したもので，同図（a）はキサゲの当てはじめを軽く，押し進めるにつれて力を強くし，終わりで急に力をぬいたときの形を示す．同図（b）は，切削はじめと終わりは軽く，中央部で最も力を強く加えた場合，同図（c）はキサゲの当てはじめに強い力を加え，進むにつれて徐徐に力をぬいたもので，三者を比較すると，同図（b）の場合が油ダマリとして最も理想的であるといえる．

スリ合ワセした仕上ゲ面や機械加工しただけの平面に，キサゲで模様付ケをして，装飾の役目をさせることがある．模様付ケすると精度が低下するおそれがあるので，むりな模様付ケを避け，スリ合ワセしたままで自然に美しい模様ができるのが最上である．

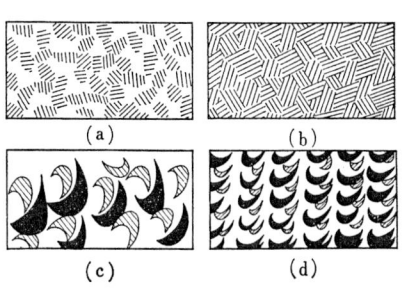

5・27 図 模様付ケ

模様付ケは，スリ合ワセのすんだ面を，油トイシや油目ヤスリか細かい布ヤスリでキサゲの跡をとり，一様に光明丹を塗って，5・27 図に示すような要領でキサゲをかける．

3. スリ合ワセの精度

スリ合ワセの精度を表わすのに，ツボ当タリまたはパーセント当タリという言葉が使われる．**ツボ当タリ**というのは，スリ合ワセ面の単位面積（25.4×25.4mm）に黒当タリがいくつあるかで，その平面の精度を表わす方法であって，当タリが多いほど精度が高い．スリ合ワセ面全体の精度は，ツボ当タリが平均に分布しているのが高い．たとえば，ツボ当タリの数が a の部分は12，b の部分は23，c の部分は7であるというように，黒当タリが平均していないのは精度が低いわけである．

パーセント当タリは，スリ合ワセ面の総面積に対し，黒当タリの面積が何%であるかによって精度を表わす方法である．黒当タリの面積が多いほど精度が高いことになるが，スベリ面では油膜生成の関係があるから，黒当タリの粒がそろっている方がよい．面全体としては，ツボ当タリと同じく，均等に分布しているのがよいのである．5・28図は黒当タリと油ダマリの分布を示したもので，a, b, c, d……は黒当タリ面，1, 2, 3……は油ダマリで，ともに均等に分布している．

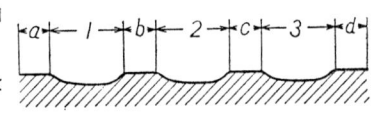

5・28 図　黒当タリと油ダマリの分布．

ツボ当タリが多いと同時に，パーセント当タリが多いのが理想的であるが，ツボ当タリを多くするために小さい当タリが多くなっても，パーセント当タリが少なくなることがある．そのような面は，スベリ面としては摩耗が早くて不安定であって，適当ではない．現場では，ツボ当タリの方が多く用いられるが，パーセント当タリの方が精度を正確に表わすことができる．スリ合ワセ面の用途に対するパーセント当タリの標準はつぎのとおりである．

超精密面（測定検査器具の基準面．）
① 小形測定検査器具・基準定盤…45%
② 検査用定盤…45%

精密面（工作機械のスリ合ワセ面．）
① 工作機械のスベリ面・テーブル スベリ面・スリ合ワセ工具の基準面…30%
② 旋盤主軸台・心押シ台の底面…25%
③ すべり合わない精密組ミ立テ部品，テーブルの上面…30%
④ ボルト・ビス ネジなどで取り付ける接触面…30%

5・4 平面のスリ合ワセ作業

並面（大物取リ付ケ面・機械加工面）

① キサゲ仕上ゲの初期…25%
② 機械加工面…20%

4. 定盤の三枚合ワセ

基準定盤を使わないで、定盤3枚を交互にスリ合ワセをして、正確な平面に仕上げる方法に**三枚合ワセ**の方法がある。5・29図のように、あらかじめ各面を機械で仕上げてある3個の定盤 A, B, C で、まず最初に A と B とをすり合わせ、両面ともに当タリがついているとき、Bをそのままにして、Aを基準にしてCをスリ合ワセする。基準面 A に C が合ったならば、つぎに B と C とをすり合わせてみる。その結果、B と C が正確に合えば、3枚の定盤はいずれも正確な平面を持ったことになるが、図のように当タリが全然異なる場合は、それぞれ真の平面ではない。したがって、一対ずつ交互にスリ合ワセを繰り返して、3枚とも密着するまでスリ合ワセするのである。三枚合ワセの際、ときどき直定規で誤差の程度を検査しながらキサゲをかけるようにすると能率がよい。

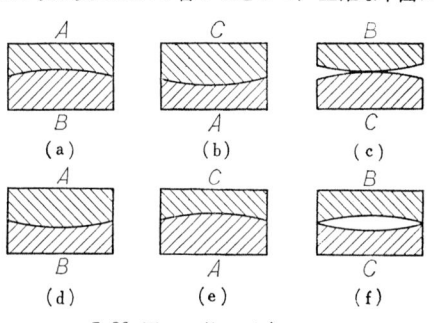

5・29図 三枚スリ合ワセ

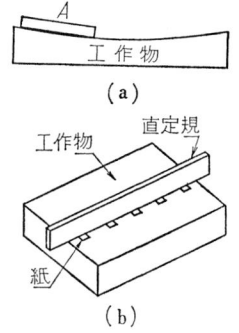

三枚合ワセは、直角定規・直定規などにも応用することができる。したがって、これらの測定工具を3個もっていれば、基準になるものがなくても、いつも精度を保持することができるわけである。

5. 大きな平面のスリ合ワセ

大きな平面、または長い平面をスリ合ワセする場合に、それより大きな基準定盤があればよいが、5・30図(a)のように、小さな基準定盤Aでスリ合ワセをしようとしても、真の平面がわからない。このような場合は、まず直定規を

5・30図 大きな工作物のすり合わせかた(その1).

工作物の上に置き，同図（b）に示すように，同じ厚サの紙をその下にはさみ，1枚ずつ引張ってみて，そのユルサ・カタサによって面全体の狂イを測定する．

つぎに，直定規で測定しながら細長い平面を仕上げてしまう．たとえば大きな定盤をキサゲ仕上ゲする場合，5・31図に示すように，定盤を細かく分割して，その線の上に直定規を走らせて網目にスリ合ワセを行ない，つぎに小形の定盤でまんなかから順に，直定規をたよりにすり合わせた細かい平面に向かって，高いところを順にキサゲで削り取り，両方の平面が一つになるまでスリ合ワセする．長い平面のスリ合ワセもこれと同じような方法でスリ合ワセを行なえばよい．

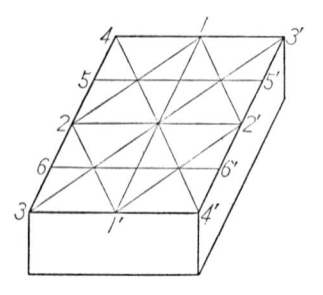

1・1′, 2・2′, ……は直定規によるスリ合ワセの順序を示す．
5・31図　大きな工作物のすり合わせかた（その2）．

5・5　軸受ケのスリ合ワセ作業

5・32図は，固定軸受ケの標準のものを示す．

1. 軸受ケ胴　2. 軸受ケキャップ
3. 軸受ケ金　4. キャップボルト
5. 据エ付ケボルト

5・32図　固定軸受ケ（その1）

5・33図は上下二ツ割リの青銅鋳物製軸受ケ金である．これをスリ合ワセするには，上下の合ワセ面を平削りした後，キサゲですり合わせ，ハンダ付けして一体にする．これを旋盤で決められた寸法に切削加工した後，ハンダをはずして再び2個に分け，合ワセ目にそって油ミゾ（Oil groove）をつくり，上の軸受ケ金の中央に油穴をあける．つぎに5・34図（a）に示すように，油ミゾを切る．油ミゾ切リがすむと，5・34図（b）のように，軸受ケ金を軸受ケ胴とキャップにはめこむ．

つぎに，前もって用意された軸に光明丹を塗リ，軸受ケ胴にはめこみ，上にキャップをかぶせて軽くボルト締メし，軸を手で数回左右に半回転ぐらいず

5・33図　軸受ケ金

5・5 軸受ケのスリ合ワセ作業

つ回して赤当タリをつける．当タリがついたらボルトを抜いて，再び軸受ケ胴とキャップとに分解する．

スリ合ワセは，ササバキサゲを使って，さきに述べた要領で当タリを削り取る．これが終わったならば，またキャップを締め付けて，前回と同じ要領で当タリをつける．このような作業を繰り返して，適切な当タリをつけながら，軸をしっくりさせて，最後にボルトを締めきっても軽く回るようにする．

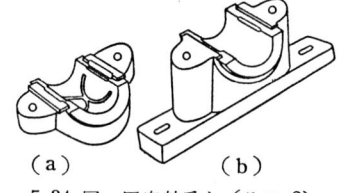

5・34 図 固定軸受ケ（その 2）

新しい軸受ケ金を製作する場合は，5・35 図（a）に示すように，旋盤作業では，軸受ケ金の内径を軸径よりもわずかに小さく削ってあるから，最初は軸受ケ金の両側に当タリがついて，下面すなわち中央部にスキマができている．したがって，当タリがつく側面からササバキサゲをかけ，主軸を使ってスリ合ワセをしながら，同図（b）のように中央部まで全部当タリがつくようにスリ合ワセをするのである．

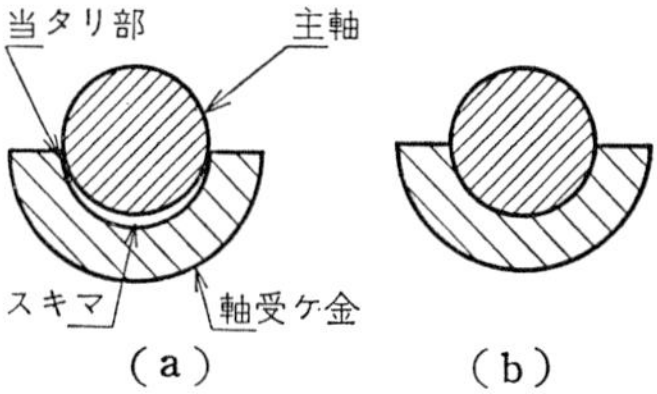

5・35 図 新製品の軸受ケ金の工程．

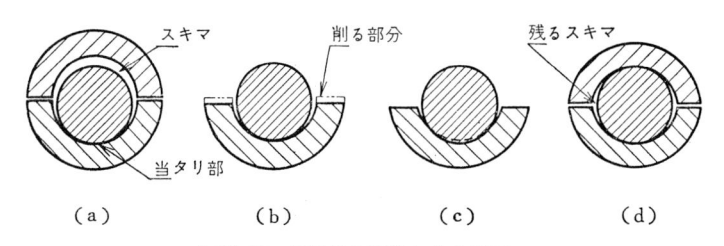

5・36 図 修理品の軸受ケ金の工程．

5・36 図（a）のように，軸受ケ金がすりへってガタのある場合は，同図（b）のように下面がついて側面にスキマがあく．したがって，まず上軸受ケ金と主軸とのスキマのおよそ半分をヤスリと平キサゲで削りとり，下面の当タリ部分からキサゲをかけてスリ合ワセをする．同図（c）のように，側面の一部のスキマはとることができないが，実用上主軸の回転にはさしつかえない．同様に他方の軸受ケ金もスリ合ワセをすれば，同図（d）のように再生することができる．

5章 キサゲ作業

練習問題

問題 1 キサゲには，どのような種類がありますか．
問題 2 キサゲは，どんな材質でできていますか．
問題 3 鋳鉄の荒ラ仕上ゲをする平キサゲの刃先角は，何度が適当ですか．
問題 4 炭素鋼のキサゲを焼キ入レする方法を述べなさい．
問題 5 青熱モロサとは，どういうことですか．
問題 6 キサゲについて，つぎの文章から正しいものを選びなさい．
① 機械で仕上げた面またはヤスリで仕上げた面を，よりいっそう精度の高い平面にするために使用する工具がキサゲである．
② キサゲ作業は，ヤスリカケの仕事と平行して行なう．
③ キサゲは，一般に鋳鉄でつくられる．
④ 穴の仕上ゲは，キサゲでは行なうことができない．
⑤ キサゲを使用する工作物は，鋳鉄に限られる．
問題 7 キサゲで仕上げる面にアタリをつけるとは，どういうことですか．
問題 8 赤アタリは，どのようにしてつけますか．
問題 9 黒アタリは，どのようにしてつけますか．
問題 10 直定規は，どのようなときに用いる工具ですか．
問題 11 基準定盤を使わないで，定盤を3枚を交互にスリ合ワセする方法を三枚合ワセといいます．これはどんな方法ですか．

6章 ケガキ作業

工作物を図面どおりに機械加工するために，ケガキ工具を使って，その立体面に切削加工の目安線を引いたり，穴アケの位置を示す中心点を打ったりするのが**ケガキ**作業である．ケガキは部品加工の最初の工程であって，このケガキを目当てに機械加工が施されるので，誤ったケガキをすれば取り返しのつかないことになる．正確に，しかも機械加工がしやすいようにケガキをするには，工作図面を読みとることができ，ケガキ工具の正しい使いかたに習熟していることがたいせつである．板金のケガキには，平面画法や展開図法についても知っていなければならない．

6・1 ケガキ用工具

1. ケガキ針とポンチ

さきに述べた定盤や 14 章に述べる直定規・直角定規・角度定規・スケール・ノギスその他万力などもケガキ工具として使われるが，ケガキ専用の工具として，まずあげられるのは，ケガキ針とポンチである．

ケガキ針 (Scriber) は，定規や型板などにそって，工作物にケガキ線を引くときに使うもので，6・1 図のような形状のものがある．同図 (a) は一般に使われているもので，円スイ状の針先の一端はまっすぐで，他の一端は曲げてある．同図 (b) はネジによって両端を取りはずすことができるもの，同図 (c) は針先を片コウ配にして底面と一致させ，正確に定規にそうようにしたものである．同図 (d) はケガキコンパスといい，一端はふつうのケガキ針であるが，他の一端は小円のケガキができるようにコンパスになっている．いずれも先端は油トイシでとがらせ，細くはっきりとした線を 1 回で確実に引くことができるようにしてある．

6・1 図 ケガキ針

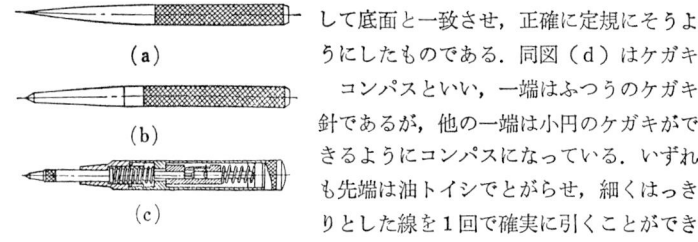

6・2 図 ポンチ

ポンチ(Punch)は，ケガキ線を明らかにするために，ケガキ線上や中心点にポンチ マークを付けるときに使う．6・2 図 (a) は，ケガキ線上に打つポンチで，目安ポンチ・目打チ ポンチ・プリック ポンチなどと呼ばれている．小さい点が打てるように，先端は細くするどくいである．同図 (b) は，センタ ポンチまたは心立テ ポンチといい，先端を 60〜90°の円スイにし，中心点のポンチ マークを付けるときに使う．同図 (c) は自動ポンチで，先端を目標に当て，スリーブを握って下に押さえつけると，中のバネによってスピンドルが強く打たれ，ポンチ マークが打てるようになっている．

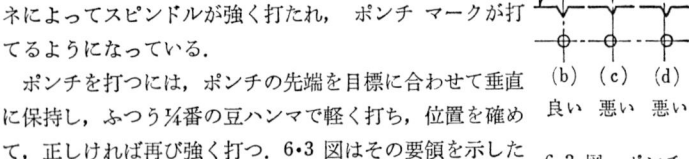

ポンチを打つには，ポンチの先端を目標に合わせて垂直に保持し，ふつう¼番の豆ハンマで軽く打ち，位置を確めて，正しければ再び強く打つ．6・3 図はその要領を示したものである．

6・3 図　ポンチの打ちかた．

2. 心出シ定規とキー ミゾ定規

心出シ定規 (Center square) は，丸棒・穴などの端面に中心線をケガキするときに使う定規である．6・4 図は，接点が山形で，これを 2 等分する定規を固定したもの，6・5 図は四辺で丸棒をはさんだとき，中央の定規が中心線を示すようになっている．6・6 図は穴の心出シ定規である．

6・4 図　軸用心出シ定規(1)

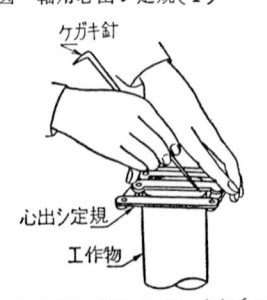

6・5 図　軸用心出シ定規(2)

6・6 図　穴用心出シ定規

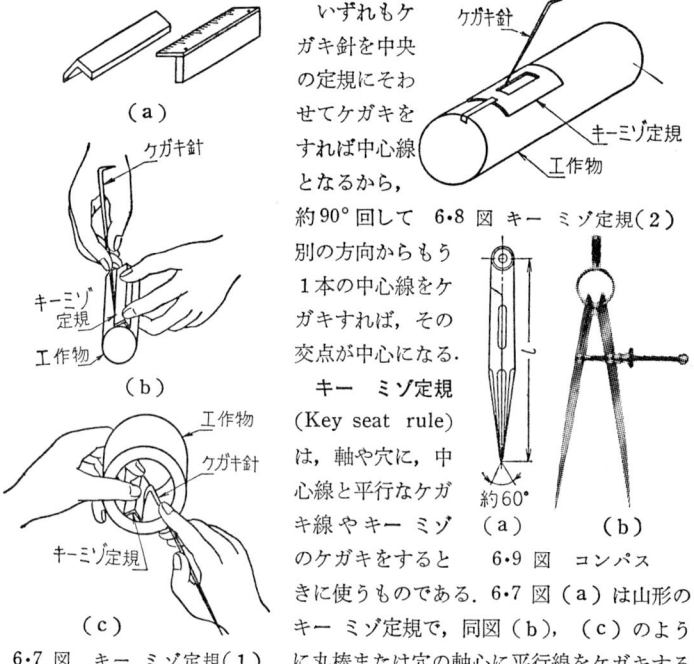

6・1 ケガキ用工具

いずれもケガキ針を中央の定規にそわせてケガキをすれば中心線となるから,約90°回して別の方向からもう1本の中心線をケガキすれば,その交点が中心になる.

キー　ミゾ定規(Key seat rule)は,軸や穴に,中心線と平行なケガキ線やキー　ミゾのケガキをするきに使うものである.6・7図(a)は山形のキー　ミゾ定規で,同図(b),(c)のように丸棒または穴の軸心に平行線をケガキすることができる.また6・8図は薄鉄板にキーの形を切り抜いておき,これを丸棒にかぶせてケガキ針でケガキするようにしたものである.

6・7図　キー　ミゾ定規(1)

6・8図　キー　ミゾ定規(2)

6・9図　コンパス

3. コンパスと片パス

コンパス(Compasses)は,円のケガキや線の分割に使う.6・9図(a)は標準形のもので,大キサはカシメの中心から足先までの長サ l で表わし,100～500 mm のものがある.足先はそろえて約60°にといである.

同図(b)はスプリング　コンパスといい,開閉用割リ ナットによって寸法がとりやすいが,足が弱いという欠点がある.

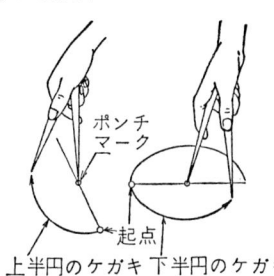

コンパスを使って強い線のケガキをする場

6・10図　強い線をケガキするコンパスの使いかた.

合は，6・10 図（a）のように，起点から上半円を親指でしっかりと押してケガキし，つぎに元の起点にもどし，同図（b）のように持ちかえて，下半円を親指で押してケガキする．この場合，内側に力を入れて，半径を狂わせないように注意しなければならない．

片パス (Scribing calipers) は，丸棒や穴の中心を求めたり，面に対する平行線をけがいたりするのに使う．6・11 図 (a) はふつうの形のもの，同図 (b) はスプリング片パスで，調整ナットで足の開キを微調節できるようにしてある．

(a)　　　(b)

6・11 図　片パス

4. 尺立テと目安板

尺立テは，これに金属製直尺を鉛直に取り付け，トースカンでケガキするときに，トースカンの針先の高サを測定するのに使う工具である．6・12 図 (a) は調整ネジにより直尺を保持したまま上下に移動するもの

(a)　　　(b)

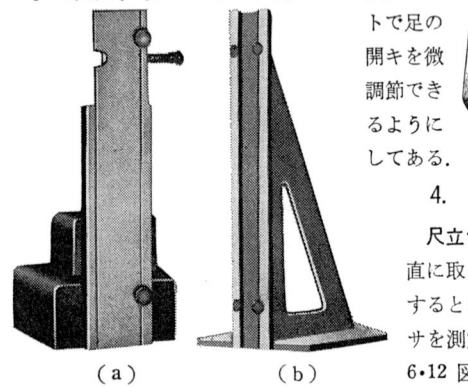

6・12 図　尺　立　テ

で，中間位置に合わせるケガキができる．同図 (b) は固定式のものである．尺立テは目安板を保持する目安台としても使われる．目安板は 6・13 図 (a) のように，鉄板・シンチュウ板などを尺立テの幅に合わせて切り，表面にケガキ塗料を塗って，高サ・横・縦の基準線をケガキし，これに対して必要な寸法をそれぞれ直尺から求めて，ケガキ線で明示したもので，このケガキ線を目安線という．これを同図 (b) のように目安台に取り付け，この線を基準に，トースカンの針先を合わせてケガキすれば，多数の複雑な寸法でも簡単に移すことができる．保存する場合は，品名・番号な

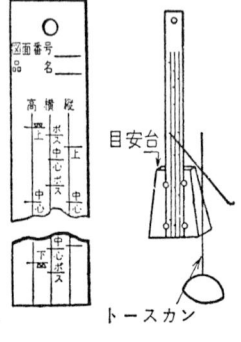

(a)　　　(b)

6・13 図　目安板

6·1 ケガキ用工具

どを書き込んでおけば整理もしやすく，後日使用するにもたいへん便利である．

5. トースカン

トースカン（Surface gauge）は，定盤の上をすべらせて，工作物に平行な線を引いたり，平行面の検査や，工作物の心出シなどに使う工具である．台・サオ・針の三つの部分からなり，針は締メ付ケネジに

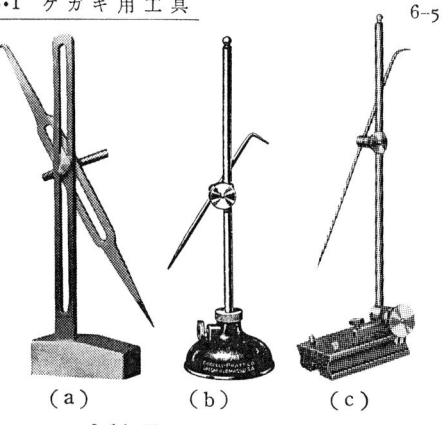

（a）　　（b）　　（c）

6·14 図　トースカン

よって任意の位置に固定できる．大キサは高サで表わし，150 mm から 900mm ぐらいのものまである．

6·14 図は，種種のトースカンを示したものであるが，同図（c）は万能トースカンといい，サオの傾斜角度を任意にとることができ，底面のVミゾまたはピンによって特殊な心出シやケガキをすることができる．

トースカンの針を強く締め付けるときは，6·15 図（a）のように，チョウネジを豆ハンマでたたいて締める．また，同図（b）のように針の前後

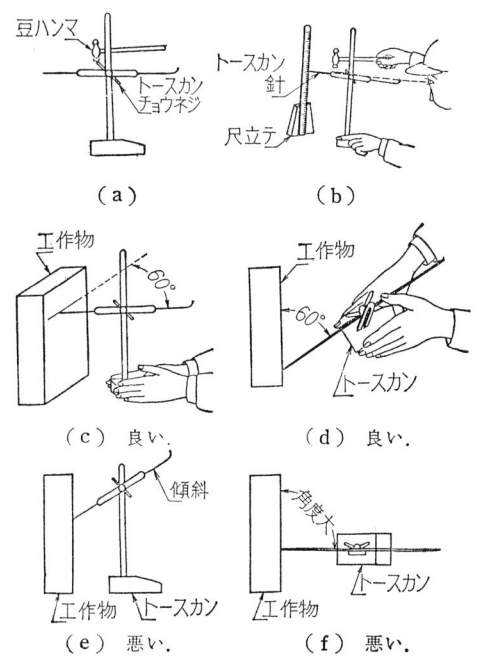

（a）　　　　　（b）

（c）良い．　　（d）良い．

（e）悪い．　　（f）悪い．

6·15 図　トースカンの使いかた．

を豆ハンマで軽くたたいて，針先をスケールの目盛リに合わせるには，目盛リの正面に視線をおいて見ることがたいせつである．ケガキをするには，同図（c）のように台を両手で持ち，同図（d）のように工作物に対し 60～70° の角度で引く方向に傾け，一度で確実なケガキをする．同図（e），（f）は使いかたの悪い例で，このようにすると針がびびったり，線がとんだりする．

6. Vブロックと豆ジャッキ

Vブロック（V-block）は，ヤゲン台ともいわれ，鋳鉄または鋼製で，円筒形の工作物や金マスなどをVミゾにのせてケガキする工具である．大キサは長サで表わし，50 mm から 200 mm ぐらいまでのものがあり，同じもの2個で一組ミになっている．

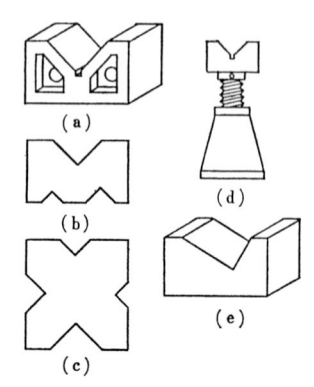

6・16 図 Vブロック

6・16 図は，種種のVブロックを示したものであるが，同図（d）は調整Vブロックといい，Vブロックと豆ジャッキを組んで，段付キ丸棒のようなものをささえるときに使う．同図（e）は，中心から 30° と 60° に振り分け，90° のVミゾを設けたもので，金マスをこれにのせ，30° と 60° のケガキをするときに使われる．

6・17 図 豆ジャッキ

豆ジャッキ（Small screw jack）は，センタジャッキともいい，台とネジと頭部からできている．ネジの出し入れによって，鋳造品・鍛造品のような複雑な形の，大きな工作物を保持したり，または角度の調整をしたりする場合などに使う．6・17 図のように，各種の大キサがあり，大キサを頭部先端の最低と最大の高サで呼んでいる．

7. 平行台とアングル プレート

平行台 (Parallel block) は，俗にヨウカンとも呼ばれている．鋳鉄または鋼製で，6・18 図のように，相対する面は正しく平行であり，各面は互いに直角に仕上げられた長い六面体で，2個で一組ミになっている．この上に仕上げられた工作物を置いて，ケガキをしたり検査をしたりするときに使う．6・19 図のような正六面体のも

6・18 図　平行台

のを金マス (Box V-block) または マス形ブロックといい，精密につくられた鋳鉄製で，大キサは 100〜400 mm ぐらいまである．一面にVミゾや固定用のボルトが取り付けてあり，これに工作物を取り付ければ，面を置き換えるだけで，簡単に水平・垂直線のケガキをすることができる．

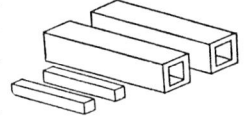

6・20 図は**万能定盤** (Universal angle block) または自在角度定盤といい，複雑な角度のケガキをするときにたい

6・19 図　金マス

へん便利な工具である．プレート（取リ付ケ面）がベース（台）に対し，相対する軸によって左右に 180°，前後に 90°の2方向に回転できるようにしてあり，工作物を取り付けて，必要な角度を容易に合わせることができる．角度目盛リにバーニヤのあるものは，

6・20 図　万能定盤

5′ までの角度を読み取ることができる．大キサは 150〜250 mm である．

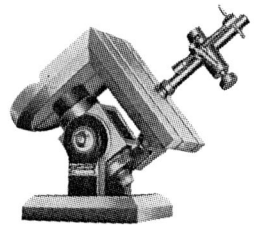

6・21 図は，**アングル プレート** (Angle plate) で，イケールまたはペン ガラスともいう．直角な2平面になっていて，工作物をボルトなどでミゾに取り付け，角度のケガキや機械加工をする場合に使われる．鋳鉄製で，大キサは面の幅と長サで表わし，面の長サが 100 mm からいろいろな大キサのものがある．

8. 心　　金

円筒形の工作物に，中心を求めてケガキをするには，穴の部分に金具をはめる．穴が小さい場合は，

6・21 図　アングル プレート

6・22 図 (a) のように，鉛合金などの軟金属を穴より少し大きく切り，それ

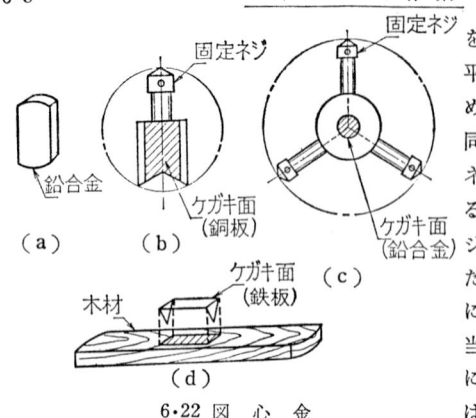

をハンマで軽く打ち込んで平面にし，それに中心を求める．大きな穴のときは，同図（b）のような金具を，ネジによって穴に固定する．同図（c）は3個のネジで穴に固定するようにしたもので，同図（d）は単に木片を穴径に合わせて適当の長サに切り，これを穴に固くはめ込む．中心部にはケガキ塗料を塗った薄鉄板をコの字形に曲げて打ち込むか，クギで止める．肉の薄い円筒にあまり強く押し込むと，円筒が変形することがあるから注意を要する．

6・22 図 心 金

6・2 ケガキ作業

1. ケガキ塗料

ケガキをするには，まず図面によって仕上ゲ程度を知って適当なケガキ工具を選び，工作物のケガキ部分にケガキ線をはっきりさせるため，ケガキ塗料を塗る．つぎに工作物の置きかた，基準のとりかたを決め，切削加工の工程順序にしたがってケガキを行なうのである．

6・23 図のように，鍛造品・鋳造物などの素材に塗る黒皮面用と，加工された工作物に塗る仕上ゲ面用とがあり，つぎのような塗料が使われる．

（1）黒皮面用　黒皮面用には，**ゴフン**（胡粉）が最も多く使われている．これはゴ

6・23 図　ケガキ塗料を塗った工作物．

フン1，水2，ニカワ少量を混ぜ，ニカワの溶けるまで煮たものである．ゴフンは，ニカワの量によって塗るときの厚サが違ってくるし，乾燥が遅いことが欠点である．**マーキング ペンキ**を塗料用シンナで溶いて使うこともある．これは乾燥が早い．

簡単なケガキには**ハクボク**（白墨）を使うこともあるが，これは消えやすい．

6・2 ケガキ作業

(2) 仕上ゲ面用 仕上ゲ面用には，青竹（アオタケ）が最も多く使われている．青竹（染料）0.5～1，アルコール 10，ニス 1 の溶液で，緑青色に着色される．

岩ムラサキ（染料）0.5～1 アルコール 10，ニス 1 の溶液は，ムラサキ色に着色される．

硫酸銅 21，水 100 (20°C) の溶液を使えば，赤銅色に着色される．

銅・軽合金などの簡単なケガキにはボク汁を使うこともある．

2. ケガキの基準と工作物の置きかた

ケガキの基準面を決めるには，つぎの方法がある．

仕上ゲ面を基準にする場合は，6・24 図に示すように仕上ゲ面を直接定盤の上に置き，高サ h_1 の寸法をとって工作物に a—a のケガキをし，同様に h_2 の寸法で b—b のケガキをする．

6・24 図 仕上ゲ面を基準とするケガキ．

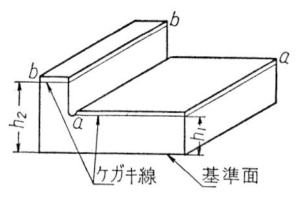

中間位置を基準とする場合は，6・25 図に示すように A—A を基準に h_1 の寸法で a—a を，h_2 の寸法で b—b をそれぞれケガキする．

仕上ゲ面と中間位置との両方を基準にする場合は，6・26 図に示すように，前述の二つの方法を同時に行なう場合であり，まず基準面 Ⓐ から h の寸法で a—a のケガキをし，つぎに中心線 A—A，B—B を求

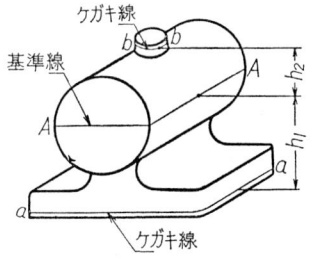

6・25 図 中間位置を基準とするケガキ．

めて，その中心 Ⓑ を基準に円 b をケガキし，つぎに l_1 の寸法で c を，l_2 の寸法で d のケガキをする．

ケガキは，ふつう定盤の上で行なわれるが，工作物の大形のものや複雑な形のものは，6・27 図のように，豆ジャッキ 3 個を使ってささえると基準が出しやすい．また小形のものは，金マス

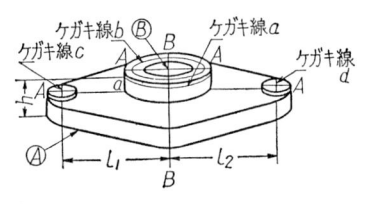

6・26 図 仕上ゲ面と中間位置とを基準にするケガキ．

6.27図 豆ジャッキでさ
さえた工作物.

に取り付ければ安定もよく, 6・28
図 (a), (b), (c) に示すよう
に, 90°回した三方向のケガキが
容易にできる.

3. ケガキ線とポンチマーク

ケガキ針によるケガキ線は,
6・29図に示すように, 直定規・
直角定
規など
をスキ
マのな
いよう
にそわ
せて確

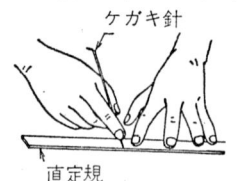

6・29図 ケガキ針に
よるケガキ.

実なケガキをする. またトースカ
ンのケガキは, 6・30図に示すよ
うに, トースカンの針先を定規の
寸法に合わせることがたいせつ
で, 目の位置 h' は, 直尺の目盛
り h と針先とを一致させた高サ

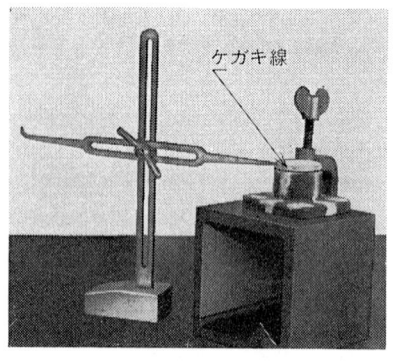

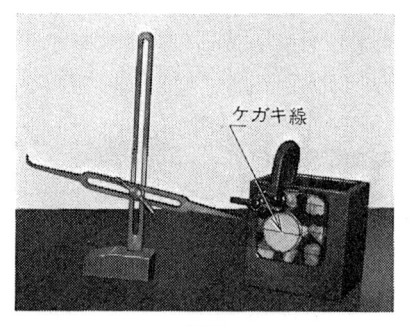

6・28図 金マスに取り付けた工作物.

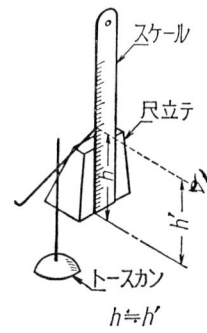

6・2 ケガキ作業

にして寸法を読む.

ケガキ線が消えても基準がわかるように，ケガキ線上に打つポンチ マークを**目安ポンチ・目打チ ポンチ**(Prick punch)といい，穴アケの中心に打つポンチ マークを**心立テ ポンチ**(Center punch)という．ポンチ マークは工作物の動キを避けるため，すべてのケガキが終わってからつけるものである．

ポンチは，先端をケガキ線上に正確に一致させて打つ．これは 6・31 図に示すように，加工後，残っているポンチ マークの半分，すなわち半円によって加工の程度を知るため

6・30 図 トースカンの針先の合わせかた．

で，ポンチ マークがじぐざぐに付けられていれば，正確な位置を見誤ることになるからである．目安ポンチ マークの数は，6・32 図のように直線部は 2 点以上，曲線部では曲線の状態が

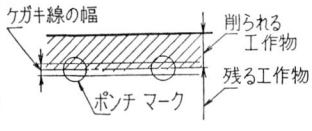

6・31 図 拡大したケガキ線とポンチ マーク．

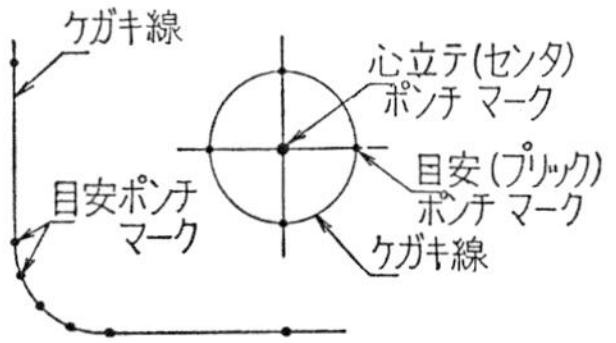

わかる程度の数を付ける．また，円周では直角中心線上に 4 点以上を大きすぎないように付ける．

6・32 図 ポンチ マークの付けかた．

4. けがきかた

工作物の位置と基準を決めてからケガキにかかるが，1 回のケガキだけで切削加工を全部終わることは非常に少ない．最初にするケガキを **1 番ケガキ**といい，それを切削加工したあと，その仕上ゲ面を基準としてつぎの工程のためにもう一度ケガキをする．これを **2 番ケガキ**という．このように作業の工程が複雑なものは，何度もケガキして加工するのである．

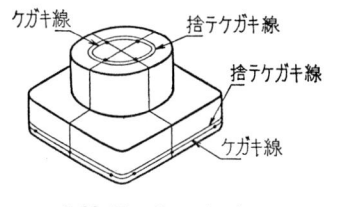

切削加工は，ケガキ線まで行なわれるが，

6・33 図 捨テ ケガキ

そのためにケガキ線またはポンチ マークが見にくいので，工作物に寸法ケガキ線以外に 2〜10 mm ぐらいの一定間隔をおいて，6・33 図に示すようにケガ

キ線を引くことが多い．これを**捨テ ケガキ**または**捨テ線**といい，円の場合は**捨テ コンパス**または**捨テ パス**という．捨テ ケガキ線の間隔は，同一作業では，わかりよい寸法に統一すると，切削加工および加工後の検査に便利である．

6・3 ケガキ作業の実例

1. 丸棒の中心のケガキ

（1）トースカンを使う場合　6・34 図示すようにVブロックの上にのせ，トースカンの針先をほぼ丸棒端面の中心に目測で合わせてケガキし，つぎに約 180°回して同じ高さで b 線を，さらに 90°回して c 線を，最後にもう一度 180°回して d 線をケガキする．ケガキした井印の中心を目測で求めて，ポンチを打つ．この場合，井印の幅は小さくするほどよい．

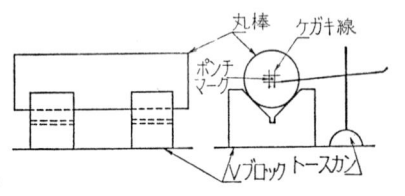

6・34 図　トースカンによる中心のケガキ．

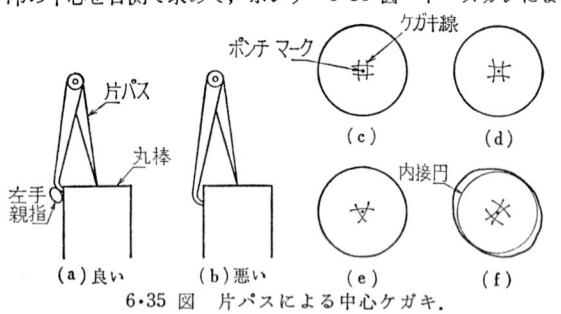

6・35 図　片パスによる中心ケガキ．

（2）片パスを使う場合　片パスの足を6・35 図 (a) に示すように，丸棒の半径にほぼ近く開いて，曲がった方の足を丸棒の端に合わせ，左手の親指ですべらないようにささえて，何か所かから同じ半径で円弧をケガキし，中心を目測で求めてポンチを打つ．

（3）心出シ定規を使う場合　心出シ定規を丸棒の端面に当て，ほぼ直角な方向から二つの直線をケガキして，その交点を求める．

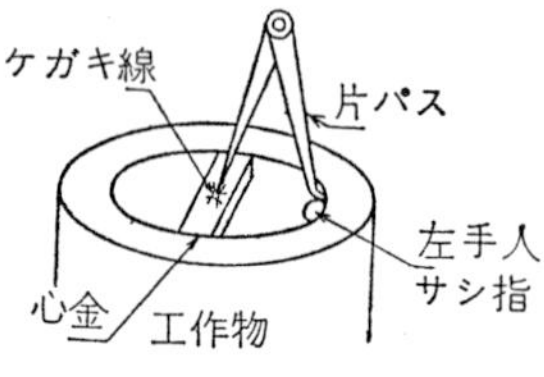

2. 穴の中心のケガキ

（1）片パスを使う場合　穴の中心は，各

6・36 図　片パスによる穴の中心のケガキ．

6・3 ケガキ作業の実例

種の心金や同寸法の丸棒で穴をうめて，それにケガキして求める．6・36図は穴の中心をケガキするときの片パスの使いかたを示したものである．中心を出す要領は，6・35図（c）〜（f）と同じである．

（2） トースカンを使う場合　6・37図に示すように，トースカンで穴の上の寸法 a と，下の寸法 b を測る．$a-b=d$ は穴の直径であるから，$a-\dfrac{d}{2}=c$ か，または $b+\dfrac{d}{2}=c$ の寸法で中心線をケガキし，つぎに工作物を 90° 横に倒して，同様にトースカンで直交した中心線のケガキをすれば，その交点が求める中心になる．

6・37図　トースカンによる穴の中心線のケガキ．

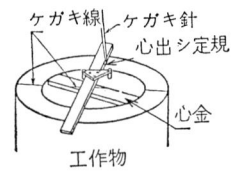

（3） 穴用心出シ定規を使う場合　心出シ定規を使って，6・38図のようにして，ほぼ直角な方向から二直線のケガキをすれば，交点は求める中心である．

6・38図　穴用心出シ定規による中心線のケガキ．

3. 水平線のケガキ

工作物を，定盤の上に垂直に立てる．薄い工作物は，6・39図に示すように，アングルプレートにシャコ万力などで固定する．ケガキ寸法 a，b，c をスケールからトースカンに移してケガキする．工作物の数量が多いときや，ケガキ線がたくさんあるときは，スケールによって一つ一つ寸法をとるよりも，6・13図に示した目安板を使う方が便利である．

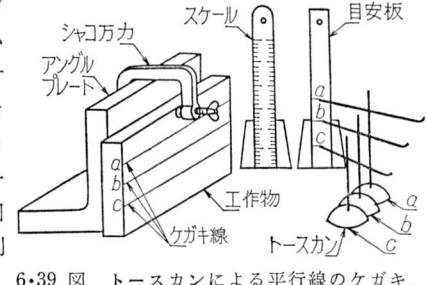

6・39図　トースカンによる平行線のケガキ．

4. 垂直線のケガキ

（1） 金マスを使う場合　簡単な工作物は，6・40図に示すように，金マスに取り付けて基準線 a のケガキをする．つぎに同図（b）のように，金マスを横に倒して b 線をケガキすれば，b 線は基準線 a に対し垂直である．

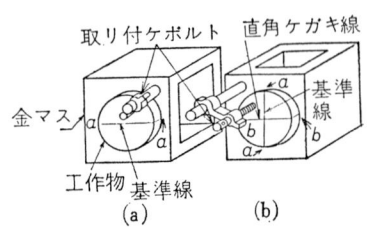

6・40図 金マスを使う垂直線のケガキ.

(2) 豆ジャッキを使う場合 豆ジャッキ3個を使い,6・41図(a)のように工作物を水平にのせて,トースカンで基準線 a—a をケガキする.つぎに,同図(b)に示すように工作物を立て,豆ジャッキを調整して,基準線 a—a の垂直度を直角定規に合わせる.トースカンでケガキした線 b—b は,基準線 a—a に対して直角になる.さらに工作物を同図(c)のように立てるが,豆ジャッキはできるだけ二等辺三角形になるように配置し,底辺の位置に①,②を,頂点の位置に③を置くと調整しやすい.すなわち基準線 a—a の垂直度は③を調整して合わせる.

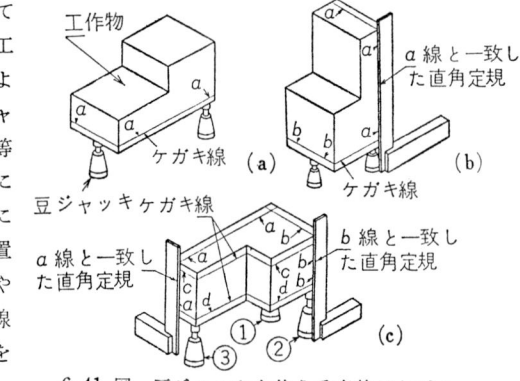

6・41図 豆ジャッキを使う垂直線のケガキ.

トースカンでケガキした c—c, d—d 線は,ともに a—a, b—b 線に対して直角である.

(3) 直角定規を使う場合 直角定規を工作物に密着させて,ケガキ針で垂直線をケガキする方法は,最も簡単であるので広く用いられている.

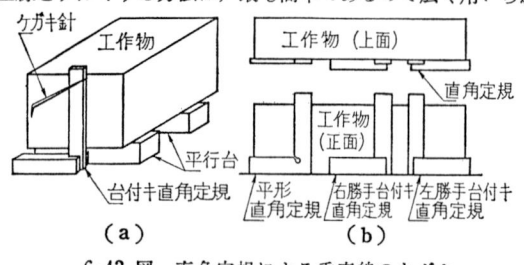

6・42図 直角定規による垂直線のケガキ.

6・42図(a)は,ふつうの台付キ直角定規,同図(b)は各種の直角定規でケガキする場合の要領を示したものである.

6・3 ケガキ作業の実例

5. 角度のケガキ

(1) **金マスを使う場合** 基準面が仕上がっている小物の工作物に，45°または，30°，60°の角度をケガキするときは，工作物を金マスに取り付けて行なう．6・43 図は，ケガキの順序を示したもので，図でわかるように，45°または，30°，60°のVブロックにのせて，トースカンによって高サ・角度の中心線，左角度・右角度の順でケガキするのである．

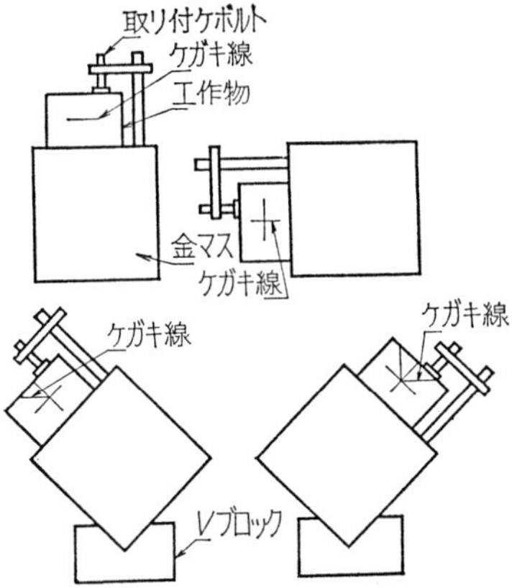

任意の角度のケガキをする場合は，6・44 図に示すように，角度定規に合わせて金マスを傾け，豆ジャッキでささえて，トースカンによってケガキすればよい．6・20 図に示した万能定盤を使用すれば，5′ までの精度でケガキすることができる．

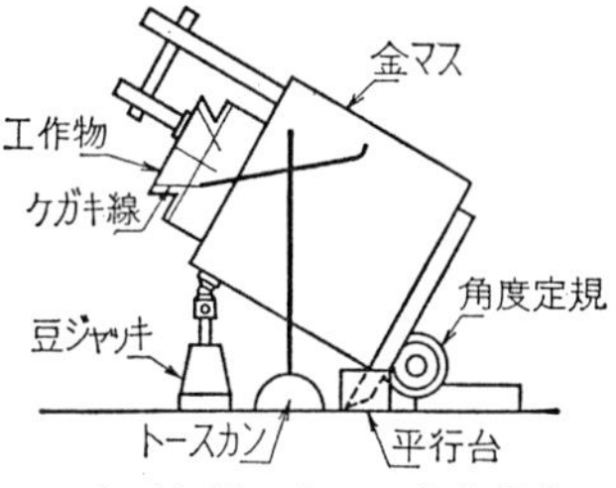

6・43図 Vブロックを使う角度のケガキ．

6・44図 金マスを角度定規に合わせるケガキ．

(2) **豆ジャッキを使う場合** 水平・垂直の寸法線によって角度がでている場合には，これらの水平線・垂直線をケガキしたのち，各交点を水平にして，トースカンでケガキする．まず工作物を，基準部が平行になるように豆ジャッキにのせて調整する．高低差の多いときには，6・45図(a)に示すように，支持台の上に豆ジャッキを置くとよい．

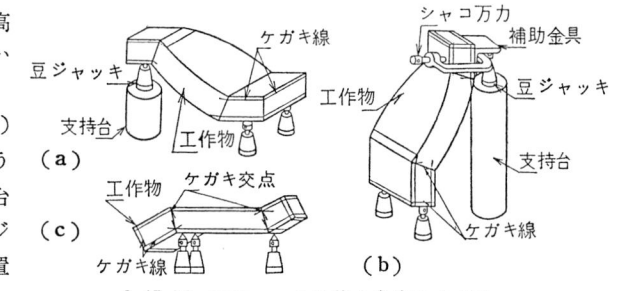

6・45図 豆ジャッキを使う角度のケガキ．

調整がすむとトースカンで平行線のケガキをする．つぎに，同図(b)のように工作物を垂直に立てる．安定の悪い場合は，補助金具をシャコ万力で締め付けて豆ジャッキでささえるとよい．垂直度の調整後，トースカンでケガキをする．さらに，同図(c)に示すように工作物を置き，交点と交点が水平になるように豆ジャッキで調整し，各交点をトースカンで結んでケガキする．

6. 円周を等分するケガキ

与えられた円周を等分して，正多角形や，ピッチ円をケガキするには，6・1表によって円周等分の係数を求め，半径 R にこれをかけると，簡単に分割することができる．6・46図(a)に示すように，円を5等分

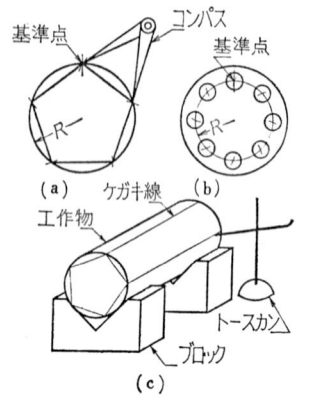

6・46図 円周を等分するケガキ．

6・1表　円周等分の表．

等分数	係数	等分数	係数	等分数	係数
3	1.7321	19	0.3292	35	0.1793
4	1.4142	20	0.3129	36	0.1743
5	1.1756	21	0.2981	37	0.1697
6	1.0000	22	0.2846	38	0.1652
7	0.8677	23	0.2723	39	0.1609
8	0.7654	24	0.2611	40	0.1569
9	0.6840	25	0.2507	41	0.1531
10	0.6180	26	0.2411	42	0.1494
11	0.5635	27	0.2321	43	0.1459
12	0.5176	28	0.2240	44	0.1426
13	0.4786	29	0.2162	45	0.1395
14	0.4450	30	0.2091	46	0.1365
15	0.4158	31	0.2023	47	0.1336
16	0.3902	32	0.1961	48	0.1308
17	0.3675	33	0.1901	49	0.1282
18	0.3473	34	0.1846	50	0.1256

6・3 ケガキ作業の実例

する場合は,

$$R \times (5等分の係数\ 1.175) = 一辺の長サ$$

になり，同図（b）のように8等分する場合は

$$R \times (8等分の係数\ 0.765) = 穴のピッチ$$

になる．こうして計算した長サをコンパスにとって円周を分割すればよい．この場合，コンパスの開キが途中で狂うことのないように注意し，最初の点と最後の分割点とを合致させることが必要である．円筒面に分割線をケガキする場合は，同図（c）に示すように，工作物をVブロックにのせ，トースカンによって分割点から延長したケガキをすればよい．

7. キー ミゾのケガキ

（1） 軸のキー ミゾ 6・47図(a)のように，まず中心線 a—a をトースカンでケガキする．つぎ

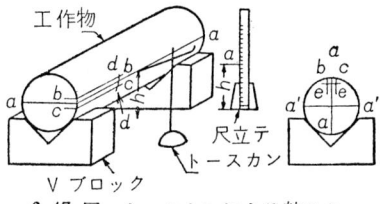

6・47図 トースカンによる軸のキー ミゾのケガキ．

に，キー ミゾ幅の 1/2 をスケールで読み，中心線の上下に，トースカンで b—b, c—c のケガキをする．キー ミゾの長サ d—d は，片パスで測り，直角定規にケガキ針をそわせて垂直ケガキをするか，軸を金マスなどで垂直に立てて，トースカンでケガキすればよい．

キー ミゾの深サは，同図（b）のように，a—a が正しく垂直になるように，90°回して直角定規に合わせ，トースカンで中心 a'—a' と，深サ e—e をケガキする．

キー ミゾ定規を使えば，6・7図および 6・8図に示した要領で，比較的簡単にケガキすることができる．

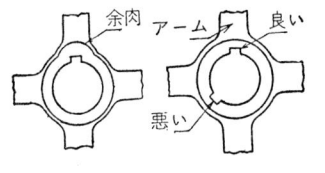

(a) (b)

6・48図 キー ミゾの位置．

（2） 穴のキー ミゾ ベルト車や歯車のキー ミゾの位置は，6・48図(a)のように，余

6・49図 トースカンによる穴のキー ミゾのケガキ．

肉のある部分か，同図(b)のように，アームの出ている部分になる．

トースカンでケガキするには，6・49図(a)のように，まず，穴の中心を通るa—aのケガキをする．つぎにスケールを尺立テに立て，中心の高サhから上と下にキーミゾの幅の1/2を目盛リで読み，トースカンでb,cのケガキをする．

キーミゾの深サdのケガキは，同図(b)に示すように穴の直径にキーミゾの深サを加えた寸法を片パスで測り，直角定規を合わせて，ケガキ針で垂直線のケガキをするか，中心を通る水平線a—aが垂直になるように，正しく90°回して直角定規に合わせ，トースカンでd線をケガキする．この際，ケガキ面は定盤に垂直になるように，Vブロック・金マス・アングルプレートなどに保持する．

平形直角定規を使ってケガキするには，6・50図に示すように，直角c点を穴の円周の一点に当て，直角定規の両辺と円周との交点a，bの位置をケガキ針でしるし，a，bに定規を当て，ケガキ針で延長線のケガキをすれば，穴の中心線である．つぎに直角定規のc点から穴の半径×1.4の寸法を両辺にしるし，a，bに合わせてc点からc線を求める．同様にd線を求めればa—b線に直角な線である．さらにa—b線に平行にキーミゾの幅をケガキし，a—b線に直角，またはc—d線に平行にキーミゾの深サをケガキすればよい．

6・50図 平形直角定規による穴のキーミゾのケガキ．

8. 基準のとりにくいケガキ

工作物が鋳物・鍛造品などのときは，寸法が狂っていることがある．したがって，基準を簡単に考えてケガキすると，仕上ゲシロがとれず，切削加工ができないことがある．このような工作物に対しては，仕上ゲシロの振り分けをよく考えてケガキすることがたいせつである．

(1) 穴の位置が片寄っている場合

6・51図は穴のある鋳物のケガキを示した

6・51図 穴の位置が片寄っているときのケガキ．

6・3 ケガキ作業の実例

もので，同図（a）は穴が正しい位置にある工作物で，鋳抜キ穴とケガキ穴は同心になるから，内径でも外径でも，どちらを基準にしてケガキしてもよい．

同図（b）は，穴が片寄った工作物に，内径を基準にして中心を求めてケガキしたもので，これでは外径が削れなくなる．同図（c）は，同じ工作物に，外径を基準にして中心を求めてケガキしたもので，この場合は内径が削れなくなる．

同図（d）は，同じ工作物に，内径・外径の仕上ゲシロを振り分けたケガキを示したものである．仕上ゲシロを振り分けるケガキは，肉厚の最も少ないところで，内径・外径の黒皮がとれるぎりぎりの寸法があるかどうかを測り，仕上ゲ加工ができるようであれば，そこを基準にして仕上ゲシロを等分に分けてケガキするのである．同図（e）のように肉厚の量も少ないところで，仕上ゲシロがとれないものは，当然不良品になる．

（2）中心線が狂っている場合 6・52図のような，中心線で食い違いのある鋳物の丸棒を，最大に仕上げることのできる寸法をケガキするには，両端部の食い違っている部分の直径 a—a, a′—a′ を測り，食い違いの多い方の面に，仕上ゲシロを見込んだ寸法を取り，両端面に平均中心点 O, O′ を求めて，その寸法でケガキする．

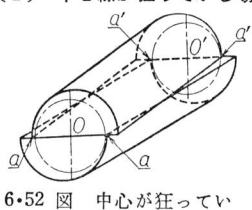

6・52図　中心が狂っている工作物のケガキ．

9. 黒皮部分の残る工作物のケガキ

黒皮の部分が加工されずに残るような場合は，仕上ガリ後の外観上，残る部分を基準にしてケガキする．残る部分が多いときは，最も重要な面か大きな面を基準にしてケガキする．

10. ハイトゲージによるケガキ

スケールの目盛リによってトースカンで行なうケガキは，簡単ではあるが，精度の点で細かい読ミができないことや，締メ付ケネジのユルミなどで誤差がでやすく，また個人差も大きい．したがって精度を必要とする型板や歯車軸穴，またはジグ・取り付ケ具などの精密ケガキは，精度の高い定盤の上でハイトゲージを使って行なう．

6・53図は，ハイトゲージで穴径をケガキ

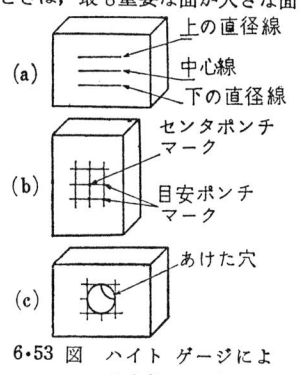

6・53図　ハイトゲージによる穴径のケガキ．

するところを示したものである．まず，同図（a）に示すように工作物を定盤の上に垂直に立て，中心線をケガキする．つぎに，直径の半分の寸法を中心線の上と下にとって，平行線をケガキする．さらに，同図（b）のように，工作物を正確に 90° に倒し，同じ要領で中心線および上下の直径線をケガキする．田印のケガキ線の各交点にポンチ マークをつけ，穴は同図（c）に示すように，この正方形に内接してあけるのである．　穴アケ後，残される四角のポンチ マークは，捨テ ケガキの役目をする．

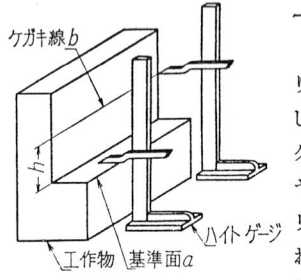

6・54 図は，中間位置にある a の基準面より h だけ高い b のケガキ線を引く要領を示したものである．a 面にハイト ゲージのスクライバを接触させて，スクライバ・バーニヤはそのままで，本尺を動かし，本尺の目盛リの端数のない数を，バーニヤの基線 0 に合わせる．この寸法に，与えられたケガキ寸法 h を加えた高さにスクライバを上げて，b 線のケガキをするのである．

6・54図　ハイト ゲージによる中間位置を基準とするケガキ．

11.　カムのケガキ

カムのケガキは，6・55 図に示すような方法で行なう．

同図（a）のように，縦軸に従節の行程 a—g をとり，横軸にカムの回転角度 0～360° をとって，それぞれの状態における関係位置を結んだカム線図を画く．

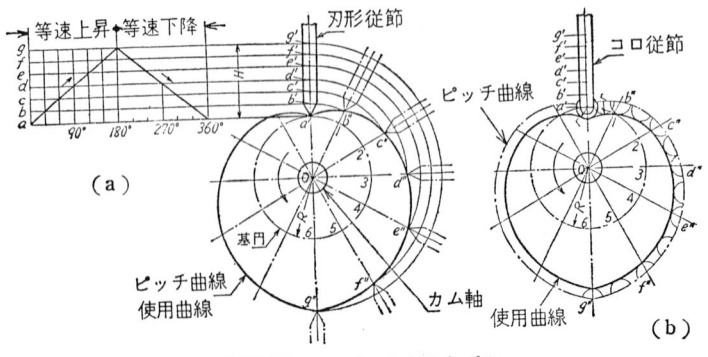

6・55図　ハート カムのケガキ．

6・3 ケガキ作業の実例

カムの基円の半径は R とし，カムは 180° 回転して，従節は等速運動で H だけ上昇，さらに 180° 回転により，等速運動で H だけ下降する場合，カムはハート形になる．

なお，同図（b）のように，従節にコロを使う場合は，コロの半径の中心をピッチ曲線上に選び，コロの半径で多数の円弧をケガキし，これらの円弧に接する曲線を求めれば，コロ従節の場合の使用曲線が得られる．

12. 板金のケガキ

板金のケガキは，立体の表面を一つの平面に延べ開いた展開図を画く．展開図は投影図をもとにして画くのであるが，二つ以上の立体が組み合わされている場合はそれらの立体の表面が交わってできる相貫線を求める．5・56 図（a）に示すような，大きな管Ⅰに小さい管Ⅱがついたテ字形管のケガキは同図（b）の投影図をもとにして同図（c），（d）のように展開図を画けばよい．

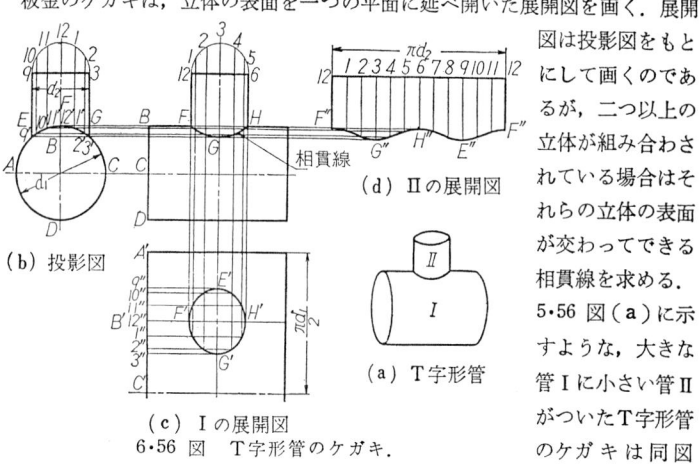

6・56 図　T字形管のケガキ．

練 習 問 題

問題 1 軸および穴の中心線を求めるケガキには，どのような方法がありますか．

問題 2 つぎの事項について説明しなさい．
　① 目安ポンチ マーク　② 心立テ ポンチ マーク　③ 2番ケガキ
　④ 捨テ パス　⑤ 精密ケガキ

問題 3 つぎのものは，どのような作業に使いますか．
　① 豆ジャッキ　② 目安板　③ ゴフン　④ アオタケ　⑤ 片パス
　⑥ 平行台　⑦ 金マス　⑧ 万能定盤　⑨ 心金

問題 4 旋盤のスピンドルに，キーミゾのケガキをする場合，ケガキ塗料およびケガ

キ工具は，何を必要としますか．

問題 5 トースカンを使うケガキについて，つぎの問いに答えなさい．
① 針先をスケールの目盛リに合わせるには，どのような注意が必要ですか．また，その理由を述べなさい．
② ケガキ線を引くには，どのような角度にしてケガキをしますか．またそれはどのような理由によりますか．
③ 曲がったほうの針先は，どのような場合に使いますか．

問題 6 スケールを尺立テに取り付けて行なうふつうのケガキに対し，目安板を使うほうが利点が多いのですが，その具体例をあげなさい．

問題 7 基準面または基準線に平行線をケガキする方法と，使用工具を示しなさい．

問題 8 鋳物・鍛造品のケガキをするときの注意点をあげなさい．

問題 9 歯車のキーミゾをケガキする場合は，どのような位置にケガキしなければなりませんか．

問題 10 スプラインは，機械における動力伝達を行なう軸と穴との結合のために用いますが，直径 88 mm の仕上がった丸棒で，ミゾ数 10，幅 12 mm，呼ビ径 82 mm $\left(\text{ミゾの深サ} = \frac{88-82}{2}\right)$ のスプライン軸の円周等分数を計算し，寸法を当てはめた合理的なケガキ順序を述べなさい．ただし，円周 10 等分の係数 0.61804 はです．

7章 穴アケ作業

　機械部品に，軸・ピンなどのはいる穴をあけたり，あるいはネジ下穴などをあける**穴アケ作業**は，仕上ゲ作業のうちでも大きな役割りをしめるたいせつな作業である．

　穴アケは，キリモミ（Drilling）ともいい，まず工作物に所定の穴の位置をケガキし，**ボール盤**という機械に**ドリル**という工具と工作物を取り付け，ドリルの回転数と送リを決めてから行なう．

7・1 ボール盤

　ボール盤にはつぎのような種類があり，それぞれつぎのように作業する．

1. 手回シ ボール

　手回シ ボール（Hand drill）は，比較的小径の穴アケに用いる工具の一つで，7・1 図にその外観を示す．

　手回シ ボールの大形のものは，胸当テ形手回シ ボール（Breast drill）といい，頭部に胸当テ板があり，ここに上体の重ミをかけて強く押さえるようになっている．

7・1 図　手回シ ボール

2. ラチェット ドリル

　ラチェット ドリル（Rachet drill）は，7・2 図

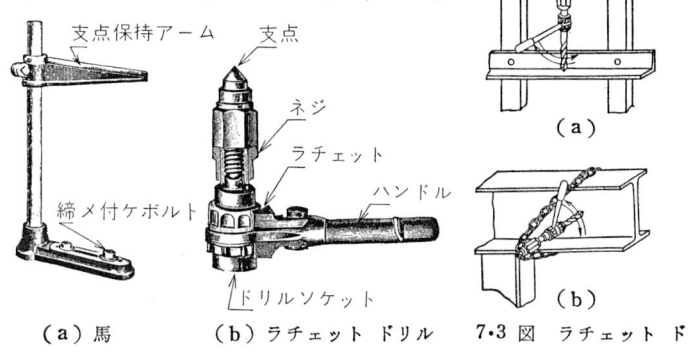

（a）馬　　（b）ラチェット ドリル
7・2 図　ラチェット ドリル

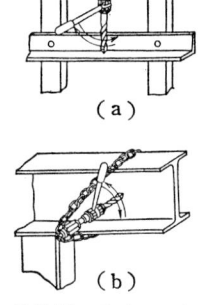

7・3 図　ラチェット ドリルによる穴アケ．

(a)のような馬を利用し，同図(b)に示すハンドルを横に動かせば，ラチェットのツメにより，一方向だけに回って，ドリルがもみ込まれる．また，7・3 図(a)のような狭い場所の穴アケや，同図 (b) のように，クサリを使用した特殊な穴アケなど，動力のとれない場合に使用する．

3. 電気ドリル

電気ドリル (Electric drill) は，小形の電動機を原動力にし，歯車を経てドリルを回転させて人力でもみ込みながら，すなわち送リを与えながら穴アケをするものである．

7・4 図に示すように，工具保持部・回転変換部・電動機部・スイッチ部の4部分から構成されている．回転部は，高速度の電動機の回転を歯車で減速する部分であり，スイッチ部は引キ金を引いて運転または停止をさせる部分である．携帯に便利で電源のあるところでは，簡単に穴アケ作業ができるので，広く使用されている．

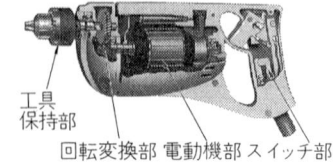

7・4 図 電気ドリル

工具保持部は，小形のものはドリル チャック，大形のものはモールス テーパ ソケットになっていて，JIS では 7・1 表のように規格を決めている．

7・1 表 電気ドリルの種類 (JIS C 9605).

呼ビ寸法	チャックの呼ビ寸法	ソケットのモールステーパ番号	出力(W)
5	5	—	55
6.5	6.5	—	75
10	10	—	150
13	13	—	225
20	—	2	370
32	—	3	1000

〔備考〕 使用するドリルの最大径は呼ビ寸法 (mm) と一致する．

4. 空気ドリル

空気ドリル (Pneumatic drill) は，圧縮空気を動力源とし，空気機関を運転してドリルを回転させ，人力で送りを与えて穴アケをするもので，電気ドリルとほぼ同じ大キサのものがある．電気ドリルのように電動機直結でないから軽く，漏電やモータ焼ケの心配がなく，したがって長時間の作業に耐えるという長所がある．また，荷がかかりすぎれば回転が止まるだけで，ドリル

7・5 図 ロータ形空気ドリル

7・1 ボール盤

を損傷することもない．空気ドリルを使用するには，空気圧縮機（Air compresser）の装置と空気を送るホースが必要であることはいうまでもない．形式にロータ形とピストン形がある．7・5 図はロータ形の外観，7・6 図はその構造を示したものである．

逆転装置のあるものでは，タップによるネジ立テ作業ができる．7・2 表は，空気ドリルの JIS 規格である．

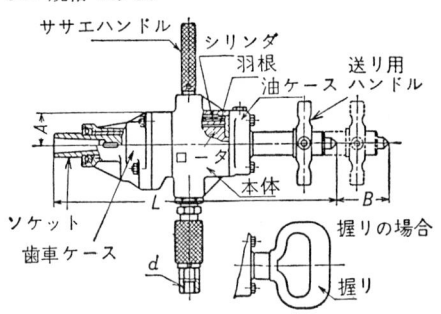

7・6 図　ロータ形空気ドリルの構造．

7・2 表　空気ドリルの種類（JIS B 4902）．

呼ビ寸法	チャックの呼ビ寸法	ソケットのモールステーパ番号	最小出力(PS)	呼ビ寸法	チャックの呼ビ寸法	ソケットのモールステーパ番号	最小出力(PS)
6	6.5	—	0.3	22	—	2	0.9
9	10	—	0.7	23	—	2	1.7
12	13	1	0.7	25	—	3	1.7
14	—	1	0.9	28	—	3	2.0
16	—	2	0.9	32L	—	3	2.0
19	—	2	0.9	32H	—	3	2.5

〔備考〕　使用するドリルの最大径は呼ビ寸法（mm）と一致する．

5. 卓上ボール盤

一定の場所に据え付けて，ドリルを取り付けて穴アケをする機械を**ボール盤**（Drilling machine）という．

卓上ボール盤（Bench drilling machine）は，7・7 図に示すように小形のもので文字どおり卓上に据えて使用する．その大キサをふつう**振リ**（Swing）と**穴アケ能力**とで表わしている．振リは，スピンドルの中心よりコラムの面ま

での距離の2倍である．この種のものは振リ 200～400 mm が多い．ふつうストレート シャンク ドリル(7・2の2 参照．)を取り付け，ハンドルAによってスピンドルを動かして，小物の穴アケを手加減で行なう．電源は，電灯線のコンセントからとる単相交流のものが多く，電動機は 200～400W ぐらいである．スピンドルは毎分 300～3000 回転で，なかには，10000 回転をこえる高速のものもある．Vベルトの掛ケ換エにより 2～5 種の変速をするものが多い．スピンドル ヘッドの構造は，7・8 図に示すようになっている．

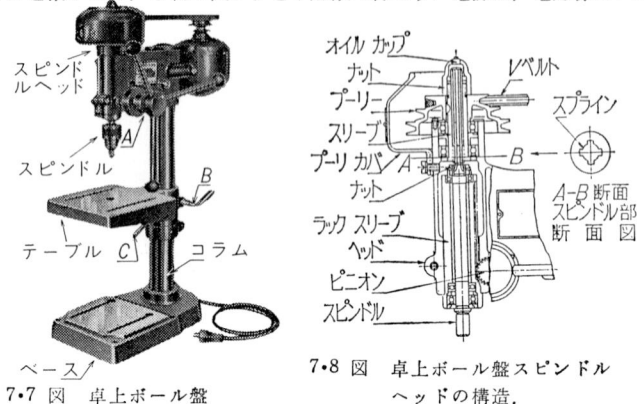

7・7 図　卓上ボール盤

7・8 図　卓上ボール盤スピンドルヘッドの構造．

この種類のボール盤で，床上据エ付ケになっているやや大きいものを **手加減 ボール盤** (Sensitive drilling machine) という．

6. 直立ボール盤

直立ボール盤 (Upright drilling machine) は，床上に据え付け，手送リのほかに動力送リができる大形のボール盤である．7・9 図に示すような段車式のものと 7・10 図のような歯車式のものとがある．大キサは，振リ 500～700 mm，穴アケ能力 50 mm ぐらい，電動機は段車式で 0.75 kW，歯車式は 1.5～3.75 kW が多い．回転数は，毎分30回転ぐらいの低速から 3000 回転の高速のものまであって，

7・9 図　段車式直立ボール盤

7・1 ボール盤

ふつう 8～16 種の変速ができる．自動送リもスピンドル1回転につき 0.05～1mm ぐらいまで，3～8 種の切リ換エができるようになっている．

（1） 段車式 樹木のような形をしているので枝形ボール盤ともいう．段車に平ベルトを掛けて伝動するので，切削力は弱く精度も低いが，7・9 図に示すように，構造が簡単である．比較的広い範囲の穴アケができるので，旧式ではあるが現在なお広く使われている．

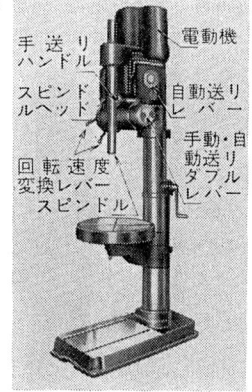

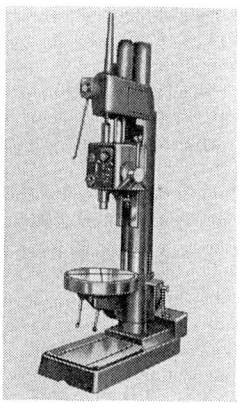

7・10 図　歯車式直立ボール盤

7・11 図　強力ボール盤

（2） 歯車式 段車式に比べ精度が高く，切削力も強い．タッピング切リ換エ装置のあるものは，ネジ立テ作業もできる．7・10 図に示すように，電動機からスピンドル ヘッド内の多数の歯車によって回転を伝動するもので，変速は，回転速度変換用レバーの装置によって行なう．

直立ボール盤をさらに強力切削させるため，7・11 図のように，電動機・スピンドル・コラムなどを大きくし，遅い回転と早い送リができるようにしたものを**強力ボール盤**（High duty drilling machine）という．これは大径の穴アケ・中グリなどの重作業に，すぐれた威力を発揮する．

7. ラジアル ボール盤

大きな工作物に穴アケする場合，直立ボール盤では工作物の取リ付ケが困難であり，振リの大キサも小さいので，ドリルが目的のか所に届かない．このような場合，7・12 図に示すラジアル ボール盤（Radial drilling machine）を用いれば，有効に仕事ができる．

ラジアル ボール盤は，アームがコラムを中心に 360° 旋回することができ，さらにアームはコラムにそって上下することができる．また，スピンドル ヘッドは，アームにそって左右に動かすことができるようになっている．工作物はテーブルの上または側面に取リ付け，あるいはテーブルを取リ除いてベース

に取り付ける.

ラジアル ボール盤の大キサは，スピンドル ヘッドをアームの最先端においたとき，スピンドルの中心からコラムの面までの距離と穴アケ能力で表わす．この距離は，ふつう 1～3m，穴アケ能力は鋼材で 100 mm をこすものがある．なお，以上のほか，ボール盤にはポータブル万能ボール盤・多軸ボール盤・フサ形ボール盤などの種類がある．

7・12 図　ラジアル ボール盤

7・2　ドリル

1.　ドリルの形状

ドリルには各種のものがあるが，大別するとネジレキリ・平キリ・特殊キリに分類することができる．このうちネジレキリのミゾが二つのものが最も多く使われているので，ふつうドリルといえばこれをさしている．

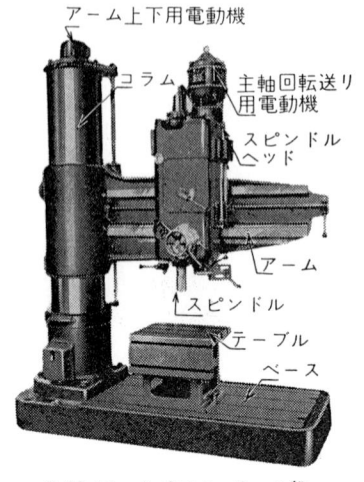

ドリルはふつう 7・13 図のように，刃部と柄部から構成されている．

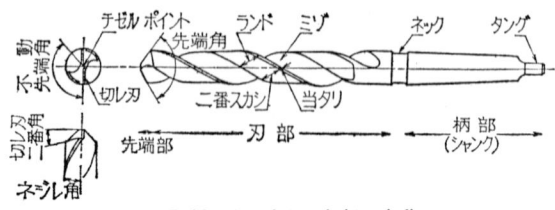

7・13 図　ドリル各部の名称．

（1）刃　部　チゼル ポイントから柄部までの間が刃部 (Body) で，つぎのような形状・寸法になっている．

ミゾ部 (Flute) は，切レ刃の切削状態を考えて成形されている．

ふつう先端角を 118° に研削したとき，7・14 図 (a) のように切レ刃が直線になる．これが 118° 以下になると，同図 (b) のように切レ刃は凸形になり，118°以上にすると，同図 (c) のように凹形になる．ミゾの成形法には，フ

7・2 ドリル

ライスにより切削された削リ出シ ドリル (Cut drill) と，熱間圧延によってねじられた鍛造ドリル (Forge drill) とがあるが，切削能力は鍛造ドリルの方が高い．

先端部 (Point) は**チゼル ポイント** (Chisel point) と**切レ刃** (Lip) および**二番面** (Relief flank) からなっている．切レ刃は材質に応じた先端角度と適当な二番面の逃ゲ角がとられている．また，**チゼル エッジ** (Chisel edge) は**ノミ部**ともいい，ドリルの切レ味に大きい影響を与えるもので，この長サは，短いほど切削抵抗は減少するが，短すぎると推力のためにつぶれることがある．したがって強サを減らさず，切レ味を増すために，7・15 図のように，先端の一部をとぎ落とす．これを**シンニング** (Thinning) という．

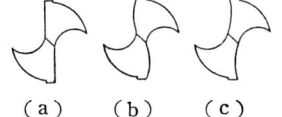

7・14 図 ドリルの先端角に対する切レ刃の形状．

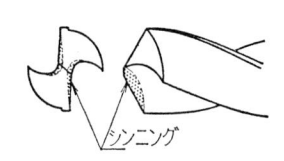

7・15 図 ドリルのシンニング．

両切レ刃線をつくっている角を**先端角** (Point angle) といい，ドリルの受ける推力はだいたい先端角の大キサに比例する．ふつう 118° にとがれるが，工作物の材質に適した先端角度は 7・3 表に示すとおりである．

切レ刃の二番角 (Lip clearance angle) は**先端逃ゲ角**ともいい，ドリルの切レ味に大きな関係をもっている．ドリル1回転に対する送リに相当する進ミ角より大きくしなければ切削ができない．二番角はふつう 12° 前後にとがれるが，工作物の材質に適した角度は 7・3 表のとおりである．

チゼル エッジと切レ刃のなす角度を**不動先端角** (Chisel edge angle) といっている．これは切レ刃の二番角に関係があり，ふつう 125～135° にとがれる．材質に適当な不動先端角度は 7・3 表に示すとおりである．

ドリルの軸中心線に対し，当タリ部の切レ刃線がつくるツル巻キ角を**ネジレ角** (Helix angle) という．先端部では，工作物に対して切レ刃がつくる**スクイ角** (Rake angle) に相当する．すなわち刃先の切削角を決定するもので，ネジレ角は，ふつう 27° になっている．工作物の材質に適当な角度は，7・3 表に示したとおりである．スクイ角は，先端角や切レ刃の逃ゲ角のようにトギ直シができないので，強ネジレ ドリル (35°～40°)・弱ネジレ ドリル (13°～18°) を準備するのが理想である．JIS では，ドリルの直径とリードとの関係は，

7・3表 ドリルの先端角度.

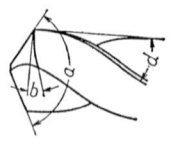

(単位°)

切削材料	先端角 (a)	二番角 (b)	不動先端角 (c)	ネジレ角 (d)
一般用（普通鋼）	118	12〜15	125〜135	20〜32
一般用（ややかたい材料）	118	6〜9	115〜125	20〜32
アルミニウム合金	90〜120	12	125〜135	17〜20
軟黄銅・軟青銅	118	12〜15	125〜135	10〜30
快削用黄・青銅	118〜125	12〜15	125〜135	0〜20
銅合金	110〜130	10〜15	125〜135	30〜40
軟鋳鉄	90〜118	12〜15	125〜135	20〜32
チルド鋳鉄	118〜135	5〜7	115〜125	20〜32
ファイバ	60〜90	12〜15	125〜135	17〜20
マグネシウム合金	70〜118	12〜15	120〜135	10〜20
ニッケル・ニッケル鋼	118	12〜15	125〜135	20〜32
硬ニッケル合金	135〜140	5〜7	115〜125	20〜32
鋳造合成樹脂・硬ゴム	60〜90	12〜15	125〜135	10〜20
鋳鋼	118	12〜15	125〜135	20〜32
マンガン鋼	150	10〜12	115〜125	20〜32
高速度鋼	135	5〜7	115〜125	20〜32
ステンレス鋼	118〜140	5〜7	115〜125	20〜32
木材	70	12	125〜135	30〜40

7・4表を標準としている．ネジレ角 β, ドリルの直径 D およびリード S との間にはつぎの関係がある．

$$\beta = \tan^{-1}\frac{\pi D}{S}$$

ランド (Land) には**当タリ部** (Magin) と**二番スカシ** (Body clearance) とがある．

当タリ部は，ランドの切レ刃と二番スカ

7・4表 ドリルの直径とリードとの関係．

ドリルの直径(D) mm 以上	未満	リード(S)
2	3	$9D$
3	5	$8D$
5	7	$7.5D$
7	9	$7D$
9	13	$6.5D$
13	—	$6D$

7・2 ドリル

シとの間にある円筒研削部分で，ドリル作業に安定性をもたせる役目をする．また，二番スカシは，切レ刃の背が摩擦をしないように当タリ部を残して周刃にとった逃ゲである．

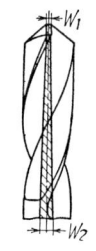

刃部の心厚の**ウエブ**（Web）は，ドリルに強度を与える．この大キサは，7・16 図のように，先端 W_1 より柄部 W_2 に向かって厚くし，ネジレの切削抵抗に耐えるようにしてある．ウエブの厚サは，チゼル エッジの長サに比例するので，ドリルが短くなると切レ味が悪くなりシンニングが必要になる．

7・16 図 ドリルのウエブ．

ドリルと穴壁との摩擦を防ぐため，ドリルは先端より柄に向かうにしたがい，直径を小さくしてある．すなわち**バック テーパ**（Back taper）がつけてある．JIS では，長サ 100mm につき直径において 0.04～0.1mm のテーパをつけることになっている．ただし，1mm 未満のドリルはテーパをつけないものも多い．

（2） **柄部** 柄部（Shank）は過度の荷重によって破損したときでも，工作機械には影響を与えないことが必要である．ふつうコウ配のついていない**ストレート シャンク**（Straight shank）とコウ配柄の**テーパ シャンク**（Taper shank）とがある．

2. ドリルの種類

（1） **ストレート シャンク ドリル** ストレート シャンク ドリル（Straight shank drill）は，棒材または線材でつくられた，刃部と柄部とが一体のものである．これをボール盤に取り付けるには，ドリル チャックによって外周を締め付けて保持するので，切レ刃が振れやすくあけた穴の真円度はよくない．チャックの保持力が弱いので，軽切削には向くが，強力切削には適さない．7・5表に JIS に規定されたストレート シャンク ドリルの 1 形および 2 形の形状と寸法を示す．

材質は，炭素工具鋼（SK 2）・合金工具鋼（SKS 2）・高速度鋼（SKH 2）またはこれと同等以上の切削能力をもつものとされ，最近ではSKH 9が多く用いられている．刃部のカタサは直径 1 mm 以上のものについて，H_RC 63 以上が原則になっている．

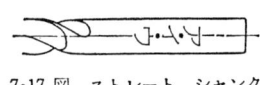

7・17 図 ストレート シャンク ドリルの記号の位置．

7・17 図に示すように，ア・イ・ウの位置

7章 穴アケ作業

7·5表 ストレート シャンク ドリルの形状と寸法（JIS B 4301）．

（a） 1形の形状と寸法（単位 mm）．

直径 D		全長 L	溝長 l	直径 D		全長 L	溝長 l	直径 D		全長 L	溝長 l
をこえ	以下			をこえ	以下			をこえ	以下		
0.19	0.24	19	2.5	1.50	1.70	43	20	7.50	8.50	117	75
0.24	0.30	19	3	1.70	1.90	46	22	8.50	9.50	125	81
0.30	0.38	19	4	1.90	2.12	49	24	9.50	10.00	133	87
0.38	0.48	20	5	2.12	2.36	53	27	10.00	10.60	133	87
0.48	0.53	22	6	2.36	2.65	57	30	10.60	11.80	142	94
0.53	0.60	24	7	2.65	3.00	61	33	11.80	13.20	151	101
0.60	0.67	26	8	3.00	3.35	65	36	13.20	14.00	160	107
0.67	0.75	28	9	3.35	3.75	70	39	14.00	15.00	169	114
0.75	0.85	30	10	3.75	4.25	75	43	15.00	16.00	178	120
0.85	0.95	32	11	4.25	4.75	80	47	16.00	17.00	184	125
0.95	1.06	34	12	4.75	5.30	86	52	17.00	18.00	191	130
1.06	1.18	36	14	5.30	6.00	93	57	18.00	19.00	198	135
1.18	1.32	38	16	6.00	6.70	101	63	19.00	20.00	205	140
1.32	1.50	40	18	6.70	7.50	109	69				

〔備考〕
1. 直径の許容差は，JIS B 0401-2 による．
2. 全長および溝長の許容限界寸法は，上表におけるすぐ下および上の数値とする．
3. 溝のネジレは，とくに指定する場合を除き，右ネジレとする．
4. 全長および溝長の寸法測定位置は，切レ刃先端であり，2形の外周コーナとは異なる．

（b） 2形の形状および寸法（単位 mm）．

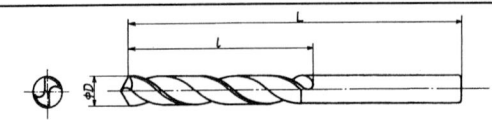

直径 D		全長 L	溝長 l	直径 D		全長 L	溝長 l
寸法範囲		基準寸法	基準寸法	寸法範囲		基準寸法	基準寸法
をこえ	以下			をこえ	以下		
0.2(以上)	0.30	19	3	0.40	0.50	27	7.5
0.2(以上)	0.30	20	3.5	0.50	0.60	30	8.5
0.30	0.40	24	5.5	0.60	0.70	32	10

（次頁に続く．）

7・2 ドリル

直径 D		全長 L	溝長 l	直径 D		全長 L	溝長 l
寸法範囲		基準寸法	基準寸法	寸法範囲		基準寸法	基準寸法
をこえ	以下			をこえ	以下		
0.70	0.80	34	11	5.16	5.56	95	64
0.80	0.90	36	13	5.56	5.96	98	67
0.90	0.99	40	18	5.96	6.00	102	70
1.00	1.20	42	20	6.00	6.35	102	70
1.20	1.30	45	22	6.35	7.04	105	73
1.30	1.50	48	23	7.04	7.37	108	75
1.50	1.70	50	25	7.37	7.68	111	78
1.70	1.90	52	28	7.68	8.03	114	81
1.90	2.19	55	29	8.03	8.34	117	84
2.19	2.39	58	33	8.34	8.74	121	87
2.39	2.53	61	35	8.74	9.13	124	89
2.53	2.71	64	37	9.13	9.58	127	92
2.71	2.88	67	39	9.58	10.00	130	95
2.88	3.00	71	42	10.00	10.09	133	98
3.00	3.27	71	42	10.09	10.49	133	98
3.27	3.30	73	45	10.49	10.72	137	100
3.30	3.58	73	45	10.72	11.12	140	103
3.58	3.80	76	48	11.12	11.40	143	106
3.80	3.99	79	51	11.40	11.51	143	106
3.99	4.37	83	54	11.51	11.91	146	109
4.37	4.63	86	56	11.91	12.31	149	111
4.63	4.86	89	59	12.31	13.00	152	114
4.86	5.16	92	62				

〔備考〕
1. 直径の許容差は，JIS B 0401-2 に規定する h8 とする.
2. バックテーパは，原則として，長さ 100 mm につき 0.04～0.1 mm とす る．ただし，直径 1 mm 未満のものには，付けなくてもよい．
3. 溝のネジレは，とくに指定する場合を除き右ネジレとする．
4. 全長・溝長の寸法測定位置は，外周コーナであり，1 形の切レ刃先端と は異なる．

に直径 (*D*)・材料記号・製造者名または略号が記入されている．ただし，小径 のもので記入できないものは，包装紙などに表示される．

(2) テーパ シャンク ドリル テーパ シャンク ドリル (Taper shank drill) は，刃部とモールス テーパ (Morse taper) の柄部とからなり，刃部と 柄部が材料を異にするものと，一体のものとがあり，前者の方が多い．柄の端 部を平らにした部分を**タング** (Tang) といい，これをドリル ソケットの回シ ミゾにはめ込むようになっている．タングは，ドリル ソケットからはずすと き便利にしたもので，ドリルの回転力をこの部分にかけるものではない．テー パ部は仕上ゲ精度を長く保つことができるので，切レ刃の真円度がよい．切削 すると切削抵抗によりテーパ部が埋め込まれるので，柄部とスピンドルとのテ

7章 穴アケ作業

7·6表 モールス テーパ シャンクドリルの形状と寸法 (JIS B 4302).

(a) 1形の形状および寸法 (単位 mm).

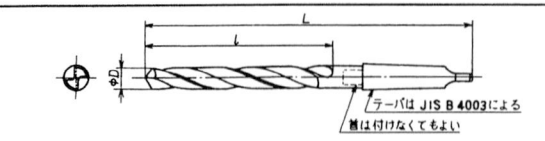

テーパは JIS B 4003 による
首は付けなくてもよい

| 直径 D || | 標準シャンク || 大形シャンク ||
| 寸法範囲 || 溝長 l | 全長 L | モールステーパ番号 | 全長 L | モールステーパ番号 |
をこえ	以下					
2.65	3	33	114	1	—	—
3	3.35	36	117	1	—	—
3.35	3.75	39	120	1	—	—
3.75	4.25	43	124	1	—	—
4.25	4.75	47	128	1	—	—
4.75	5.3	52	133	1	—	—
5.3	6	57	138	1	—	—
6	6.7	63	144	1	—	—
6.7	7.5	69	150	1	—	—
7.5	8.5	75	156	1	—	—
8.5	9.5	81	162	1	—	—
9.5	10	87	168	1	—	—
10	10.6	87	168	1	—	—
10.6	11.8	94	175	1	—	—
11.8	13.2	101	182	1	199	2
13.2	14	108	189	1	206	2
14	15	114	212	2	—	—
15	16	120	218	2	—	—
16	17	125	223	2	—	—
17	18	130	228	2	—	—
18	19	135	233	2	256	3
19	20	140	238	2	261	3
20	21.2	145	243	2	266	3
21.2	22.4	150	248	2	271	3
22.4	23.02	155	253	2	276	3
23.02	23.6	155	276	3	—	—
23.6	25	160	281	3	—	—
25	26.5	165	286	3	—	—
26.5	28	170	291	3	319	4
28	30	175	296	3	324	4
30	31.5	180	301	3	329	4
31.5	31.75	185	306	3	334	4
31.75	33.5	185	334	4	—	—
33.5	35.5	190	339	4	—	—
35.5	37.5	195	344	4	—	—
37.5	40	200	349	4	—	—
40	42.5	205	354	4	392	5
42.5	45	210	356	4	397	5
45	47.5	215	364	4	402	5
47.5	5.00	220	369	4	407	5
50	50.8	225	374	4	412	5
50.8	53	225	412	5	—	—

(次頁に続く.)

7・2 ド リ ル

直径 D		溝長 l	標準シャンク		大形シャンク	
寸法範囲		溝長 l	全長 L	モールステーパ番号	全長 L	モールステーパ番号
をこえ	以下					
53	56	230	417	5	—	—
56	60	235	422	5	—	—
60	63	240	427	5	—	—
63	67	245	432	5	499	6
67	71	250	437	5	504	6
71	75	255	442	5	509	6
75	76.2	260	447	5	514	6
76.2	80	260	514	6	—	—
80	85	265	519	6	—	—
85	90	270	524	6	—	—
90	95	275	529	6	—	—
95	100	280	534	6	—	—
100	106	285	539	6	—	—

〔備考〕
1. 直径の許容差は，JIS B 0401-2 による．
2. 全長および溝長の許容限界寸法は，上表におけるすぐ下およびすぐ上の数値とする．全長については，もしテーパが二つの区分にまたがるときにはテーパの長さの違いにより加減する．
3. 溝のネジレは，とくに指定する場合を除き右ネジレとする．
4. モールス テーパ シャンクは，JIS B 4003 による．シャンクには，標準シャンクと大形シャンクとがある．
5. 全長および溝長の寸法測定位置は，切レ刃先端であり，2形の外周コーナとは異なる．

（b） 2形の形状および寸法（単位 mm）．

直径 D		全長 L	溝長 l	モールステーパ番号	直径 D		全長 L	溝長 l	モールステーパ番号
寸法範囲		基準寸法	基準寸法		寸法範囲		基準寸法	基準寸法	
をこえ	以下				をこえ	以下			
—	—	105	28	1	7.5	8.0	162	82	1
2.0	2.5	110	32	1	8.0	8.5	168	85	1
2.5	3.0	115	38	1	8.5	9.0	172	88	1
3.0	3.5	122	45	1	9.0	9.5	175	92	1
3.5	4.0	128	50	1	9.5	10.0	178	95	1
4.0	4.5	135	55	1	10.0	10.5	182	98	1
4.5	5.0	140	60	1	10.5	11.0	185	102	1
5.0	5.5	145	65	1	11.0	11.5	188	105	1
5.5	6.0	148	68	1	11.5	12.0	192	108	1
6.0	6.5	152	72	1	12.0	12.5	195	112	1
6.5	7.0	155	75	1	12.5	13.0	198	115	1
7.0	7.5	158	78	1	13.0	13.5	202	118	1

（次頁に続く．）

直径 D		全長 L	溝長 l	モールステーパ番号	直径 D		全長 L	溝長 l	モールステーパ番号
寸法範囲		基準寸法	基準寸法		寸法範囲		基準寸法	基準寸法	
をこえ	以下				をこえ	以下			
13.5	14.0	205	122	1	35.0	37.0	355	210	4
14.0	14.5	222	122	2	37.0	39.0	360	215	4
14.5	15.0	225	125	2	39.0	41.0	365	220	4
15.0	15.5	228	128	2	41.0	43.0	370	225	4
15.5	16.0	230	130	2	43.0	45.0	375	230	4
16.0	16.5	232	132	2	45.0	47.0	380	235	4
16.5	17.0	235	135	2	47.0	49.0	385	240	4
17.0	18.0	240	140	2	49.0	50.0	390	245	4
18.0	19.0	245	145	2	50.0	51.0	425	245	5
19.0	20.0	250	150	2	51.0	53.0	430	250	5
20.0	21.0	255	155	2	53.0	55.0	435	255	5
21.0	22.0	260	160	2	55.0	57.0	440	260	5
22.0	23.0	265	165	2	57.0	59.0	445	265	5
23.0	26.0	285	165	3	59.0	61.0	450	270	5
26.0	27.0	290	170	3	61.0	63.0	455	275	5
27.0	28.0	295	175	3	63.0	65.0	460	280	5
28.0	29.0	300	180	3	65.0	67.0	465	285	5
29.0	30.0	305	185	3	67.0	69.0	470	290	5
30.0	31.0	310	190	3	69.0	71.0	475	295	5
31.0	32.0	315	195	3	71.0	73.0	480	300	5
32.0	33.0	345	200	3	73.0	75.0	485	305	5
33.0	35.0	350	205	4					

〔備考〕
1. 直径の許容差は, JIS B 0401-2 による.
2. バックテーパは, 原則として, 長さ 100 mm につき 0.04～0.1 mm とする.
3. 溝のネジレは, とくに指定しない場合を除き右ネジレとする.
4. モールス テーパ シャンクは, JIS B 4003 の規定による.
5. 全長・溝長の寸法測定位置は, 外周コーナであり, 1形の切レ刃先端とは異なる.

ーパ穴との結合性がよく, 強力切削に適する. 7·6表はJISに規定された2～100 mmのドリルの形状と寸法を示す.

材質は, 刃部はストレート シャンク ドリルと同じであるが, 柄部は炭素工具鋼 (SK 7) が使われている. このように刃部と柄部の材質が異なるドリルは, 突キ合ワセ溶接したものが多い.

2·18 図に示すように, 超硬合金のチップをロウ付ケした**超硬合金ドリル** (Cementid carbide drill) は, チルド鋳物・焼キ入レ鋼あるいは銅合金・軽合金の穴アケに効果的である. しかし, このドリルはかたくてもろいので, 機械のガタや, スピンドルの振レの出ないようにして使用することがたいせつである. 作業の初めは, 手送リで加減して送リ, 刃先の損耗を防ぐようにするとよい. 高速度鋼のドリルに比べ, 切削速度は速く, 送リ

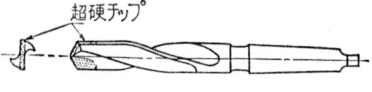

7·18 図 超硬ドリル

7・2 ドリル

は遅くする.

(3) 油穴付キ ドリル (Oil hole drill)　深穴をあける作業をふつうのドリルで行なうと，ドリルの刃先に潤滑油を行きわたらせることは非常に困難である．油穴付キドリルは，ドリルに油穴を設けて完全に注油ができるようにしたものである．7・19 図（a）は

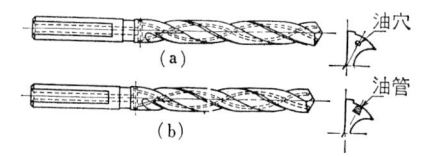

7・19 図　油穴付キ ドリル

素材のときまっすぐな穴をあけておき，それをねじってつくったドリルである．油は柄の中心部から注入され，刃先のランド側の両穴から切り粉とともに排出されるようになっている．切削速度・送りを減少させないで深穴をあけることができる．とくに長いドリルでは，油穴の工作が困難であるので，同図（b）のように，銅管をランドの内部に埋める．これを**油管式ドリル**（Oil tube drill）という．

(4) 三ツ ミゾ ドリル（Three fluted drill）　コア ドリルともいって，7・20 図のように三ツ ミゾになっている．あらかじめあけてある鋳抜キ穴またはドリル穴などを，大径穴にもみ広げる場合に用いる．

7・20 図　三ツ ミゾ ドリル

ふつうのドリルに比べ，送りを速くすることができ，切削中の動揺も少なく，仕上ガリ精度が高い．

3. 平 キ リ

平キリ（Flat drill）は，工具鋼などの丸棒の先端を火造リして平らにし，焼キ入レして刃をつけたキリである．このように平キリは，どのような寸法のものでも火造リして簡単に作ることができるが，ネジレ キリに比べて剛性や切削効率が劣るのはやむを得ない．また，バック テーパが強く，穴アケの案内になる部分が少ないので，深い穴は曲がりやすく，寿命も短いことが平キリの欠点である．平キリにはつぎのようなものがある．

(1) 剣キリ　7・21 図（a）は，舞イ キリに取り付けて，往復回転しながら切削する場合に使う平キリで，合掌形に刃をつけたものである．同

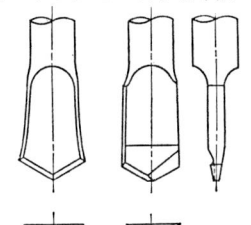

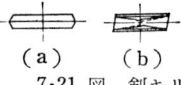

7・21 図　剣キリ

図（b）は，ボール盤に取り付けて右回転だけで切削する剣キリで，直径・長サを自由に定めてつくり，回転軸に対して，先端角100～120°を等分にとり，3～5°のスクイ角とスクイミゾをつくる．

（2） **一文字キリ** 切レ刃を平らにして，その中心にキリの案内をする先端をつけたキリである（7・22図）．底の平らな穴をあけるときに使用する．

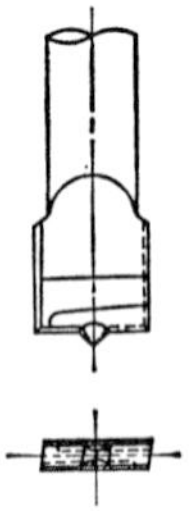

（3） **植エ刃キリ** 柄の先端に，切レ刃を取り付けるスリ割リを設け，切レ刃をリベット・ネジ・ピンなどで取り付け

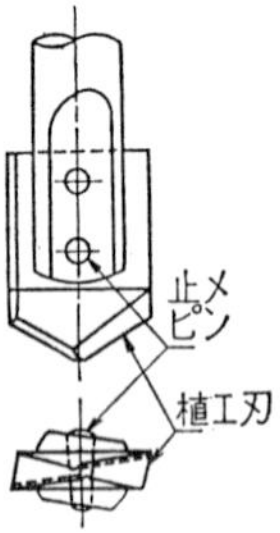

7・22 図　一文字キリ

7・23 図　植エ刃キリ

るか，またはロウ付ケしたキリである（7・23 図）．

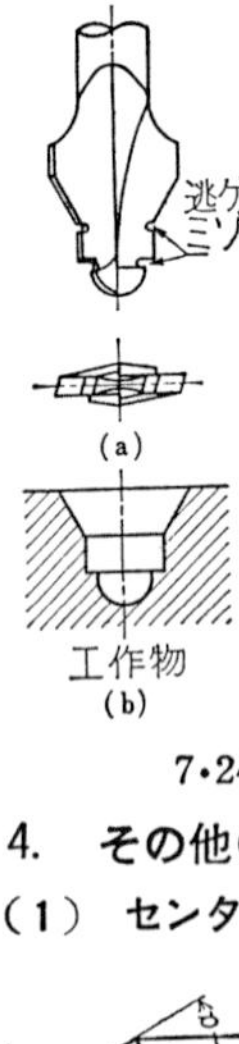

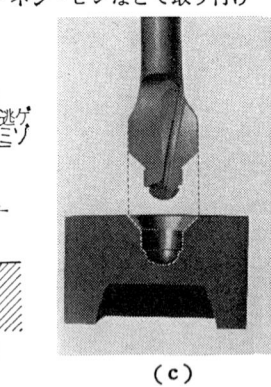

（4） **総形キリ** 7・24図（a）に示す総形キリは，同図（b）のような段付キ穴をあけるときに用いるキリである．図でわかるように段の部分の研削を正確にするための逃ゲが必ずつけてある．この逃ゲは段部から出る切リ粉の逃ゲ道にもなる．同図（c）は，総形キリであけられた穴の断面を示したものである．

7・24 図　総形キリ

4. その他のキリ

（1） **センタ ドリル** 旋盤のセンタ作業をする場合，工作物の両端または

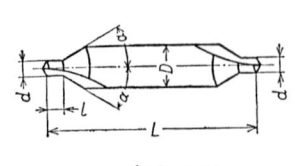

（a）1形 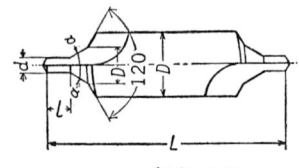　　　　　　　　　（b）2形

7・25 図　センタ ドリル $\left(\alpha=30°{+0 \atop -15'}\right)$

7・2 ドリル

一端にセンタ穴をあけるキリである．7.25図に示すように，1形と2形があり，呼ビ寸法は，直径 d で表わす．

(**2**) **特殊キリ** 7・26図（a）は**平ネジレ キリ**で，丸棒を鍛造で平らに延ばし，それをねじってつくったものである．材料が薄いので弱いが，ミゾの容積が大きいため，切り粉が出やすいという特長がある．同図（b）は**真ミゾ キリ**で，キリの軸に平行な二つのミゾを切ったものである．黄銅・アルミニウムのようなやわらかい材質のものや板金に穴アケする場合，このキリを使えば切レ刃が材料に食い込まない．同図（c）は**半月キリ**で，穴径に等しく仕上げた軸径の半分を平らに削

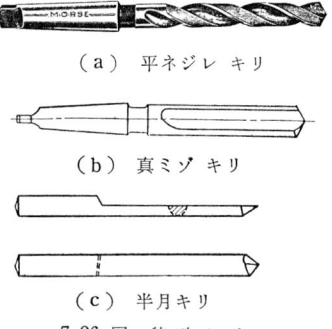

（a） 平ネジレ キリ
（b） 真ミゾ キリ
（c） 半月キリ
7・26図　特殊キリ

り取って切レ刃をつけたものである．切レ刃が1枚であるので切削力は弱いが，半月の部分が案内になるので曲がることがなく，正確な穴アケができる．

(**3**) **フライス**　7・27図（b）は，同図（a）に示すようなサラ小ネジのサラをもみ下げるキリである．ふつうサラモミ キリと呼んでいるが，JIS では**サラ小ネジ沈メ フライス**といっている．先端の案内軸の径は，先にドリルで

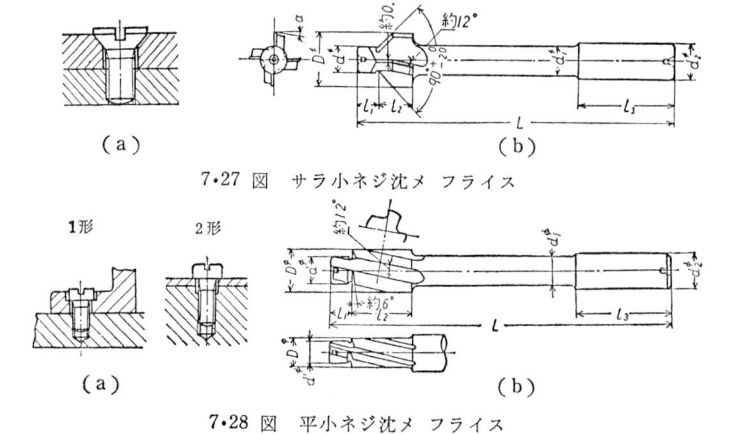

（a）　　　　　　　　　（b）
7・27図　サラ小ネジ沈メ フライス

1形　2形
（a）　　　　　　　　　（b）
7・28図　平小ネジ沈メ フライス

あけた下穴径と同じで，これが案内になってキリが振れるのを防いでいる．

7・28 図（b）は，沈ミ穴グリ キリで，同図（a）に示すように，平小ネジの頭部のはいる穴をもみ下げるのに使う．JIS では**平小ネジ沈メ フライス**と呼んでいる．

（**4**）**バイト**　大形のボール盤を使用して，鋳抜キ穴をくり広げたり，大きな穴の座グリをする場合は，バイトを利用する．7・29 図は，ボルトの合う座面を削る**座グリ バイト**である．同図（a）はバイト ホルダとバイトからなっている上面座グリ バイトであり，同図（b）は，案内軸を通してからバイトを取り付け，バイトを回しながら引き上げて切削する下面座グリ バイトである．下面座グリをするとき，バイトは一見抜け落ちそうであるが，正確なテーパ シャンクの吸着力は充分それに耐える．

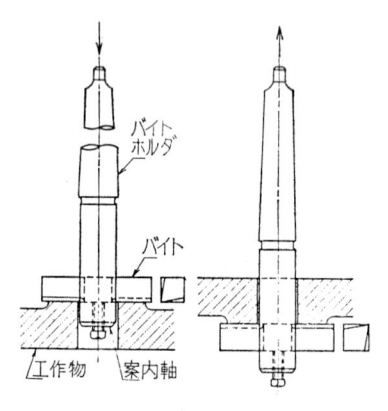

（a）　上面座グリ　（b）　下面座グリ
7・29 図　座グリ バイト

精度を必要としない鋳抜キ穴，またはドリルであけられた穴を，大きくくり広げる場合は，7・30 図に示す**中グリ バイト**を用いる．これはバイト ホルダとバイトからなり，案内軸を受ケ金（ブシュ）でささえている．

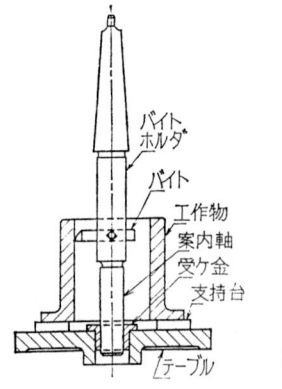

板金に，ドリルではあけにくい大きな穴をあける場合は，7・31 図に示すような**切り回シ**

7・30 図　中グリ バイト　7・31 図　切り回シ バイト

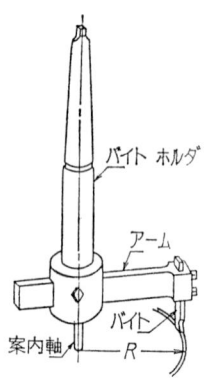

7・2 ドリル

バイトを用いる．アームの付いたバイト ホルダとバイトからなっている．

5. ドリルの取り付ケ

（1） テーパ シャンク ドリルの取り付ケ モールス テーパ シャンクの番号がスピンドルのテーパと同一のときには，7・32図のように，スピンドルの回シ ミゾとタングとの位置を合わせ，しっかりとはめ込む．テーパ部にキズがついていると，テーパが合わなくなり，抜け落ちたり，タングに全部の荷がかかって，ここをねじってしまうので，テーパ部はとくにたいせつに扱わなければならない．

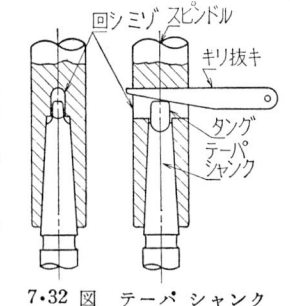

7・32図 テーパ シャンクの取り付ケ

ドリルを抜き取るには，7・33図（a）のようなキリ抜キ（Drift）を，7・32図に示すように回シ ミゾにはめ，頭部をハンマで軽くたたいて抜く．また，7・33図（b）のようなキリ抜キを使えば，同図（c）のように柄を押し下げるだけで抜ける．

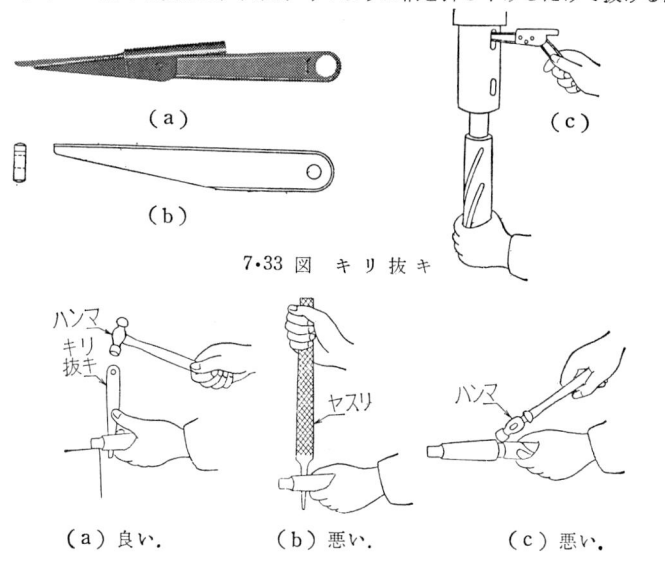

7・33図 キリ抜キ

(a) 良い．　　(b) 悪い．　　(c) 悪い．

7・34図 スリーブの取りはずしかた．

7章 穴アケ作業

スピンドルのテーパ穴よりも小さなドリルを取り付けるには，所要のテーパ番号をもった，7・35 図に示すような，**スリーブ**(Sleeve)または**ソケット**(Socket)を，前述の要領でドリルの柄にはめ込む．短くてよい場合はスリーブを使用し，長いものが必要な場合はソケットを使用する．いずれも内外テーパが番号によって表わされ，内2番・外3番，内2番・外4番など各種の組ミ合ワセがあり，仕事の条件によって長短あるいは番号の適当なものを選ぶ．ドリルがまだ使用できるのにタングが破損した場合は，7・36 図に示すように柄部を切削または研削してタングを新しくつくり，定寸法より短いショート スリーブに合わせれば再び使用できる．

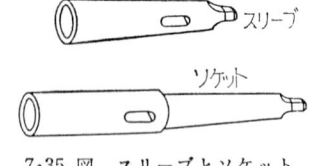

7・35 図 スリーブとソケット．

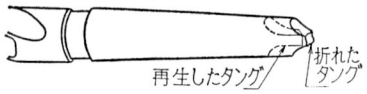

7・36 図 タング損傷の再生．

(2) ストレート シャンク ドリルの取り付ケ　7・37 図に示すようなドリル チャック (Drill chuck) の3個のツメでドリルの丸柄を締め付ける．JIS では呼ビ寸法（取り付け得るドリルの最大径．）5，6.5，10，13 mm のものが規定されている．これにチャック用アーバをはめ込み，スピンドルに取り付ける．ツメの締メ付ケは，付属品のチャック ハンドルにより，確実に行なわなければならない．ゆるい場合は，柄部がすべって回り，チャックのツメによってむしられ，柄部・ツメともに損傷する．

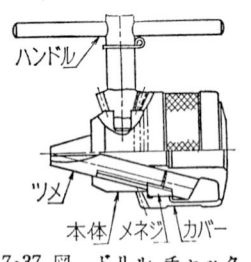

7・37 図 ドリル チャック

7・3 ドリルのとぎかた

1. ドリルの摩耗

現在のドリルは品質がよくなったので，正しくとがれたドリルでふつうに切削した場合には，トギ直シをせずに相当多くの穴アケをすることができる．しかし，長く使っているうちに，7・38 図に示すように外周部の**カド部** (Outer corner) から摩耗が始まり，切レ刃と当タリ部に順次広がり，切レ味が低下する．当タリ部が摩耗すれば，その部分は取り除かなければならないので，ドリ

7・3 ドリルのとぎかた

ルの寿命を縮めることになる．したがって，早いうちにとぎ直すようにすれば，切レ刃のなくなる最後まで有効に使うことができる．

正しくとがれたドリルでも，使用の際の回転数および送りが速すぎる場合，または工作物の材質がかたすぎる場合には，7・39 図のように，外周部のカドあるいはチゼル エッジがつぶれることがある．

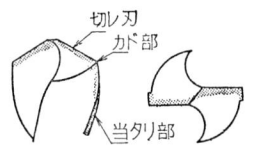

7・38 図　ドリルの摩耗か所．

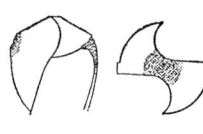

7・39 図　切削速度の過大によるドリルの摩耗．

2. 切レ刃の角度と形状

工作物の材質により，そのつどドリルの先端角，切レ刃の逃ゲ角・不動先端角は，7・3 表に示したようにとぐ．ネジレ角もそれぞれの材質に適応した角度のものを選ぶようにする．

先端部の形状には，7・40 図に示すような各種のものがある．

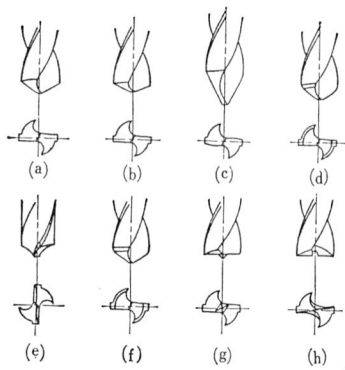

7・40 図　ドリル先端部の形状．

3. 切レ刃のとぎかた

（1）**手トギ**　ドリルを所要の切削角度にとぐ方法には，ふつうの電気グラインダにより手持チで行なう方法と，ドリル研削盤により機械トギする方法とがある．切削角度は，中心線から左右等しくし，したがって切レ刃も同じ長さになり，また逃ゲ角も両方等しくとがなければならない．このように，切レ刃をとぐことは精密な作業であるから，手トギには相当の熟練を要する．手トギはつぎの

7・41 図　手トギの持ちかた．

7章 穴アケ作業

ようにして行なう．

7・41 図に示すように，柄部を右手で持ち，刃先の方を左手で受けて，研削盤の支持台の上でささえる．

7・42 図のように，トイシ面に切レ刃の一方を水平になるようにたもち，所要の刃先角度になるように合わせる．

左手の親指と人さし指を案内にして，所要の逃ゲ角になるように，右手を水平の位置から左下の方向に下げながら右回シに押してとぐ．反対側の切レ刃も同様にしてとぐ．

7・42 図　トイシと刃先の合わせかた．

トイシ面は，ドレッサなどで目詰マリのない平らな面にしておくことが必要である．水冷式でないものは，摩擦熱で焼キがもどりやすいから，ときどき冷却水に入れ，冷やしながら行なう．

（2）機械トギ　ドリル研削盤の方式には，7・43 図（a）のように，トイシ面とある角度をなす直線 ab を軸として，円スイ面にとぐ方式と，同図（b）に

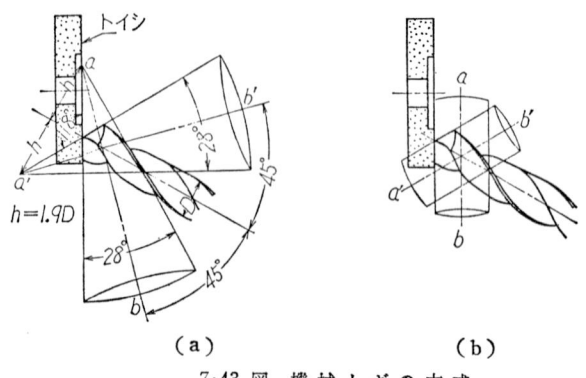

7・43 図　機械トギの方式．

示すように，トイシ面に平行な直線 ab を軸として，ドリルを揺り動かしながら，円筒面にとぐ方式とがある．前者は機械トギのふつうの方式であり，後者の方式によると，先端に近い部分で二番が逆につくことがある．

ドリル研削盤には，各種の形式のものがあり，またドリルの大キサにより大小数種のものを必要とする．ふつう所要の先端角と逃ゲ角を目盛リによって自

7・3 ドリルのとぎかた

由に設定し，送りをかければ，正確な切削角度が得られる．7・44 図は，ドリル研削盤の一例である．

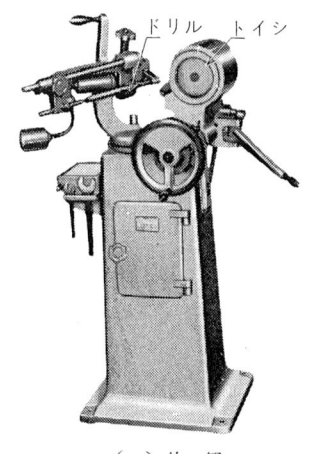

(a) 外観　　(b) 作業
7・44 図　ドリル研削盤作業

(3) シンニング　7・45 図に示すように，ふつうのドリルでは，チゼルポ

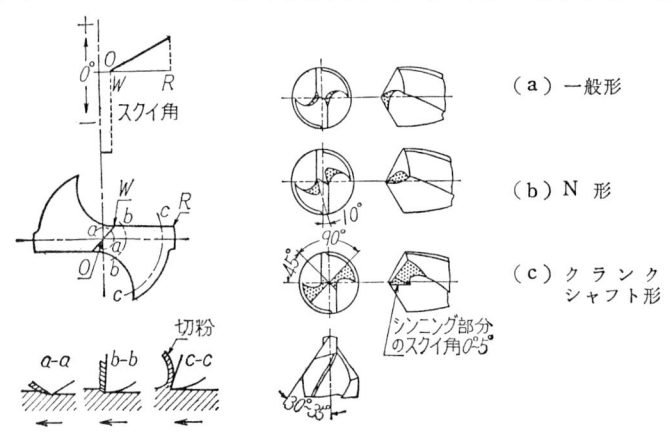

7・45 図　ドリルの刃先による切削状態．

(a) 一般形
(b) N 形
(c) クランクシャフト形

7・46 図　シンニングの例．

イントに近づくほどスクイ角が小さくなって切レ味が悪くなり，チゼル ポイントではスクイ角がマイナスになるので，穴アケのときむしるようになって，ここに大きな推力が働く．これを軽減するためには，チゼル エッジをできるだけ短くしたい．チゼル エッジを短くすれば，先端の切リ粉の排出もよくなるし，刃先の強度も維持され，寿命を延ばすこともできる．

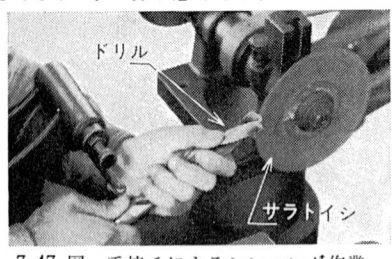

7・47 図　手持チによるシンニング作業．

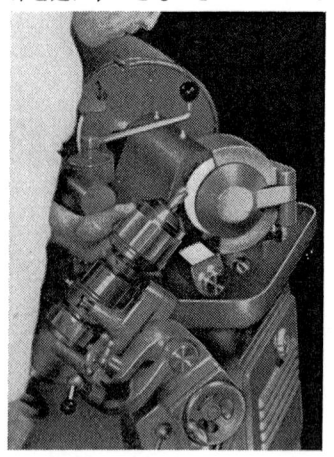

このような理由によって，大径ドリルでは，ドリルのチゼル エッジを 7・46 図のようにとぎ落とす．同図（a）は一般形のもの，同図（b）は N 形で比較的心厚の薄いときに行なわれる．同図（c）はクランクシャフト形で深穴をあける場合に良い効果が得られる．

7・47 図は，工具研削盤のサラ形トイシによる手トギ，7・48 図はシンニングマシンによる機械トギを示す．

4. 切レ刃の検査

（1）**切レ刃の影響**　7・49 図のように，ドリルとチゼル ポイントの中心は一致しているが，切レ刃が中心線に対して不等である場合は角度の大きい切レ刃だけが切削し，他方はスキマができて遊ぶので，切レ味も精度も落ちる．7・50図のように，ドリルの中心 a とチゼル ポイントの中心 b とが一致していない場合は，ドリルは a を中心に回転し，チゼル ポイントは b を中心に回

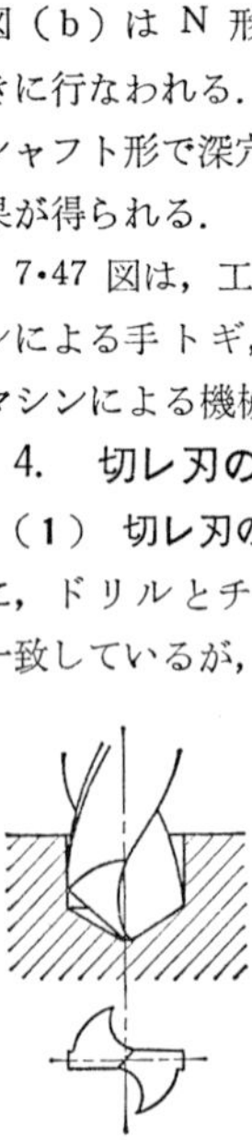

7・48 図　シンニング マシン作業

7・49 図　切レ刃が不等なドリル．

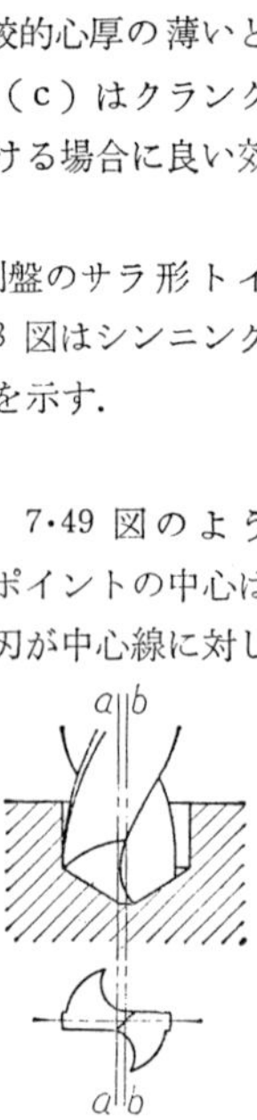

7・50 図　中心が不等なドリル．

7・3 ドリルのとぎかた

転するため，ドリルは a, b の距離だけ振れることになり，ドリルの直径より大きな穴になる．また 7・51 図（a）に示すように，ドリルの二番角の平均は 12°，不動先端角は 135° であるが，同図（b）のように，二番角の大きすぎる場合は不動先端角も大きくなり，同図（c）のように，二番角が逆につけられた場合は，二番がつかえて切削不能となり，不動先端角は小さくなる．

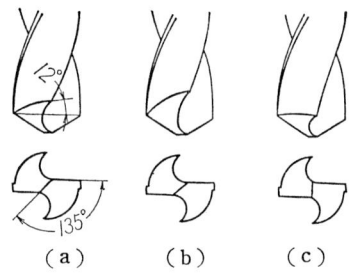

7・51 図　二番角と不動先端角との関係．

（2）**検査の方法**　7・52 図（a）のように，規定の角度につくられたゲージを用いて，両方の切レ刃の角度および長サが正しいかを測る．同図（b）のように分度器で切レ刃の角度を測り，さらに同図（c）のように，目盛り付キ直角定規で，切レ刃が左右対称にとがれているかを，先端と両方の外周部のカドまでの高サで比較する．同図（d）は，切レ刃の対称を調べる器具である．直角な鉄板の底面に取り付けられたセンタに，ドリルのセンタ穴を合わせ，立面にケガキ塗料を塗り，ドリル外周部のカド a_1, a_2 で図のようにケガキする．ケガキ線

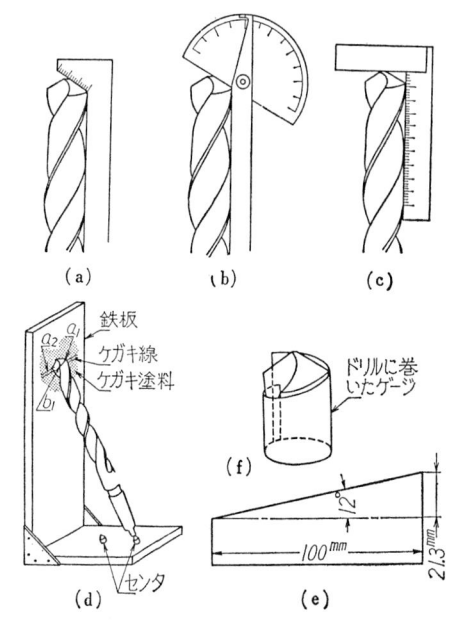

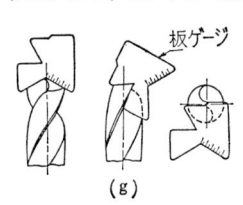

7・52 図　切レ刃の検査．

が一致しないときは，一致するまでとぎ直せばよい．また二番のカド b_1, b_2 を調べれば二番角も一致させることができる．同図（e）に示すように，半硬質のビニルまたは紙を二番角（図は12°の場合．）に切り，それをゲージとして，同図（f）のようにドリルに巻けば，二番角を調べることができる．また，同図（g）のゲージは，三つの角度を調べることができる．

7・4 工作物の取リ付ケ作業

1. 手持チ

工作物の取リ付ケ作業は簡単に考えがちであるが，取リ付ケが不確実であると，工作物がドリルによって振り回されたり，飛ばされたりすることがある．また，工作物の据エ付ケ位置も，ケガキ線によって正確に出さないと，取り返しのつかない失敗をすることがある．あまり精度を必要としない長い工作物を，手でささえて穴アケするには，7・53図（a）のように，工作物の大キサと穴アケの位置によって，回リ止メを適当な位置に取り付け，工作物をこれにつけて左手で押さえる．穴をあけたとき，同図（b）のように，ドリルがテーブルのミゾか穴に出るように注意する．工作物の短いもの，または穴グリのような作業は，手持チでしてはならない．

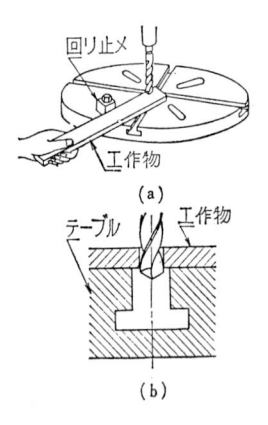

ドリルを穴から抜くときも，回されやすいから，ドリルを抜き終わるまでは，左手を離さないようにする．

7・53図　手持チの穴アケ．

2. 万力への取リ付ケ

小形の工作物の取リ付ケには，機械万力を使用する．

貫通穴をあける工作物は，7・54図（a）のように，2個の平行台を敷いて万力にくわえる．

丸い工作物は，同図（b）のようなV形口金（プリズム口金ともいう．）またはVブロックを用いて締め付ければ，回されるのを防ぐことができ，垂直に保持することができる．角度のついた工作物の取リ付ケには，同図（c）のように，丸棒をかうか，補助口金を使用する．万力の一方だけでくわえる場合は，

7・4 工作物の取り付ケ作業

同図（d）のように，ボルト・ナットまたは豆ジャッキなどを，工作物と同一寸法に調整し，他方にかって締め付ければよい．

小径の穴アケをするときには，万力の重ミによる摩擦だけでドリルの回転を受け止めるが，大径の穴をあける場合は，必ず万力をテーブルにボルトで固定する．工作面またはケガキ線によって，工作物の水平・垂直を求める場合は，トースカンおよび直角定規を使用する．

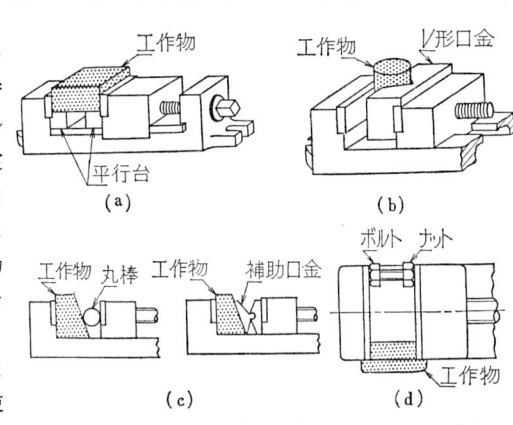

7・54 図　万力に工作物を取り付ける方法．

3. テーブルへの取り付ケ

（1）**取り付ケ用工具**　大形のものや不安定な工作物は，つぎに述べる適当な工具を用いて，直接テーブルに確実に取り付け，穴アケの正確を期さなければならない．取り付ケボルトは，7・55図のようにテーブルのミゾに合ったもの，締メ金は 7・56 図のように各種工作物の面に合うもの，支持台は 7・57 図のように角台と敷キ金

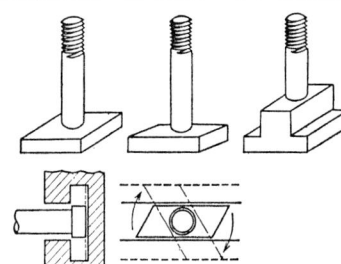

7・55 図　取り付ケ ボルト

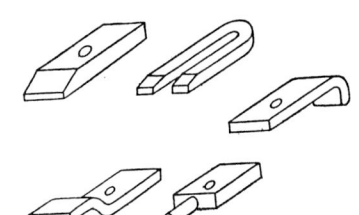

のほかに，高サの調節ができるものを使う．そのほかトースカン・直角定規・Vブロック・アングル プレート・金マス・平行台・豆ジャッキ・

7・56 図　締 メ 金

クサビ，およびシャコ万力を備えておけば，たいていの取リ付ケができる．また，特殊な角度をもつ取リ付ケには，7・58図のような，自在に調整のできるアングル プレートを使用すれば，任意の角度に取り付けることができる．

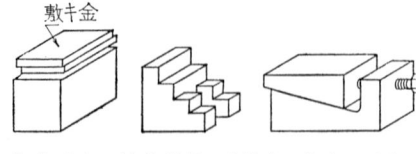

(a) 角台　(b) 段付キ支持台　(c) レベリングブロック
7・57図　支持台

(2) 取リ付ケ方法　テーブルに工作物を取り付けるには，7・59図(a)に示すように，工作物の高サ H と支持台の高サ h を必ず同じにして取り付け，ボルトは支持台より工作物に近い位置で固定する．同図(b)のようにボルトの位置が悪かったり，(c),(d),(e)のように，薄い締メ金や高サの違う支持台を使用するのは危険である．

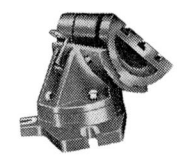

(a) スィーベル アングル プレート　(b) ユニバーサル アングル プレート
7・58図　自在角度調整用アングル プレート

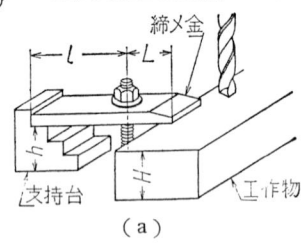

丸棒を取り付けるときは，7・60図のようにVブロックの上に置く．

7・61図のように工作物に貫通穴をあけるには，工作物の下に平行台等を敷く．

薄板は，同じ材質の金属，または硬木を7・62図のように合わせ，シャコ万力などで固定して，合わせた材料とともに穴アケをする．さしつかえなかったらクギで止めてもよい．7・63

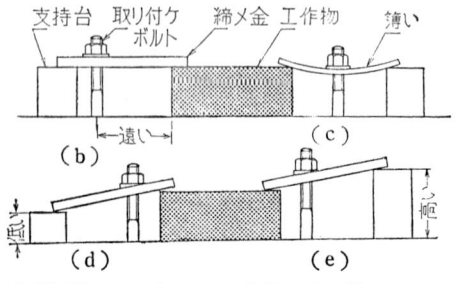

7・59図　テーブルへの工作物の取リ付けかた．

7・4 工作物の取り付ケ作業

図は,直角に仕上げた2面を持つ工作物を,アングルプレートに取り付けた場合である.上面 Ⓐ,Ⓑ の平行度は,シャコ万力の締メ付ケを少しゆるめ,

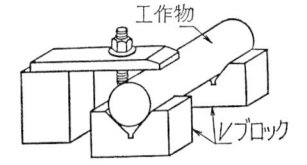

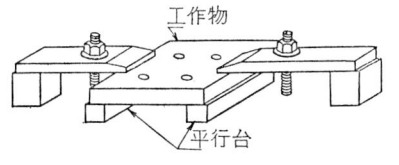

7・60 図　丸棒の取り付けかた.

7・61 図　貫通穴をあけるときの取り付けかた.

トースカンによって合わせてから強く締め付ける.テーブル面が正確に水平であるならば,水準器を用いてもよい.豆ジャッキは,先端の穴アケのとき,ドリルの圧力による工作物のタワミを防ぐうえに必要である.

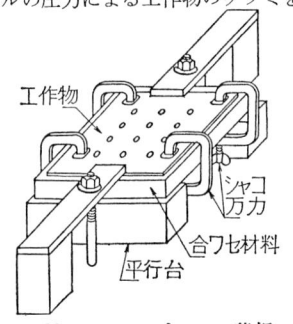

7・62 図　テーブルへの薄板の取り付けかた.

7・63 図　テーブルへの取り付ケの例(その1).

7・64 図は,ケガキ線と仕上ゲ面を基準に,垂直面に取り付けた場合である.トースカンによる基準の出しかたは,ケガキ作業の要領で行なう.豆ジャッキ①は,取り付ケボルトを少しゆるめても,工作物の位置がずれることがないように,真下でささえる.また,②,③は平行度調整と,穴アケ圧力に耐えるように両端でささえる豆ジャッキである.トースカン④は上部仕

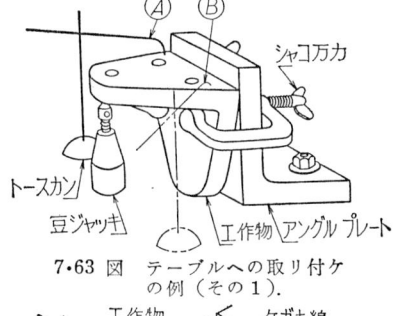

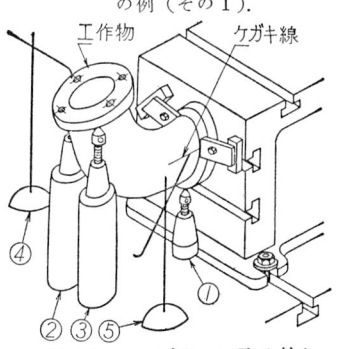

7・64 図　テーブルへの取り付ケの例(その 2).

上ゲ面による水平度の出しかた，⑤はケガキ線による水平度の出しかたを示す．

7·65 図は，Ⓐ，Ⓑの二つの離れた同心の穴を，上下振りかえて穴アケをする場合の取り付けかたを示したものである．垂直度を出すには，豆ジャッキ①の調整をして垂直ケガキ線を直角定規に合わせ，左右方向を見出す．また，前後方向も同様にⒶ，Ⓑと取リ付ケ面との間にクサビなどを入れて調整し，直角定規に合わせる．豆ジャッキ②，③は，前述と同じ理由によって必要なのである．

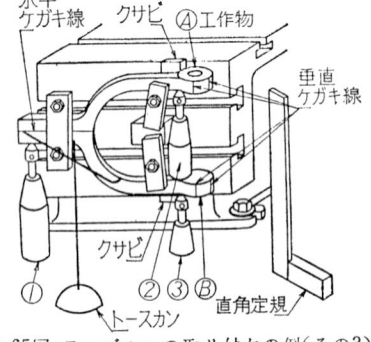

7·65図 テーブルへの取リ付ケの例（その3）．

4. ドリル ジグと取り付ケ具

ジグ（Jig）または取リ付ケ具（Fixture）を用いれば，複雑なケガキや取リ付ケを必要としないので，精度のよい互換性をもった同じ工作物を多数製作することができる．

穴アケにあたり，ドリルの案内をするものを**ドリル ブシュ**（Drill guide

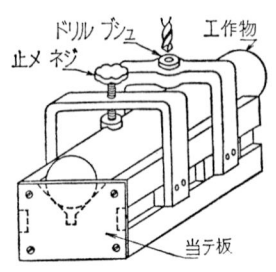

(a) 固定式

(b) 取リ替エ式

7·66 図　ドリル ブシュ

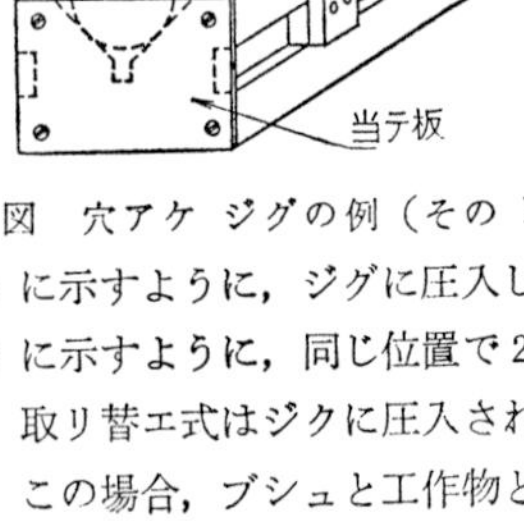

7·67 図　穴アケ ジグの例（その 1）．

bushing）という．これには 7·66 図（a）に示すように，ジグに圧入したまま取リ替えない固定式のものと，同図（b）に示すように，同じ位置で2種以上の加工をする取リ替エ式のものとがある．取リ替エ式はジクに圧入された外ブシュに，内ブシュをはめ替えるのである．この場合，ブシュと工作物との間

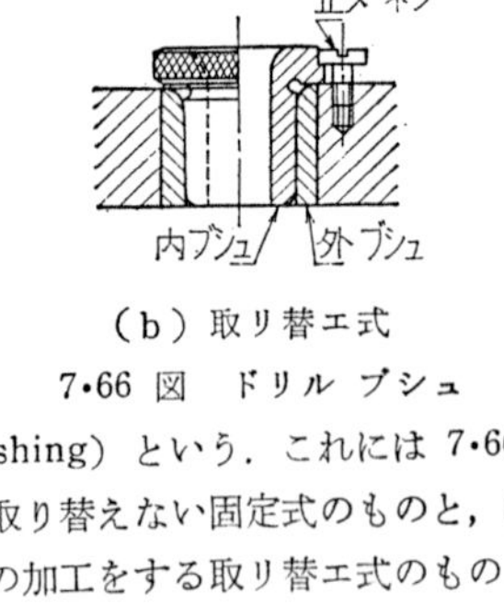

隔は，切リ粉の排出および削りはじめのドリルの振レを考えて，工作物が鋼の場合には直径と同じぐらい，鋳鉄の場合には直径の½程度にとる.

7・67 図は，丸棒に穴アケをする簡単なジグを示したものである.

7・68 図は，ロッドの大小の穴を基準に穴アケをするジグを示したものであり，7・69 図は，機械万力を利用した取リ付ケ具の一例である.

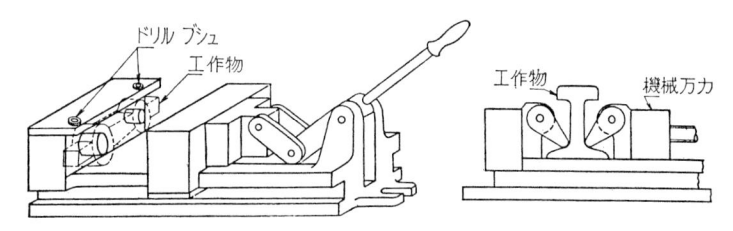

7・68 図　穴アケ ジグの例（その 2）.　　7・69 図　取リ付ケ具の例.

7・5　穴 ア ケ 作 業

1.　センタの合わせかた

直立ボール盤・卓上ボール盤のように，スピンドルが横方向に動かないものは，テーブルを動かして，取リ付けた工作物のセンタ ポンチ マークをドリルの真下になるように合わせてテーブルを固定する．また，ラジアル ボール盤のように，スピンドルが横方向に動くものは，アームおよびスピンドル ヘッドを動かして，ドリルの先端をセンタ ポンチ マークに合わせ，スピンドル ヘッドを固定する．一致点を見るには，7・70 図のように直角方向から見るようにする．チゼル エッジの大きいドリルは，回転させると合わせやすい．

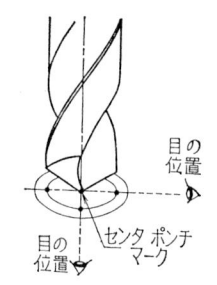

7・70 図　センター致点の見かた.

ドリルを回転させ，手送リ ハンドルを回して，7・71 図（a）のようにセンタを少しもみつけてドリルを上げ，ケガキ円と同心になっているかどうかを調べる．大径の場合は，ケガキ円より小さい任意の小円をケガキしておけば比較しやすい.

同図（b）のように偏心している場合は，同図（f）のようなミゾ タガネを用いて，同図（c）に示すように，ケガキ円の最も離れている方へミゾを彫

り，ドリルの位置を直す．小径の場合は，センタポンチを用いて同様に行なえばよい．

再び少しもみつければ，ドリルは切削抵抗の少ないミゾの方へ寄るので，同図（d）のように修正される．修正が一度で終わらない場合はこれを数回繰り返す．ごくわずかの偏心なら，ドリルを離れている方へずらせ，2〜3度もみつければ，タガネを使わなくても修正できる．

修正は，同図（e）のように，ドリルのカドが穴アケ面に達するまでに終わるようにする．カドが入ってからは修正できない．

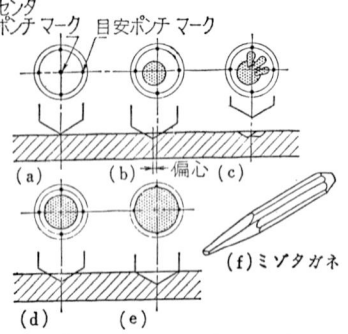

7・71 図　センタの合わせかた．

2. 切削方法

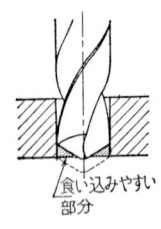

（1） 通シ穴　工作物を貫通する通シ穴の場合は，手送リまたは自動送リによってキリモミするが，7・72図のように，最も抵抗の多いチゼルポイントが抜け出る瞬間に，抵抗が減ずるので，残りの部分に強く食い込みやすい．ドリルが折れたり，工作物が回されたりするのは，このときがいちばん多い．抜け出る場合は，送リ目盛リ・切削音・手ごたえなどでわかるから，送リを小さくして食い込みを防ぐようにする．

7・72 図　通シ穴

（2） メクラ穴　7・73図に示すように，工作物を貫通しない穴すなわちメクラ穴をあける場合は，ドリルのカドまでの深サ l を穴の寸法とするので，ボール盤の送リ目盛リは，ドリルのカドが穴アケ面に達した位置で合わせるようにする．

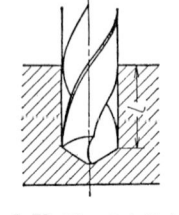

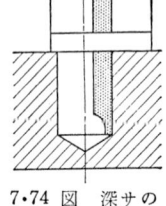

7・73 図　メクラ穴

7・74 図　深サの検査．

穴アケが終わったならば，必ず圧縮空気などで切リ粉を出し，7・74 図のように，穴の深サを深サゲージ（デプスゲージ）などで調べてから，ドリルおよび工作物を取りはずす．

7・5 穴アケ作業

（**3**） **切り粉の状態**　正しい角度にとがれたドリルに，適当な回転と送リを与えて切削すれば，工作物が鋼材の場合は，同じ大キサのねじれた切リ粉が両方の切レ刃から出てくる．大キサの違う切リ粉または一方からだけ出る切リ粉は，切削角度が不良であることを示している．切リ粉が細かく切れるのは，切レ刃の摩耗した場合である．また，工作物が鋳鉄であるときは，丸い切リ粉が両側から出る．角度が不良である場合は，切リ粉の状態は前述と同様になり，切レ刃の摩耗した場合は粉末状になる．

（**4**） **下穴**　大径のドリルは，ウエブの幅が大きいので，穴アケのときにチゼル ポイントの抵抗が大きくなり，時間がかかる．大径の穴アケでは，センタが合わせにくいとか，穴が曲がるなどの理由から，7・75 図に示すように，大径ドリル D のウエブ W より少し大きい直径のドリル d で下穴アケをし，つぎに所定の大径ドリルで穴アケをする．下穴アケのドリルは，Wの大キサにより，5〜10 mm ぐらいのものを用いれば，下穴は曲ガリが少なく，チゼル ポイントが作用しないから，2工程となるにもかかわらず早く穴アケができ，切リ粉の排出も穴の精度もよくなる．力の弱いボール盤では，さらに下穴を第 2，第 3 と順次大きくすると作業がしやすい．

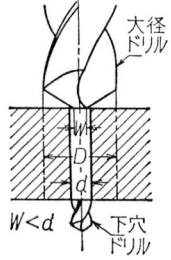

7・75 図　ドリルの下穴．

3. 各種の穴アケ

（**1**） **深い穴アケ**　ふつうのドリルで，直径の3倍以上の深サの穴をあけるときは，浅い穴に比べて正確でまっすぐな穴があけにくい．穴が深くなると切リ粉がドリルのミゾに詰まりやすく，そのために切削油が先端までゆきわたらず，摩擦熱で先端部の焼キがもどったり，ドリルが折損したりする．これを防ぐには，途中で送リを止めて，たびたびドリルを穴から抜き出し，穴の中とドリルについている切リ粉を圧縮空気などで取り除き，切削油を充分に与えるようにする．また，切削速度と送リは，穴の深サの程度によって7・7表のように減少させるとよい．

7・7 表　深穴加工速度の減少率．

穴の深サ.	速度減少率(%)	送リ減少率(%)
3 D	10	10
4 D	20	10
5 D	30	20
6 D	35〜45	20
7 D	35〜45	20
8 D	35〜45	20

〔備考〕　D…穴の直径．

（**2**） **スの多い鋳鉄の穴アケ**　金属を鋳造す

るときに，鋳物の中に空気が残ったり，ガスが発生したりして，気ホウができることがある．これを**ス**（Blow hole）という．スの多い鋳鉄の穴アケの場合，ドリルがスに会えば，抵抗の少ないスの方に曲がる．したがって穴径が拡大したり，ドリルを切損したりする．これを防ぐには，ドリル ブシュを使うか，ドリルの直径と同じに穴アケした案内板を，7・76図のように取り付けて穴アケを行なえばよい．案内板は厚い方がよく，工作物との間隔はドリルの直径の½程度にする．

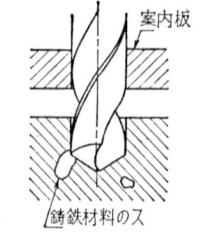

7・76図 スの多い穴アケ．

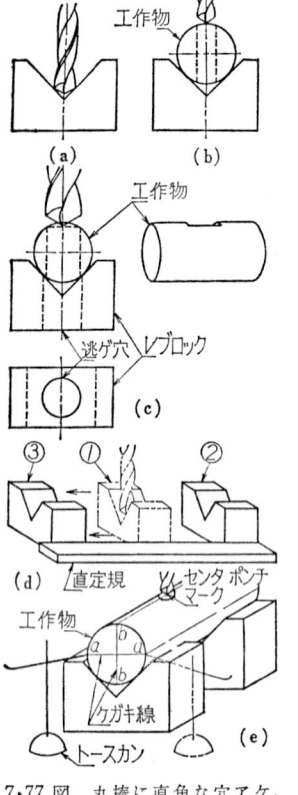

(3) 丸棒に直角な穴アケ 簡単にVブロックの上で行なう場合には，7・77図（a）に示すように，Vブロックのミゾをドリルの先端に合わせ，同図（b）のようにVブロックを動かさずに丸棒をのせて穴をあける．また，丸棒の直径に対してドリルの直径が比較的大きな場合は，同図（c）のように，丸棒の穴アケ面をあらかじめ平らに削って，ドリルのすべるのを防ぎ，Vブロックもドリルの径より大きい逃ゲを取るなどの工夫をする．また，丸棒を二つのVブロックでささえ，その中間で穴をあけるには，同図（d）に示すように，Vブロック①をまず同図（a）のようにドリルに合わせる．つぎにVブロック①に直定規をそわせ，それにVブロック②を合わせる．さらに，①のブロックを③の位置まで直定規の面にそわせて動かし，②，③のブロックの上に丸棒をのせれば，丸棒の中心線を通る穴アケができる．正確に行なうには，同図（e）のようにケガキ線 a-a の水平をトースカンで，b-b の垂直を直角定規でそれぞれ調べ，センタ ポンチマークにドリルを合わせて穴アケをする．な

7・77図 丸棒に直角な穴アケ．

7・5 穴アケ作業

お，丸棒のような円筒形の工作物は，貫通するとき食い込みやすいから，送リを小さくする．

（4） 丸棒に角度をつけた穴アケ 丸棒にある角度をもつ穴をあけるには，7・78 図のような簡単なジグを製作してドリルの案内をする．ドリルのカドがチゼル ポイントよりも先に工作物に当たらないように穴アケ面をできるだけ平らに切削したり，ドリルの先端角度を変えるなど，傾斜角度に応じて工夫する．

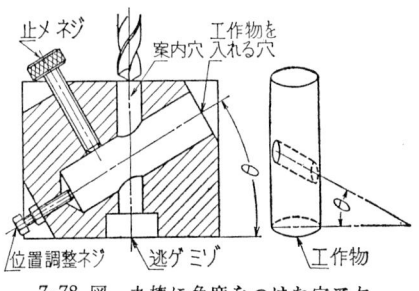

7・78 図　丸棒に角度をつけた穴アケ．

（5） 交差した穴アケ 7・79 図のような交差穴は，異径であれば大径の穴 a を先に少し深くあけ，つぎに小径の穴 b をあける．穴 b の深サが a に達するのを，目盛リによらないで簡単に知るには，穴 a に硬木をつめ，ドリルのミゾからその硬木の切リ粉が出るまで穴アケすればよい．この方法は貫通時にドリルが食い込むのを防ぐ効果もある．

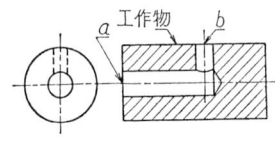

7・79 図　交差した穴アケ．

（6） 二つの交わった穴アケ 7・80 図（a）のように，重ナリが直径 d の 1/3 以下でわずかなときは，そのまま穴アケが可能であるが，同図（b）に示すように，重ナリが大きいものは，ドリルが逃げて穴アケができない．この場合，異径の穴であれば小径の穴 a を先にあけ，同質の材料で動かないようにかたく埋メ金し，その上で大径 b の穴をあける．

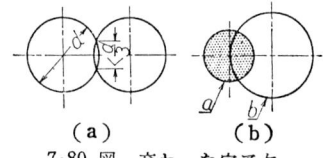

7・80 図　交わった穴アケ．

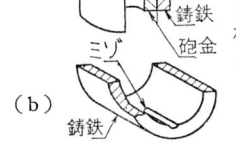

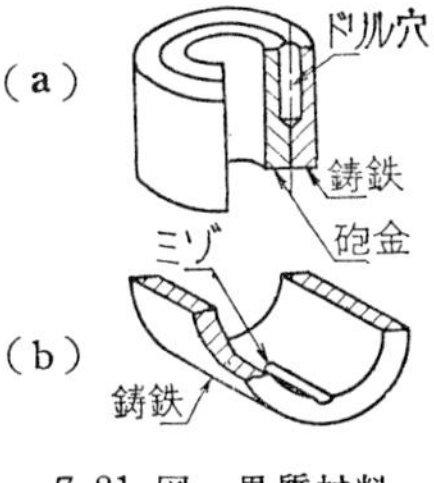

（7） 異質材料の重ネ目の穴アケ 7・81図（a）のように，鋳鉄とその中にはめ込まれた砲金ブシュの間に止メ穴をあけるようなときは，軟質の砲金の方へ穴が曲がるので，同図（b）のように，あらかじめミゾタ

7・81 図　異質材料の穴アケ．

ガネなどで鋳鉄の方にミゾをつけておく．ドリルはそのミゾを案内にして曲がらずに穴アケすることができる．

(**8**) **傾斜面の穴アケ** 7·82 図のような傾斜面やとがったところへ穴アケするときは，ドリルがすべりやすいので，あらかじめ同図（a），（b）のように削りとっておくか，同図（c），（d）のように，同じ材質のものを溶接で仮リ付ケするなどの方法をとって平面にし，その平面から穴アケする．ただし，溶接によるヒズミをきらう場合は，この方法はとれない．工作物が鋳鉄のときは，同図（e），（f）に示すように，素材に捨テボスを付けておき，あとで削りとればよい．

7·82 図 傾斜面の穴アケ． 　7·83 図 段付キ穴アケ

(**9**) **段付キの穴アケ** 7·83 図（a）のような段付キ穴 a，b をあけるには，まず，同図（b）のように，工作物Aに大径穴aを，ドリルのカドが工作物Bに達するまであける．つぎに工作物を動かさずにドリルを替え，小径穴bをキリモミするか，または A を取りはずして同図（c）のようにaのドリルの先端アトにbのドリルを合わせてキリモミする．これは写シ穴アケの場合にも行なわれる．また，同図（d）1 のように小径穴bをあけてから同図（d）2 の大

7・5 穴アケ作業

径穴aをあけてもよい．

(10) ボルト穴　7・83図(a)に示したaのようなボルト穴は，ボルトとのスキマの大小により，7・8表のように1～4級に区分されている．1級と2級は仕上ゲボルト，3級はおもに黒皮ボルトに適用し，ドリルによって穴アケする．4級は主として鋳抜キ穴に用いる．精密なボルト穴はドリルで穴アケしたのち，規定寸法のリーマで仕上ゲをする．

7・8表　ボルト穴の寸法(単位 mm)．

メートルネジ					ウィットネジ				
ネジの呼ビ径．(mm)	ボルト穴の直径．				ネジの呼ビ径．(in)	ボルト穴の直径．			
	1級	2級	3級	4級		1級	2級	3級	4級
3	3.2	3.5	3.6	4	$1/4$	6.8	7	7.4	8
4	4.3	4.5	4.8	5	$5/16$	8.4	9	9.5	10.5
5	5.3	5.5	5.8	6	$3/8$	10	10.5	11.5	12
6	6.4	6.6	7	7.5	$7/16$	12	12.5	13	14
8	8.4	9	9.5	10.5	$1/2$	13.5	14	15	16
10	10.5	11	12	13	$9/16$	15	16	17	18
12	13	13.5	14	15	$5/8$	17	18	19	20
14	15	16	17	18	$3/4$	20	21	22	23
16	17	18	19	20	$7/8$	23	24	25	26
18	19	20	21	22	1	26	27	28	30
20	21	22	23	24	$1 1/8$	30	31	32	34
22	23	24	25	26	$1 1/4$	33	34	35	37
24	25	26	27	28	$1 3/8$	36	38	40	42
27	28	29	30	32	$1 1/2$	40	42	44	46
30	31	32	34	36	$1 5/8$	43	45	47	49
33	34	35	37	39	$1 3/4$	46	48	50	52
36	37	38	40	42	2	53	55	58	60
39	40	42	44	46					
42	43	45	47	49					

(11) 薄板の穴アケ　7・84図(a)のように，ふつうのドリルのドリル先端部の高サ h は直径 d の $1/3$ である．したがって，穴直径 d の $1/3$ よりも薄い板に穴アケをすると，ドリルのカドが穴アケ面につかないうちにチゼルポ

イントが板から抜けるので，ドリルは振れて多角形の穴になる．これを防ぐには，同図（b）のように，同質の材料または硬木を下に敷いて穴アケするとよい．やや厚い板材は，同図（c）に示すように，ドリル先端部の高サ h が板厚 t より小さいドリル d で下穴 1 をあけ，つぎに順次少しずつ大きいドリル d′, d″ によって 2, 3 のように細かい送りでくり広げる．この場合，ドリルの切削する高サ h', h'' は板厚 t より小さく，カド部が案内の役目をする大キサでなければならない．また，2mm 以下の薄い材料は，同図（d）に示すように，ドリルのカド部がほぼ一直線になるようにドリルをといでおけば，先端が抜けるときカドも同時に抜けるので，板は円板に削り取られ，きれいな穴をあけることができる．

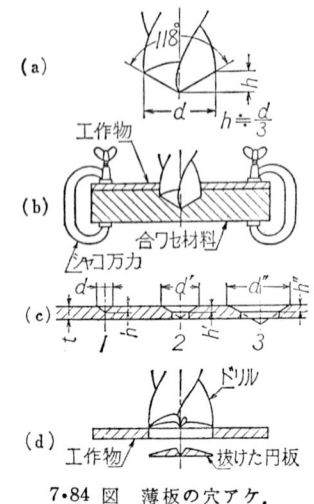

7・84 図　薄板の穴アケ．

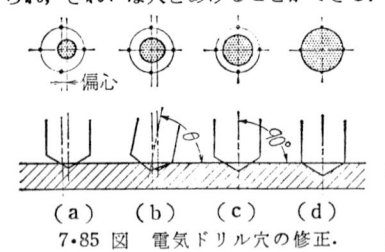

7・85 図　電気ドリル穴の修正．

4. 電気ドリルによる穴アケ

電気ドリルで手持チで穴アケするとき，センタの位置が 7・85 図（a）のように狂った場合は，同図（b）のように，ドリルの角度 θ を変え，ときどき離して見ながら修正して，同図（c）に示すように正位置になってから，ドリルを傾斜しないようにしてキリモミする．こうすると，同図（d）に示すように，ドリルのカド部が入るまで修正されてしまう．キリモミは，電気ドリルのバランスを考え，7・86 図に示すように持ち，こじないように強く押す．チゼルポイントが抜け

7・86 図　手持チによる電気ドリル作業．

7・5 穴アケ作業

るとショックがあるが，このとき力を抜いて持ち直し，カド部が貫通するまで軽く押して，細かい送りで穴アケする．大径ドリルの場合に，力を抜かないで貫通させようとすると，切レ刃が食い込んでドリルの回転が止められ，代わりに電気ドリルを持っている人が振り回されるので非常に危険であり，小径ドリルであるとこのとき折損する．13mm以上の穴アケでは，手で押すだけでは力が足りないので，7・87図のようにテコを利用したり，7・88図(a)のようにウマを使い，同図(b)に示すスター ハンドルで送りをかけたり，7・89図のように，マグネットを利用した磁気ドリル プレスを使用する．メクラ穴の場合には7・90図に示すように，穴径より少し太めのパイプをドリルにはめ，パイプが穴アケ面に達するまでキリモミすればよい．

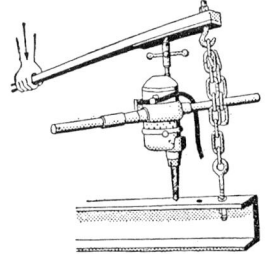

7・87図　テコを使う電気ドリル作業．

(a)　ウマの使用．

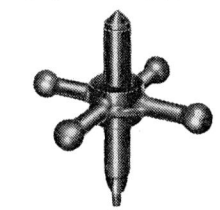

(b)　スター ハンドル．

7・88図　ウマを使う電気ドリル作業．

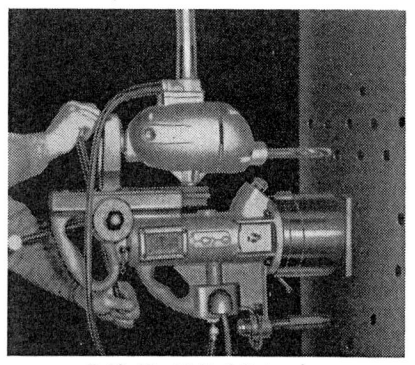

7・89図　磁気ドリル プレス

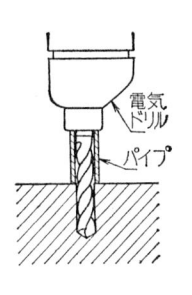

7・90図　電気ドリルによるメクラ穴アケ．

7・9表 ドリル（高速度鋼製）の切削速度.

切削材料 （引張リ力）	切削速度 (m/min)	ドリルの径 (mm). 上段……送リ (mm/rev) 下段……回転数 (rpm)								
		1	2	5	8	12	16	25	40	63
構造用炭素鋼 (50kg/mm² 以下)	35 ～40	0.015 8000	0.03 4000	0.11 2000	0.16 1600	0.22 1000	0.26 800	0.3 400	0.4 250	0.45 125
〃 (50～70 kg/mm²)	25 ～32	0.015 8000	0.03 4000	0.10 2000	0.14 1250	0.18 800	0.22 630	0.3 315	0.4 200	0.45 125
〃 (70kg/mm² 以上)	20 ～28	0.01 6300	0.025 3150	0.07 1600	0.12 1000	0.16 630	0.20 500	0.25 250	0.32 160	0.35 100
特殊合金鋼 (70～90 kg/mm²)	12 ～20	0.008 4000	0.02 2000	0.06 1000	0.10 800	0.14 500	0.18 315	0.22 200	0.28 100	0.30 63
〃 (90～110 kg/mm²)	8 ～14	0.007 2500	0.01 1250	0.04 630	0.08 500	0.12 315	0.14 200	0.18 125	0.23 63	0.27 40
鋳鉄 (18kg/mm² 以下)	20 ～35	0.025 6300	0.06 4000	0.16 2000	0.25 1250	0.30 800	0.35 630	0.45 315	0.50 160	0.56 100
〃 (18kg/mm² 以上)	15 ～25	0.012 5000	0.04 3200	0.09 1600	0.14 1000	0.20 630	0.25 500	0.30 250	0.36 125	0.40 80
ステンレス鋼	7 ～12	0.006 2500	0.02 1600	0.06 800	0.10 500	0.14 315	0.18 250	0.22 125	0.28 63	0.30 40
ネジ用黄銅	120 以下	0.03 12500	0.07 10000	0.16 6300	0.25 5000	0.32 3150	0.40 2500	0.50 1250	0.63 630	0.71 400
強ジンな黄銅	60 以下	0.02 8000	0.04 6300	0.10 2500	0.14 2000	0.18 1250	0.22 1000	0.30 500	0.40 315	0.45 200
銅・黄銅・青銅	70 以下	0.02 8000	0.04 6300	0.12 2500	0.16 2000	0.22 1250	0.25 1000	0.30 500	0.40 315	0.45 200
強ジンな軽合金	120 以下	0.02 10000	0.05 8000	0.14 6300	0.20 5000	0.25 3100	0.32 2500	0.40 1250	0.45 630	0.50 400
鍛練された軽合金	160 以下	0.02 12500	0.06 10000	0.16 8000	0.25 6300	0.32 4000	0.40 3150	0.50 1600	0.63 800	0.71 500
マグネシウム合金	200 以下	0.025 12500	0.07 10000	0.20 8000	0.30 6300	0.40 5000	0.50 4000	0.63 2000	0.71 1000	0.80 630

〔備考〕 この表は機械・ドリル・材料がよい場合で，ふつうはこれの80％ぐらいが適当である．

5. 切削速度と切削剤

（1） 切削速度と送り　ドリルの**切削速度**（Cutting speed）とは，ドリルの外周の1分間当たりの周速度をいう．**送り**（Feed）とは，ドリルが1回転にもみ込まれる深サである．切削速度と送りは，工作物の材質，ボール盤の性能，ドリルの種類など，穴アケの条件によって違ってくる．要するに，ドリルの寿命を長くして，能率的な切削をするために，その作業に適当な切削速度と送りを決めることが必要なのである．7・9 表は高速度鋼ドリルを使用する場合の，各種材料に対する切削速度と送りの標準を示す．炭素鋼ドリルの切削速度は，この表の値の2/3以下にすればよい．

（2） 回転数の計算　スピンドルの1分間当たりの回転数は，工作物とドリルの材質により適当な切削速度を決め，つぎの式から算出する．

$$N = \frac{1000\,v}{\pi D}$$

ただし，N…ドリルの毎分回転数 (rpm)

v…切削速度 (m/min)　d…ドリルの径 (mm).

例題　抗張力 70 kg/mm² の炭素鋼の工作物に，高速度鋼ドリルで 16 mm の穴アケをする場合の，ドリルの毎分回転数を求めよ．使用するボール盤の毎分回転数は，200，400，600，800 の4段変速とすれば，どの回転数で作業するのが適当であるか．

〔解〕$v = 25$ m/min とすれば

$$N = \frac{1000 \times 25}{3.1416 \times 16} \fallingdotseq 500 \text{ (rpm)}$$

ボール盤の回転数は 500 rpm よりも低い方の 400 rpm をとって作業すればよい．

（3） 切削剤　穴アケ作業には，ドリル刃先の温度上昇を防ぎ，摩耗を少なくして寿命を増して，きれいな仕上ゲ面を得るため，また切り粉の排除を容易にするために，適当な切削剤を用いる．7・10 表は穴アケ作業に使用されるおもな切削剤を示す．

7・10 表　ドリルの切削剤．

材　　料	切　削　剤
軟　　　　鋼	水溶性切削油・鉱油ラード油・硫化油
工　具　鋼	水溶性切削油・硫化油・鉱油＋ラード油
鋳　　　　鉄	乾式・水溶性切削油
可 鍛 鋳 鉄	乾式・ソーダ水
黄　　　　銅	乾式・水溶性切削油
青　　　　銅	乾式・水溶性切削油・鉱油
アルミニウム	石油・水溶性切削油

7章 穴アケ作業

練習問題

問題 1 つぎに当てはまる機械名を知っているだけあげて，簡単に説明しなさい．
① 手持チで行なう手動用の穴アケ機械．② 動力で回転を伝達し，容易に携行できる穴アケ機械．③ 台の上に据えて穴アケをする小形の機械．④ 床上に据え付けて重切削のできる穴アケ機械．

問題 2 ドリルにおいて，つぎの三つの角度を示し，一般用はそれぞれ何度であるかを答えなさい．
① 先端角　② 切レ刃の二番角　③ 不動先端角

問題 3 ドリルのネジレ角について説明しなさい．

問題 4 ドリルのミゾ部は，ウェブとバックテーパとの関係により，どのようになっているかを述べなさい．

問題 5 JISに規定されたストレートシャンク ドリルとモールス テーパ シャンク ドリルの直径は，何mmから何mmのものがありますか．またドリルの取リ付ケ工具は，それぞれ何を使ったらよいでしょうか．

問題 6 ドリル外周部のカドやチゼル エッジがつぶれるのは，どのような理由によりますか．

問題 7 研削されたドリルについて，最も注意深く検査しなければならないところはどこですか．

問題 8 ドリルのシンニングとはどういうことで，なんのために行なわれますか．

問題 9 穴アケ作業は思ったより危険が多いといわれますが，それはどのような場合を指しますか．例をあげて説明しなさい．

問題 10 直立ボール盤の性能は，ふつうどことどこで表わされますか．

問題 11 工作物をテーブルに取り付ける場合の，注意事項をあげなさい．

問題 12 センタ ポンチ マークまたはケガキ円に対し，ドリルの先端が一致しなかった場合，どのように修正しますか．

問題 13 大径穴の能率的な穴アケ法を述べなさい．

問題 14 通シ穴をキリモミするとき，食い込みやすいといわれますが，これはどのような場合ですか．また，それを防ぐにはどうすればよいでしょうか．

問題 15 ドリル（ネジレ キリ）と比較したときの，平キリの特長を述べなさい．

問題 16 軟質の鋳鉄に20mmの穴アケをするとき，ドリルの毎分回転数を求めなさい．ただし，ドリルは高速度鋼製とし，切削速度は30 m/minとします．また，使用するボール盤の毎分回転数を，200, 400, 600, 800の4段変速とすれば，どの回転数で作業するのが最も適当ですか．

8章 リーマ作業

ドリルなどであけられた穴は，真円・真直の精度が低く，内面の仕上ゲ程度も悪い．したがって，真円でなめらかな内面を必要とする正確な穴，または精密な同一寸法の穴を多量に加工する場合は，まず所要の寸法よりわずかに小さい穴をあけておき，つぎに，この穴に8・1図のような**リーマ**（Reamer）を通せば，穴をくり広げて精度の高い穴を簡単に仕上げることができる．これが**リーマ作業**（Reaming）である．

(a)

(b)

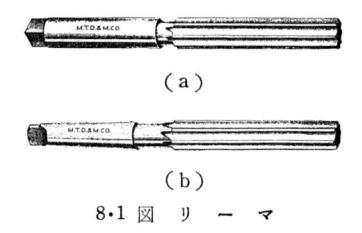

8・1図　リーマ

8・1　リ ー マ

1. リーマの形状

リーマは，ふつう8・2図のように，刃部と柄部からできている．その形状によって，刃部と柄部が一体のムクリーマ，刃部が筒形になっていて，それ

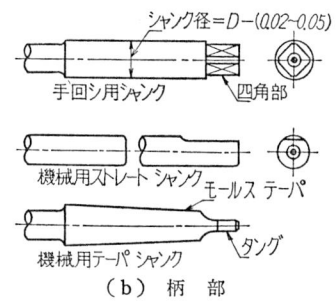

(a) 刃部　　　(b) 柄部

8・2図　リーマ各部の名称．

に柄を組み合わせて使うシェルリーマ，刃の取り替エおよび寸法の調整ができる調整リーマなどがある．また，平行穴の仕上ゲに使う平行リーマと，テーパ穴の仕上ゲに使うテーパリーマに分けることができる．刃部の形状・寸法は，工作物あるいは使用目的によって定められるが，ふつう JIS にもとづいてつくられる．

（1）刃 部　刃部のミゾ（Flute）は，切レ刃の強度および切レ刃の状態

を考えて成形されている．

8.3 図 (a) は並形，同図 (b) は強力形を示したものである．強力形は荒ラ作業に適している．刃数はリーマの種類・直径によって異なり，JIS で標準を規定している．さらに，8.4 図 (a) のように，刃をリーマの軸線に平行にしたもの (Straight) と，同図 (b) のようにネジレ刃にしたもの (Spiral) とがある．平行刃は，8.5 図に示すように，刃を不等間隔にし，直径を測定しやすくするため，相対する辺は，軸心をふくむ同

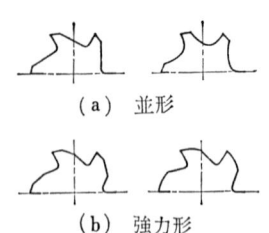

(a) 並形

(b) 強力形

8.3 図　リーマ刃部の断面形．

(a) 平行刃　　　　(b) ネジレ刃

8.4 図　リーマ刃部の外形．

一平面上におくのがふつうである．すなわち，偶数刃で等間隔の場合は，ビビリが大きいが，不等間隔にすればビビリを防止する効果がある．また，ネジレ刃は，右巻キのものはリーマが進みすぎるので，ふつう左巻キにする．左巻キにすると切削抵抗はやや大きくなる．このネジレによって，ビビリの防止ができ，キーミゾなどのある不規則な穴でも刃が食い込まない．

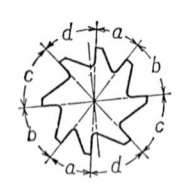

8.5 図　平行リーマ切レ刃の間隔．

リーマは先端が下穴にはいり，**食イツキ部** (Chamfer) で切削が行なわれる．しかも，この切削は，食イツキ部の全刃数で行なわれることが必要で，もし均一に行なわれないと，穴の内面に段がつき，真円に仕上がらなかったり，リーマが動揺してビビリを生じたりする．はなはだしい場合は刃を欠くおそれもある．

食イツキ角 (Chamfer angle) は，ジョバース リーマの約 1° のものからチャッキング リーマの 45° まで種種の大キサがある．食イツキ角が大きな

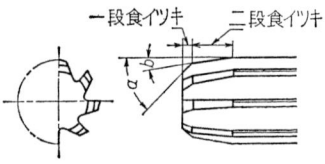

8.6 図　リーマの二段食イツキ．

8・1 リーマ

ものは，穴が拡大したり，内面に削リキズがついたりする場合がある．

また，角度が小さいものはきれいに仕上がるが，切削抵抗が大きくなり，粘り強い工作物の場合は，リーマを破損することがある．

食イツキ部と外周部とのカドが摩耗しやすいので，それを防ぐためにカドを円弧にするか，8・6 図のように，二段食イツキにする．この場合，一段食イツキ角は 30〜45°，二段食イツキ角は 1〜10° にとるのがふつうである．

ランド（Land）には，当タリ部と二番面とがあり，当タリ部は，ランドの切レ刃と二番面との間にある円筒研削部分で，リーマ作業に安定性をもたせ，穴を高精度に仕上げるとともに，リーマの寿命を長くする効果がある．当タリ部の幅が小さすぎる場合は，摩耗・刃欠ケ・ビビリの原因となり，大きすぎる場合は切削抵抗が大きく，リーマを破損するおそれがある．種類および直径により 0.1〜0.6 mm にとられているが，テーパ リーマ・アジャスタブル リーマの植エ刃には当タリ部をつけていない．

二番面の摩擦を少なくし，各刃の切削が容易に行なわれるように，各刃の当タリ部の背部に**二番角**（Relif angle）がとってある．二番角が小さすぎると切レ味が悪く，大きすぎると刃欠ケ・カジリ・またはビビリが起こりやすい．

食イツキ部の二番は，刃欠ケやビビリなども起こさない程度に大きくとったものの方がよい．外周部の二番角は，5〜10° にとられている．

リーマは，ドリルと同じように，切削抵抗を少なくするため，先端から柄に向かうにしたがい，直径を少し細くしてテーパになっている．これを**バック テーパ**（Back taper）という．バック テーパが小さすぎるとビビリを起こし，大きすぎると当タリ部によって仕上ゲ作用ができなくなり，リーマの寿命や仕上ゲ面のアラサに影響が現われる．JIS ではバック テーパを 8・1 表のように定めている．

8・1 表　リーマのバック テーパ（単位 mm）．

種　　類	バック テーパ (100mm につき．)
手回シリーマ	0.01〜0.015
チャッキングリーマ	0.02〜0.03
ジョバースリーマ	0.01〜0.015
ブリッジリーマ	0.02〜0.03
シェルリーマ	0.02〜0.03

（**2**）**柄部**　柄部（Shank）は，ストレートになったものと，テーパのものとがある．リーマはその使用方法によって，8・2 図（b）に示したように，手回シ用と機械用とに分けられるが，手回シ用リーマの柄部は，ストレートになっている．ストレート柄の一端はリーマ回シに取り付けられるように，四角になって

いる．

　機械作業用リーマの柄部は，ストレートとモールス テーパの2種類があり，呼ビ径に対するテーパの大キサはドリルとまったく同じである．

2. 手回シ リーマ

　手回シ リーマ (Hand reamer) は，下穴を手仕上ゲで正確な穴にするリーマである．形状・寸法を JIS で規定している．

　8·7 図に示すように，下穴に案内の役目をする約 1° の食イツキ角がある．柄の径 d は，リーマの直径 D より 0.02～0.05 mm 細くなっているので，リーマ穴に通すことができる．寸法は 0.5～75 mm のものが定められている．

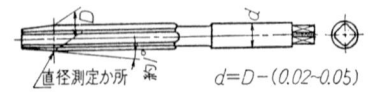

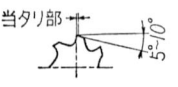

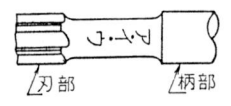

$d = D - (0.02 - 0.05)$

8·7 図　手回シ リーマ

　材質は，高速度鋼2種（SKH2），またはこれと同等以上のもので，刃部のカタサは Hv 746 (H$_R$C 62) 以上を標準としている．

8·8 図　手回シ リーマの記号の位置．

　リーマには，8·8 図に示すように，ア・イ・ウの位置に，刃部を下にして横書きに記号が入れてある．アは直径 D，イは材質記号，ウは製造者名またはその略号になっている．

3. テーパ リーマ

(1) モールス テーパ リーマ

　8·9図は，モールス テーパリーマ (Morse taper reamer) を示したものである．同図 (a) の仕上ゲ用と同図 (b) の荒ラ仕上ゲ用とがある．荒ラ仕上ゲ用には，同図のように刃に切リ欠キをつくって削リ クズを切リ，切削抵抗を小さくするようにしてあり，刃の直径は仕上ゲ リーマよりも 0.25 mm 小さい．

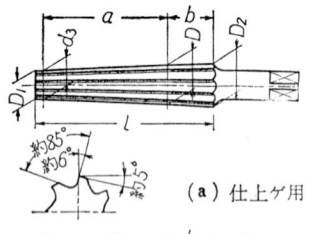

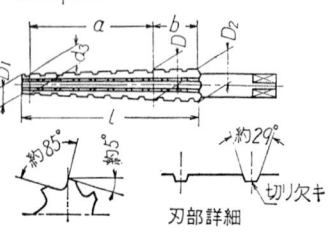

(a) 仕上ゲ用

(b) 荒ラ仕上ゲ用

8·9 図　モールス テーパ リーマ

8・1 リーマ

8・2表 モールス テーパ リーマの寸法 (JIS B 4401 仕上ゲ用) (単位 mm)

モールステーパ番号	モールス テーパ	D	l_1	b	D_2	d_3	D_1	a
0	1 : 19.212 = 0.052050	9.045	61	17	9.722	6.7	6.547	45.052
1	1 : 20.047 = 0.049882	12.065	66	18	12.863	9.7	9.571	47.411
2	1 : 20.020 = 0.049951	17.780	79	19	18.679	14.9	14.733	57.658
3	1 : 19.922 = 0.050196	23.825	96	22	24.829	20.2	20.010	72.217
4	1 : 19.254 = 0.051938	31.267	119	23	32.410	26.5	26.229	91.784
5	1 : 19.002 = 0.052626	44.399	150	26	45.767	38.2	37.873	117.793
6	1 : 19.180 = 0.052138	63.348	208	33	65.016	54.8	54.172	163.951
(7)	1 : 19.231 = 0.052000	83.058	275	35	84.878	71.1	70.578	229.964

〔注〕 JIS 荒ラ仕上ゲ用の寸法は, D, D_2, d_3, D_1 の仕上ゲ用寸法より 0.25 mm 小さい. モールス テーパ番号の (7) は, なるべく用いない.

JIS では 8・2 表のように標準寸法を規定している.

(2) テーパ ピン リーマ 8・10図は 1/50 のテーパ ピン穴を仕上げるテーパ ピン リーマ (Taper pin reamer) で, 機械用と手回シ用がある.

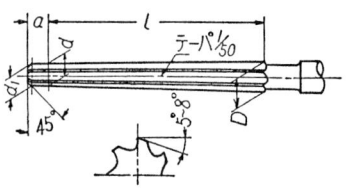

8・10 図 テーパ ピン リーマ

8・3表 テーパ ピン リーマの寸法 (単位 mm)

d	D	l_1	d_1	l	a	d	D	l_2	d_2	l	a
0.6	0.88	19	0.5	14	5	7	9.28	119	6.9	114	5
0.8	1.18	24	0.7	19	5	8	10.72	141	7.9	136	5
1	1.46	28	0.9	23	5	10	13.16	163	9.9	158	5
1.2	1.74	32	1.1	27	5	13	16.74	194	12.86	187	7
1.6	2.24	37	1.5	32	5	16	20.52	234	15.84	226	8
2	2.86	48	1.9	43	5	20	25.2	270	19.8	260	10
2.5	3.46	58	2.4	48	5	25	30.94	310	24.74	297	13
3	4.16	63	2.9	58	5	30	36.06	318	29.7	303	15
4	5.4	75	3.9	70	5	40	46.3	335	39.6	315	20
5	6.64	87	4.9	82	5	50	56.53	351	49.5	326	25
6	7.88	99	5.9	94	5						

（3）パイプリーマ　8・11 図はパイプソケットの内径をコウ配に仕上げたパイプリーマ（Pipe reamer）である．刃は管用タップと同様に $1/16$ のテーパになっている．

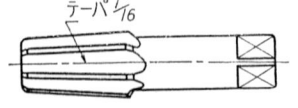

8・11 図　パイプリーマ

4. 機械リーマ

機械リーマ（Machine reamer）はボール盤・旋盤などの工作機械に取り付けて使うリーマで，つぎのようなものがある．いずれも手回シ用の角柄に対し，モールステーパシャンクまたはストレートのシャンクがついている．表示記号は手回シリーマと同じであるが，モールステーパシャンクのものは，その番号（No.）を直径と材料記号の間に記入している．

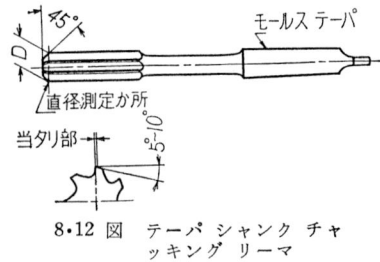

（1）チャッキングリーマ　チャッキングリーマ（Chucking reamer）は，高い仕上ゲ精度を必要としない穴の仕上ゲ用に用いる．8・12 図のように，食イツキ角は $45°$ にとり，刃の長サは手回シリーマより短い．

8・12 図　テーパシャンクチャッキングリーマ

8・13 図は**ロースチャッキングリーマ**（Rose chucking reamer）で，仕上ゲ精度をとくに必要としない下穴の荒ラ仕上ゲや，黒皮面の下穴をくり広げる場合に用い，先端が切レ刃になっていて，黒皮面の下穴を加工する場合は，刃先が損傷しやすい．したがって，あらかじめ穴を面取リしておいて作業する方がよい．

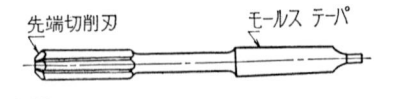

8・13 図　ローズチャッキングリーマ

（2）ジョバースリーマ　ジョバースリーマ（Jobers reamer）は，機械用の正確な穴仕上ゲに用い，一般にこれを**マシンリーマ**と呼んでいる．8・14 図のように，刃部は手回シリーマと同じようにつくられている．

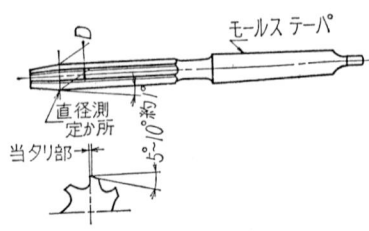

8・14 図　ジョバースリーマ

（3） **ブリッジ リーマ**　ブリッジ リーマ(Bridge reamer)は，8・15図のように，刃部テーパを直径によって $1/15, 1/12, 1/13$ にとって食いつきやすくし，刃も荒ラ作業に適するように強くしてある．8・16図のように精度が必要でない形

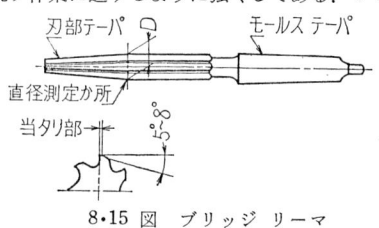

8・15図　ブリッジ リーマ

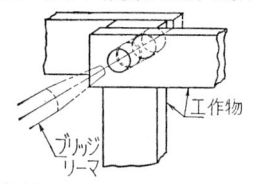

8・16図　ブリッジ リーマによる食イ違イの修正．

鋼の組ミ立テ・製カン作業などで，リベット穴・ボルト穴をさらえたり，食イ違イを修正したりするリーマで，主として電気ドリルに取り付けて使用する．

5.　シェル リーマ

シェル リーマ (Shell reamer) は**筒形リーマ**ともいい，直径の大きい穴仕上ゲに用いられる．8・17図のように中空につくられた刃部と，別につくられたアーバ（柄部）とを組み合わせて使用するリーマで，チャッキング リーマと同じ目的に使用される．アーバ差シ込ミ穴は $1/50$ のテーパにつくられ，ストレートのものとテーパ シャンクのものとがある．

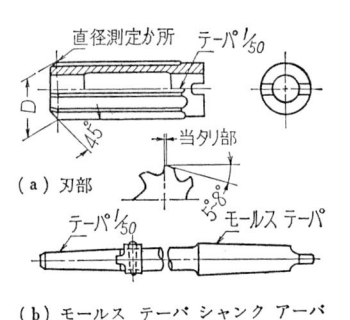

(a) 刃部

(b) モールス テーパ シャンク アーバ

8・17図　シェル リーマ

6.　調整リーマ

高精度の仕上ゲには適しないが，簡単な調整によって比較的正しい寸法が得られる．また，ある範囲内の直径の穴を，調整により1本のリーマで仕上げることができるので，修理工場などで広く使用される．

（1） **アジャスタブル リーマ**　アジャスタブル リーマ(Adjustable reamer, 8・18図)は，ボデーのコウ配 θ のついたミゾにそって，両側の締メ付ケ ナットを回して植エ刃の位置を移動させ，測定器で測り，所要の直径になったら，両側の締メ付ケ ナットを植エ刃の方に締めて固定する．植エ刃の材質は，合金工具鋼(SKS2)・高速度鋼(SKH2, SKH6)，またはこれと同等以上のものを用い，

調整範囲は8・4表のように決められている。表示記号は8・19図に示すア・イ・ウ・エの位置に，呼ビ寸法記号・調整範囲・製造者名またはその略号，植エ刃の材料を刻印している。このリーマは刃先が破損しても取り替エのできるのが特徴であるが，1枚だけ欠けても，新興の刃があることは切削の不均衡を生じるので，全部を新しい刃に取り替えることが必要である。

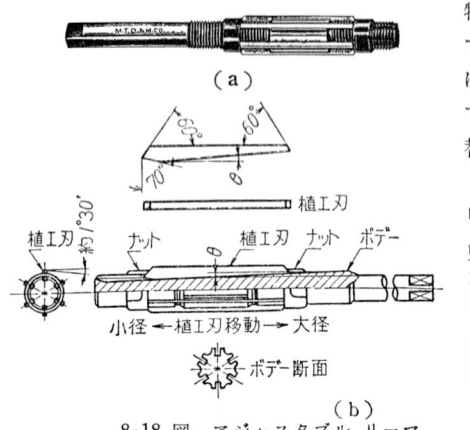

（2）エキスパンションリーマ エキスパンションリーマ (Expansion ream-

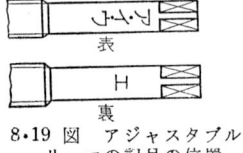

8・18図 アジャスタブル リーマ

8・19図 アジャスタブル リーマの記号の位置。

8・4表 アジャスタブル リーマの調整範囲 (JIS B 4412)。

呼ビ寸法 mm	記号	調整範囲 mm	呼ビ寸法 mm	記号	調整範囲 mm
4.76	(12A)	4.76～5.16	16.75	(D)	16.75～18.25
5.16	(11A)	5.16～5.56	18.25	(E)	18.25～19.75
5.56	(10A)	5.56～5.95	19.75	(F)	19.75～21.5
5.95	(9A)	5.95～6.35	21.5	(G)	21.5～23.75
6.35	(8A)	6.35～7.15	23.75	(H)	23.75～27
7.15	(7A)	7.15～7.95	27	(I)	27～30.25
7.95	(6A)	7.95～8.7	30.25	(J)	30.25～34.25
8.7	(5A)	8.7～9.5	34.25	(K)	34.25～38
9.5	(4A)	9.5～10.25	38	(L)	38～46
10.25	(3A)	10.25～11	46	(M)	46～56
11	(2A)	11～12	56	(N)	56～70
12	(A)	12～13.5	70	(O)	70～85
13.5	(B)	13.5～15	85	(P)	85～100
15	(C)	15～16.75			

er)は，8・20図に示すように，刃部は中空につくられ，刃ミゾの数か所にスリ割りがしてある．したがって，刃は両端で連絡し，この中空部に調整用のテーパ軸をねじ込めば，刃の中央は円周に対し均等にふくらむ．測定器でこの最大径を測り，直径を調整するのである．

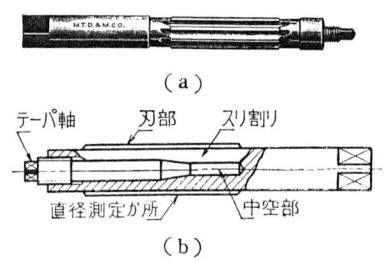

(a)
(b)
8・20図 エキスパンション リーマ

このリーマは，ハメアイの程度を適当に修正する場合など，直径の $25/1000$ mm 内のごくわずかな穴の拡大に使用する．刃をあまりふくらませると，リーマを破損させるおそれがある．

7. その他のリーマ

（1）センタ リーマ　センタ リーマ(Center reamer)は，センタ フライスともいい，センタ ドリルと同じように，ドリルであけられた穴を正確なセン

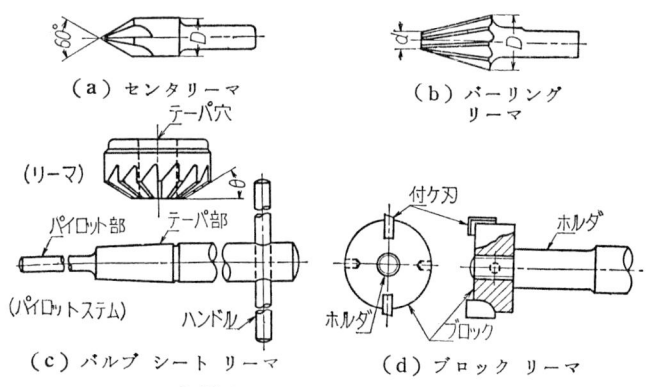

(a) センタリーマ
(b) バーリング リーマ
(c) バルブ シート リーマ
(d) ブロック リーマ
8・21図　各種のリーマ．

タ角度に上げるとき，または修正するときに使用する．8・21図(a)のように，切レ刃の角度は $60°$ で，呼ビ径 D は $8〜18$ mm のものがあり，ストレート シャンクになっている．

（2）バーリング リーマ　バーリング リーマ (Burring reamer) は，同図(b)のように，外形は円スイ状で穴に入りやすくしてあり，手動によって

パイプ穴などの入リロのカエリをさらえるのに使用する．柄が角柄のものと丸柄のものとがある．

（3） バルブ シート リーマ　バルブ シート リーマ（Valve seat reamer）はバルブ シート カッタともいい，同図（c）に示すようなリーマである．角度 θ が 15°，30°，45，65°，75° のものがある．テーパ穴にパイロット ステム（Pilot stem）のテーパ部を差し込み，パイロット部を案内にしてハンドルを回し，自動車など内燃機関のバルブ シートの摩耗修正に使用する．

（4） ブロック リーマ　ブロック リーマ（Block reamer）は，同図（d）に示すように，ブロックに超硬合金または高速度鋼の刃をロウ付ケまたはネジ止メにして，植エ刃し，ホルダ先端のネジにブロックを取り付け，大径穴を仕上げる場合に使用される．

8・2 リーマ作業

1. リーマ下穴

リーマ作業をするには，8・22 図のように，仕上ゲシロを残した下穴を正確にあけなければならない．仕上ゲシロが多すぎると，切削力を多く必要とし，切レ刃が早く損耗して，リーマの寿命を短くする結果になり，さらにリーマの

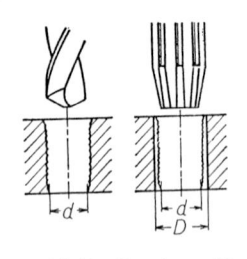

d…下穴径　D…リーマ径
$D-d=$リーマの仕上ゲシロ
8・22 図　リーマ作業

8・5 表　リーマ作業の仕上ゲシロ．
（単位 mm）

リーマの径．	仕上ゲシロ
0.8〜1.2	0.05
1.2〜1.6	0.1
1.6〜3	0.15
3 〜6	0.2
6 〜18	0.3
18 〜30	0.4
30 〜100	0.5

ミゾに切り粉が詰まり，穴の仕上ゲ面をかじったりして仕上ゲ精度が悪くなる．仕上ゲシロが少なすぎると，切レ刃が穴面を空転しがちで，早く切レ味をそこない，ドリルなどであけた下穴の削リアトがとれず，よい仕上ゲ面にならない．どれだけの仕上ゲシロにしたらよいかは,工作物の材質，リーマの種

8・2 リーマ作業

類などによっても違うが，ドリルで下穴をあける場合は，8・5表に示したとおりである．下穴の精度がよい場合は，この値より小さくしてもよい．

2. リーマ作業

（1） **リーマの選択** 工作物の材質および工作条件によって，リーマを選ぶのであるが，工作物の材質が鋼の場合には，穴径は拡大する傾向にあり，軽合金・銅・砲金の場合は縮小する傾向にある．したがって，軽合金・銅・砲金にリーマを通すときは，新しいリーマを使用するとよい．

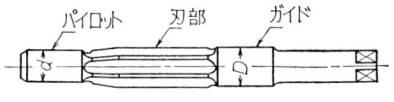

リーマ穴の深サは，ふつう直径の2倍ぐらいを標準とするが，それよりも深い穴または反対に浅い薄板の穴，あるいは段付キの穴の場合には，8・23図のように，刃部の前後に下穴にそうパイロットと，仕上ゲ穴にそうガイドの付いたリーマを使うか，ジグによって作業をする．こうするとリーマの動揺や刃の傾斜を防ぐことができる．

8・23図 パイロット ガイド付キ リーマ

（2） **手回シによるリーマ作業** 手回シ リーマ柄の四角部が作業に応じた適当な大キサのリーマ回シを選んで取り付ける．大きすぎるもの，または四角部の合わないものを使用すると，力が入りすぎたり，振れたりしてリーマを切損することがある．

リーマ作業は，なるべく垂直の状態で作業ができるように工作物を固定し，8・24図のように，リーマ回シの両端を持ち，リーマを下穴の中心線と一致するように立て，

8・24図 手回シ リーマの通しかた．

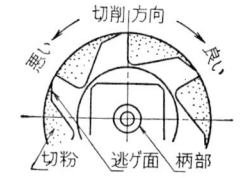

8・25図 リーマの切削方向．

力を入れすぎたり，こじたりしないように注意し，8・25図のように，ゆっくと一定の速サで，右回シに切削する．この場合，適当な切削剤を用いるとよい結果が得られる．きしむとき，または抜きとるときでも，決して逆転させてはい

けない．逆転させると，穴の内側と刃の逃ゲ面との間に切り粉が詰まり，その切り粉が穴の仕上ゲ面をかじってキズをつけ，切レ刃を損傷するからである．

(3) テーパ リーマによるリーマ作業 ドリルだけで下穴をあけてテーパに仕上げるには，できるだけリーマの抵抗を少なくするため，8・26図に示すように，仕上ゲ シロを残した小径と大径との間（これをリーマ シロという．）を数段に等分し，仕上ゲ後に段が残らないよう正確な深サに穴をあけ，テーパ リーマで仕上げる．また，平行穴から直接テーパ穴にするときには，まず刃部に切リ欠キのある荒ラ仕上ゲ リーマで削ってから，仕上ゲ リーマでさらえる．

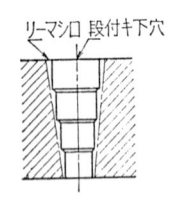

8・26図 テーパ リーマの下穴．

テーパ リーマは，手回シ リーマのようには振れないが，先端が細くテーパ全体で切削するため，切り粉がミゾに詰まりやすい．とくに細いテーパ ピン リーマは折れやすいから，ときどき抜き出して切り粉をとり，切削剤も充分に使い，力を入れすぎないよう注意することがたいせつである．

(4) 機械によるリーマ作業 機械用リーマは，8・27 図のようにボール盤などに取り付けて使用するが，機械やソケットなどの精度が悪いと，リーマが食い込んだり，振レを起こしたりするのでよい仕上ゲ面は得られない．

機械リーマでは，8・28 図のように，下穴の中心線とリーマの中心線とを正確に一致させるため，下穴をドリルであけた直後リーマに付け換え，工作物を動かさず同じ状態で通せば，下穴ドリルとリーマの中心線は完全に

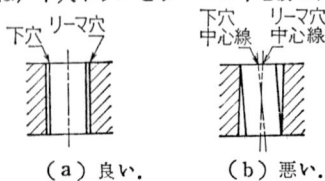

(a) 良い． (b) 悪い．

8・27 図 機械リーマの通しかた． 8・28 図 下穴とリーマとの関係．

一致し，仕上ゲ シロの分だけ平均に削られる．8・28図 (a) は，その状態を示したもである．もし下穴アケとリーマ通シとを工作物の位置をかえて行なうと，ボール盤のスピンドルとテーブル面が直角でない場合は，中心線は同図

8・2 リーマ作業

(b)のように,食イ違イができて斜めになり,リーマの仕上ゲ精度が悪くなり,リーマの寿命も短くなる.

また,8・29 図のように,食イツキ部のテーパが抜け出るまで通さないと,規定寸法に仕上がらない.そのため食イツキ角の小さい仕上ゲリーマは,あらかじめ食イツキ部の長サを測って完全に通るようにする.とくに機械作業で自動送リをかけるときは,切削音のほかにはなんの抵抗感もないため,途中まで通しただけで気付かずに作業を終わり,あとで困ることがある.

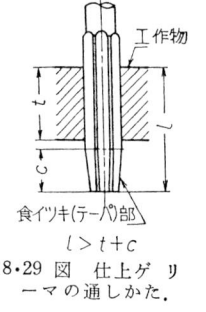

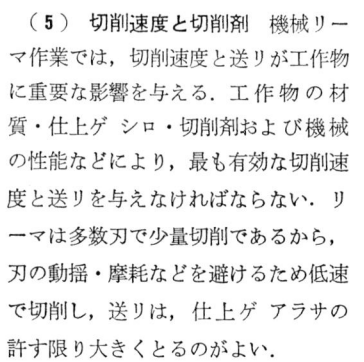

8・29 図 仕上ゲリーマの通しかた. $l > t + c$

(5) 切削速度と切削剤 機械リーマ作業では,切削速度と送リが工作物に重要な影響を与える.工作物の材質・仕上ゲシロ・切削剤および機械の性能などにより,最も有効な切削速度と送リを与えなければならない.リーマは多数刃で少量切削であるから,刃の動揺・摩耗などを避けるため低速で切削し,送リは,仕上ゲアラサの許す限り大きくとるのがよい.

8・6 表 リーマの切削速度.

切削材料		切削速度 (m/min)
鋼 鋳 鋼	硬 質	3〜4
可鍛鋳鉄 鋳 鉄	中硬質	4〜5
硬質青銅	軟 質	5〜6
青 銅	硬 質	8〜10
黄 銅	中硬質	10〜12
アルミニウム	軟 質	12〜15

8・7 表 リーマの送リ.

リーマの径 (mm)	工作物の材質による送リ (mm/rev).	
	鋼・可鍛鋳鉄・鋳鋼・硬質青銅	鋳鉄・青銅・黄銅・アルミニウム
1〜 5	0.3	0.5
6〜10	0.3〜0.4	0.5〜1.0
11〜15	0.3〜0.4	1.0〜1.5
16〜25	0.4〜0.5	1.0〜1.5
26〜60	0.5〜0.6	1.5〜2.0
61〜100	0.6〜0.75	2.0〜3.0

8・6 表は一般に使われる高速度鋼リーマの1分間当たりの外周速度を示したもので,8・7 表はリーマの1回転に送られる深サを示したものである.しかし,この数値は,機械・工具・仕上ゲ精度・下穴の状態などによって多少は違ってくる.切削速度からスピンドルの回転数を求める計算は,さきに述べたドリルの回転数の計算のしかたと同じである.

切削剤は,ドリルの場合と同じように,材質に応じて使用するが,切削量が

少ないので，刃先の冷却よりも主として切り粉を流し，精度のよいきれいな仕上ゲ面を得るために使用する．鋳鉄・黄銅など被削性のよい材料に対しては，切削剤を使わなくてもよい．

（6） リーマの摩耗と研削 リーマは主として食イツキ部と外周部のカドで切削するので，8・30 図に示すように，カドから摩耗が始まり，順次上方に及んでいく．摩耗すれば刃の精度が悪くなることはいうまでもない．

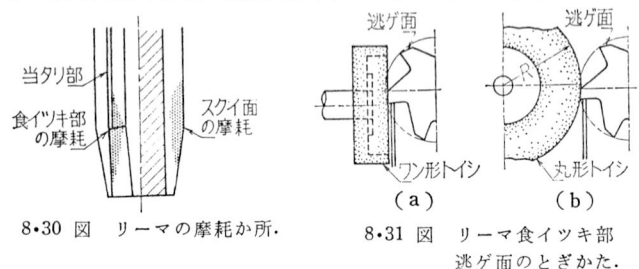

8・30 図 リーマの摩耗か所．

8・31 図 リーマ食イツキ部逃ゲ面のとぎかた．

摩耗したリーマは，早めにトギ直シすると，寿命を延ばすことになる．リーマのとぎかたは，8・31図のように，食イツキ部の逃ゲ面を，工具研削盤によって摩耗アトのなくなるまでとり，必要な逃ゲ面をつける．この場合，同図（a）のように，ワン形トイシを使えば，逃ゲ角は直線で正しく研削され，刃先も強くてよいが，同図（b）のように，丸形トイシを使う場合は，円弧 R に研削されるので，できるだけ大径のものを用いないと刃先が弱くなる．またスクイ面の摩耗は，8・32 図のように油トイシを当て，当タリ部がなくならないように注意してとげばよい．

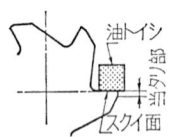

8・32 図 リーマスクイ面のとぎかた．

練習問題

問題 1 回転軸穴の仕上ゲで，ドリルでの穴アケの後リーマ通シするのはなぜですか．
問題 2 リーマの切削速度と送りとの関係は，ドリルの場合とどのように違いますか．
問題 3 つぎのリーマ作業には，どのようなリーマを使いますか．
　① キー ミゾのある穴． ② 機械で行なう精度の高い穴． ③ 形鋼の組ミ立テで食イ違イを修正する場合． ④ 穴を少し大きく修理する場合．
問題 4 リーマはドリルより，精度上の寿命が短いのはなぜですか．

9章 ネジ立テ作業

ネジは，円筒の外面または穴の内面に三角形・四角形などのミゾをラセン状に切ったものである．外面に切ったものがオネジになり，内面に切ったものがメネジになって，この両者がはまりあってネジの役目をする．

これらのネジは，旋盤で切ることもあり，ミゾをつけた丸コマ型,または平らな型で押しつぶして切る転造法という方法によってつくることもあるが，**タップ**（Tap）という手工具を使ってメネジを，**ダイス**（Die）という工具を使ってオネジを切ることもできる．しかし，タップやダイスで切ることができるネジの外径は，せいぜい 50 mm までである．小径のネジを切るときはタップやダイスはきわめて便利なネジ切リ工具である．

9・1 図 タップ

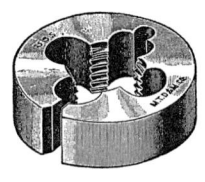

9・2 図 ダイス

タップでネジを切ることを**ネジ立テ**（Tapping）といい，ネジ立テをするには，まず工作物に適当な寸法のネジ下穴を正確にあける．この穴アケに使うドリルを**ネジ下ギリ**という．

9・1 タップ

1. タップの形状

タップはふつう 9・3 図のように，ネジ部と柄部とからできている．

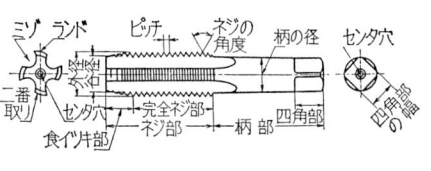

ネジ部（Thread）の工作のしかたによって，タップは研削タップ（Ground tap）と非研削タップ（Cut tap or Rolled tap）とに分けられる．

9・3 図 タップ各部の名称．

前者は，研削して高精度に仕上ゲしたものであり，後者は転造または切削しただけのものである．

ネジ部をさらに分けると,先端のテーパになっている食イツキ部と,完全ネジ

部とからなっている．**食イツキ部**（Chamfer）は，タップの先端がネジ下穴にはいり，切レ刃が順次食いついて，下穴に食い込みやすいようにした部分で，ネジ立テにおいては，食イツキ部のコウ配切レ刃が切削の役目をし，完全山部は主としてネジ立テの案内の役目をする．その形状および寸法は，ふつう JIS の規格によってつくられる．

切レ刃のコウ配部分が長すぎると，各刃にかかる力すなわち荷重分担は小さいが，切削に時間がかかり，短いと荷重が大きくなる．ふつう手回シタップは，食イツキ部の長サを変えたもの3本を一組にし，機械タップは，食イツキ部を長くして1本でメネジを切る．

バイトと同じように，切削を容易にするため，9・4 図に示すように，刃先をするどくするための切削面の**スクイ角**（Rake angle）をつける．この角度は，工作物の材質によって 9・1 表のようにとっている．

9・4 図 タップのスクイ角とランドの二番角．

摩耗を少なくして各刃の切削が容易に行なわれるように，各刃の背部に**二番角**（Land relief angle）をとる．9・4図（a）のように，刃の外周全部に二番をとってあると，切レ味はよいが，刃の内面を研削した場合，ネジの直径が小さくなる．したがって，同図（b）のように，刃の幅の1/3を同心円とし，残り2/3に二番角を与えるようにする．9・1 表は，工

9・1 表 タップのスクイ角とランドの二番角．

切削材料	スクイ角(°)	二番角(°)	切削材料	スクイ角(°)	二番角(°)
低 炭 素 鋼	8〜12	7〜10	黄銅・青銅(軟)	7〜10	6〜10
中 炭 素 鋼	7〜10	4〜 8	黄銅・青銅(硬)	4〜 6	4〜 8
高 炭 素 鋼	4〜 7	3〜 6	ステンレス鋼	10〜12	3〜 8
快 削 鋼	8〜10	4〜 8	耐 熱 鋼	8〜15	3〜 8
鋳 鋼	8〜15	3〜 8	高 速 度 鋼	5〜10	3〜 6
ニッケルクロム鋼	8〜15	3〜 6	銅	15〜18	6〜10
モリブデン鋼	8〜12	3〜 6	軽 合 金	15〜18	6〜10
特殊工具鋼	6〜12	4〜 8	プラスチック ベークライト	2〜 6	7〜10
ダ イ ス 鋼	5〜10	3〜 6			
鋳 鉄	0〜 5	3〜 6			

9.1 タップ

作物の材質別によるランドの二番角を示したものである。

食イツキ部の切レ味をよくするためには、ランドの場合と同じように、工作物の材質によって、9・2 表のように食イツキ部の二番角 (Chamfer relief angle) をとる。この場合、逃ゲ面は円スイ面をしている。

9・2 表 タップの食イツキ部の二番角.

切削材料	二番角
硬 質	4°～6°
中 質	6°～8°
軟 質	8°～12°

タップのミゾ (Flute) は、切レ刃をつくり切リ粉をためる役目をする。ミゾの数はタップによって異なり、JIS では、種類・直径・ピッチによって、2, 3, 4, 6 条を規定している。偶数のものは寸法の測定がしやすく、奇数のものは食い込ませやすいという特徴がある。

柄 (Shank) はふつう直柄で、頭部は四角になっている。柄の径は、ネジの谷径よりわずかに小さくしてあるが、手回シ タップの小径のものは、強度の点から、メートル ネジ 6 mm 以上のものではネジ径と同じに、5 mm 以下のものは反対に大きくなっている。

2. 等径手回シ タップ

等径手回シ タップ (Ordinary hand tap) は、手仕上ゲでいちばん多く使に先 タップ (Tapper tap)・中 タップ (Plug tap)・上ゲ タップ (Bottoming tap) の3本で一組ミになっている。先 タップは、1番タップ・荒ラ タップ・テーパ タップなどともいい、下穴に最初のネジを立てるのに使う。中 タップは2番タップともいい、先 タップのつぎに使う。上ゲ タップは3番タップとも仕上ゲ タップともいい、これで最後の仕上ゲをする。

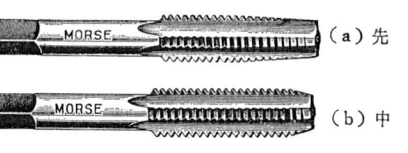

(a) 先
(b) 中
(c) 上ゲ

9・5 図 等径手回シ タップ

9・6 図 等径手回シ タップのネジ部.

ネジ部は、9・6 図に示すように、3本の食イツキ部の長さがそれぞれ違っているが、ネジ径は同じになっている。食イツキ部の標準は、先タップ9山、中タップ5山、上ゲタップ1.5山がコウ配になっている。ネジの種類に

応じて，メートル ネジ・ウィット ネジ・ユニファイ ネジの並目および細目系ネジ用がある．

タップの材質は，炭素工具鋼（SK 3）・合金工具鋼（SKS 2, 21, 3）・高速度鋼（SKH 2, 3, 4, 5）でつくられ，カタサは $H_V 660\sim830$（$H_RC 58\sim65$）になっている．

タップは，そのネジ部の精度により，1級・2級・3級および4級の4等級があり，1級はこれをaとbの2種類に分けている．精度は1級aが最も高く，4級は低い．

タップの柄には，9・7図に示すア・イ・ウ・エ・オの位置に，ネジの呼ビ径・ネジ名，メートル ネジではピッチ，インチ ネジでは25.4 mm（1インチ）間の山数，材質・製造者・等級および右ネジと左ネジの別をそれぞれの記号で記入してある．9・3表に記号の表示例を示す．

9・7図 手回シ タップの記号の位置．

9・3表 手回シ タップの表示例（JIS B 4430）．

項　　目	記　号　例
左ネジの記号	L………… 右ネジの場合は記号をつけない
呼ビ	M8……… メートル並目ネジの場合はピッチを付けてもよい．
ネジ部の材料記号	SKH51
製造業者名またはその略号	
等級の記号	ISO 2

〔備考〕 タップには，シャンク四角部を上または横にして，シャンクに通常，上記の事項を横書きに表示する．ただし，シャンク径が3.9 mm以下のものは，適宜変更または省略しても差しつかえない．

3. 増径手回シ タップ

増径手回シ タップ（Serial hand tap）は，ネジ下穴にタップを立てやすく，メネジの精度をよくするために，タップの外径を数種に分けたもので，ふつう1番タップ・2番タップ・仕上ゲ タップの3本で一組になっている．9・8図に示すように，ネジ部の径は，1番タップが最も小さく，2番タップ・仕上ゲ タップの順序に

9・8図 増径手回シ タップのネジ部．

9・1 タップ

順次増加してあり，仕上ゲタップによって，規定の寸法に加工するようにつくられている．増径率は外径・有効径・谷径を同率で変えたもの，異なる率で変えたもの，または1～2番の切削量を多くして，仕上ゲタップは少なくするものなどいろいろある．9・9図(a)にウイットネジ用の増径率を，同図(b)にメートルネジ用の増径率の一例を示す．

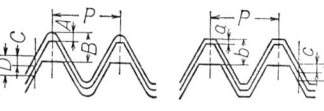

$A=0.17P$　　$a=0.13P$
$B=0.52P$　　$b=0.52P$
$C=0.08P$　　$c=0.08P$
$D=0.16P$　　$d=0.16P$

(a) ウイットネジ　(b) メートルネジ
9・9図　増径タップの増径率（P=ピッチ）．

4. 機械タップ

機械タップ (Machine tap) は，ネジ立テ盤・旋盤などに取り付けてネジを立てるタップである．1本のタップでネジを仕上げるため，9・10図のように，手回シタップに比べてネジ部が長く，食イツキコウ配部の切レ刃の長サは，9・11図のように，ネジ部の長サ l の75%を原則とすることになっている．

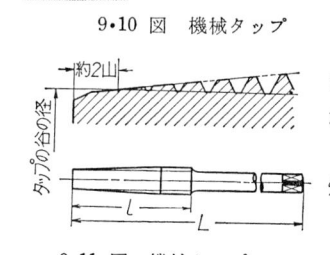

9・10図　機械タップ

9・11図　機械タップの食イツキ部．

全長 L の大小によって，長タップおよび短タップの2種類がある．

等級は，2級および3級の2等級に分け，2級はこれをaおよびbの二つに分けている．材質・記号は，手回シタップに準ずる．JISにはメートル並目ネジ用とウイット並目ネジ用が規定されている．

5. 管用タップ

管用タップ (Pipe tap) は，オイルカップ・ガス管または管継ギ手などの管用ネジ立テに用いるタップで，ガスタップ (Gas tap) ともいう．

9・12図(a)および9・13図(a)のような，テーパネジを切る管用テー

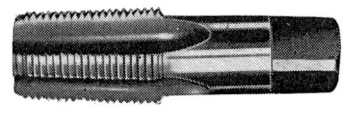

(a) テーパ

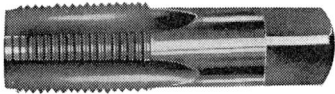

(b) 平行

9・12図　管用タップ

パタップと, 9・12図(b)のような, 平行ネジを切る管用平行タップの2種類がある.

テーパ タップの形は, 9・13図(c)のようにネジの基本形の位置〔同図(a)に示す l および l_1〕によって, 長ネジ形と短ネジ形とに分類される. ウイット ネジ(55°)では, テーパは 1/16 になっている.

食イツキ コウ配部の長サは, テーパ タップでは 2～3 山, 平行タップでは 3～4 山を原則とし, 2級および3級の2等級に分けている.

6. その他のタップ

(1) ベント タップ ベント タップ (Bent tap) は, 9・14図(a)のように, 柄が曲がっているタップで, U字形のものもある. これはネジ立テの終わったナットを, そのまま切レ刃の部分から曲ガリ柄を通り抜けさせ, 自動的に取り出すように考えたもので, 特殊な保持具を備えた自動ネジ立テ盤により, 能率的にナットを生産するときに使われる.

9・13図 管用タップ詳細図

(a) ベント タップ
(b) ガン タップ
(c) プーリ タップ
(d) ドリル タップ
(e) パイプ タップ ドリル

9・14図 各種のタップ (1).

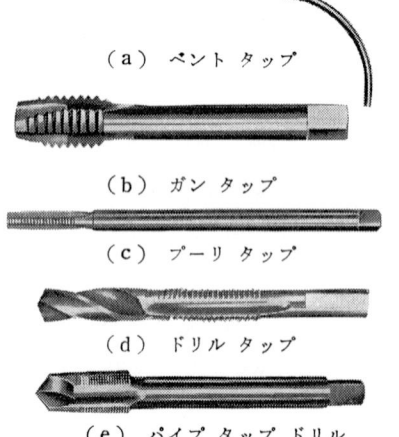

(2) ガン タップ ガン タップ (Gun tap) は, 9・14図(b)のように, タップの食イツキ部と完全ネジ部 1～2 山が, 15° ぐらい左巻キになっている. これは切削抵抗を少なくし, 切リ粉を他のタップのようにミゾ部に出さず, 先方へ押し出すので, ミゾを小さくして刃を強くしてある. したがって通リ穴をあける場合, 粘リ強い鉛・クロム・バナジウム鋼など, 一般のタップでは切削しにくいものに対してぐあいがよく, 高速切削ができる.

9・1 タップ

（**3**）**プーリ タップ**　プーリ タップ (Pully tap) は，プーリのボスにネジを切る場合に使うものである．9・14図（c）のように，柄の部分が長く，柄の直径とネジの外径とをほぼ等しくして，ネジ立テの案内をするようになっている．

（**4**）**ドリル タップ**　ドリル タップ (Drill tap) は，9・14図（d）のように，ドリルとタップを組み合わせたもので，ドリルの直径はネジ下穴の径と同じになっている．したがって，ドリルで下穴をあけて，そのまま続いてネジ立テができる．

（**5**）**パイプ タップ ドリル**　パイプ タップ ドリル (Pipe tap drill) は，9・14図（e）のように，管用タップの先端にドリルがついているものである．ガス・水道管などに，穴アケとネジ立テとを同時に行なうことができる．

（**6**）**控エ ボルト タップ**　控エ ボルト タップ (Stay bolt tap) は，リーマ付キ タップで，9・15 図のように，タップの先方にリーマが付けてあり，リーマでネジ下穴を正確にさらえながらネジ立テをする

9・15 図　控エ ボルト タップ

ことができる．ボイラなどの製カン作業で，控エ ボルトのネジ立テに使用する．

（**7**）**種タップ**　種タップ (Master tap) は，9・16 図（a）のようなタップで，ダイスやチェーザを製作するときの仕上ゲ削リに使用する．ネジの部分は研削により精密につくられている．

（**8**）**シェル タップ**　シェル タップ (Shell tap) は，9・16図（b）のようにネジ部が円筒になっていて，これに柄をはめて使う．直径の大きなタップに，この形式が採用されている．

（**9**）**スパイラル タップ**　スパイラル タップ (Spiral fluted tap) は，

（a）種タップ

（b）シェル タップ

（c）スパイラル タップ

（d）アクメ ネジ タップ

9・16 図　各種のタップ（2）．

ハスバ タップともいい，9・16 図（c）のように，ネジ部がスパイラルになっ

ているので，粘り強い鋼材に対して切レ味がよく，切削面がきれいに仕上がる．とくに切リ粉が柄の方に出るので，メクラ穴のネジ立テに便利であり，回転数を速くした場合によい結果が得られる．

(10) **アクメ ネジ タップ** アクメ ネジ タップ(Acme thread tap)は，台形ネジ タップともいい，9·16図(d)のように，29°の台形ネジをさらえるのに使うタップである．

9·2 ダ イ ス

1. ダイスの形状

ダイスは**コマ**ともいい，9·17図のように，中心線に平行にミゾを切った切リ粉穴がある．

食イツキ部のコウ配（面取リ）は，表側で2～2.5山，裏側で1～1.5山が標準になっている．

外形により丸ダイス（Round die）と角ダイス(Square die)に分けられ，機能によって調整式ダイス（Adjustable die）と固定式ダイス(Solid die)に分けられる．ダイスには，つぎのようなものがある．

9·17 図 ダイスの名称．

2. 割リ ダイス

割リ ダイス (Spilit die) は，9·18図のような丸形がいちばん多く使われている．スリ割リが施してあり，その開閉によってネジ径を調整するようになっている．

切レ刃のスクイ角は，9·19図に示すように，切リ粉穴から5～10°にとられている．刃数および切リ粉穴の形はとくに規定されてはいないが，刃数3枚の小径のものから大径のものになるにつれて，刃数4，5，6枚となっている．

9·18 図 割リ ダイス

スリ割リ部は，調整式のものは，9·20図(a)に示すように，外径 D が20mm以上で，主として手回シ用に使う．同図(b)，(c)のよう

9·19 図 ダイスのスクイ角．

に調整ネジ ナシのうち，D が16mmのものは手回シおよび機械用，D が20mm以上のものは主として機械用に使用する．スリ割リ部を，ダイス回シ

9・2 ダイス

9・4表 割リダイスの寸法表 (JIS B 4451).

(a) メートル並目ネジ用 (抜粋).

呼ビ	ピッチ	外径 D 基準寸法	呼ビ	ピッチ	外径 D 基準寸法
M1	0.25	16	M10	1.5	30
M1.4	0.3	16	M12	1.75	38
M1.6	0.35	16	M14	2	38
M2	0.4	16	M18	2.5	45
M2.2	0.45	16	M24	3	55
M3	0.5	20	M30	3.5	65
M3.5	0.6	20	M36	4	65
M4	0.7	20	M42	4.5	75
M4.5	0.75	20	M48	5	90
M5	0.8	20	M56	5.5	105
M6	1	20	M64	6	120
M8	1.25	25			

(b) ユニファイ並目ネジ用 (抜粋).

呼ビ	ピッチ (参考)	外径 D 基準寸法
No.1 - 64 UNC	0.397	16
No.2 - 56 UNC	0.454	16
No.3 - 48 UNC	0.529	16
No.4 - 40 UNC	0.635	20
No.5 - 40 UNC	0.635	20
No.6 - 32 UNC	0.794	20
No.8 - 32 UNC	0.794	20
No.10 - 24 UNC	1.058	20
No.12 - 24 UNC	1.058	20
1/4 - 20 UNC	1.27	20
5/16 - 18 UNC	1.411	25
3/8 - 16 UNC	1.588	30
7/16 - 14 UNC	1.814	30
1/2 - 13 UNC	1.954	38
9/16 - 12 UNC	2.117	38
5/8 - 11 UNC	2.309	45
3/4 - 10 UNC	2.54	45
7/8 - 9 UNC	2.822	55
1 - 8 UNC	3.175	55
1 1/8 - 7 UNC	3.629	65
1 1/4 - 7 UNC	3.629	65
1 3/8 - 6 UNC	4.233	65
1 1/2 - 6 UNC	4.233	75
1 3/4 - 5 UNC	5.08	90
2 - 4 1/2 UNC	5.644	90
2 1/4 - 4 1/2 UNC	5.644	105
2 1/2 - 4 UNC	6.35	120
2 3/4 UNC	6.35	120

の締メ付ケ程度や調整ネジの出シ入レによって開閉して, 適当な寸法に調整する. 外側の90°の円スイにあけられた穴は, ダイス回シによる締メ付ケ穴である.

ダイスの寸法は, 呼ビ径 (ネジ径) と外径 D によって表わされる. したがって, ダイス回シの大キサは, 外径 D に相応したものを選ばなければならない.

メートル並目ネジ用・ユニファイ並目ネジ用が, 9・4表のように規定されている.

材質は, 合金工具鋼の2種 (SKS 2)・3種 (SKS 3), または, これと同等以上のものでつくられ, カタサは H_RC 58以上とすることになっている.

規定条件で測ったネジ部の精度により, 高級と並級の2等級に分けられている. しかし, あまり精度を必要としない荒ラ削リ用または修理用として, 規格外のものも多く市販されている.

ダイスには9・21図 (a) に示すように, 大形は表に, 小形は同図 (b) のように

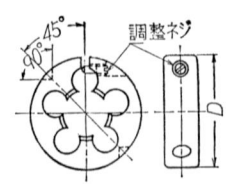

$D=20$ mm 以上
(a) 調整ネジ付キ

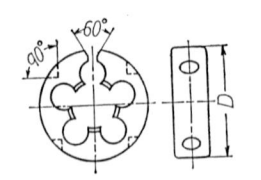

$D=16 \cdot 20$ mm 以上
(b) 調整ネジナシ

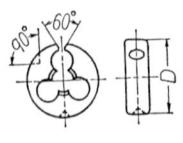

$D=16$ mm 以上
(c) 調整ネジナシ

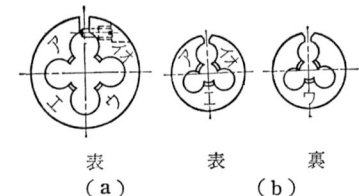

9・20 図 割リダイス規格図

表
(a)

表   裏
(b)

9・21 図 割リダイスの記号の位置
(長い食イツキのある側が表.).

表と裏の両面のア・イ・ウ・エ・オの位置に, ネジの直径・ネジ名・ピッチまたは山数, 材料・製造者・等級および右ネジに対し左ネジの区別を, それぞれ記入してある.

9・5表は, それぞれの表示例を示したものである.

3. ムクダイス

ムクダイス (Solid die) は, 9・22図のように, スリ割リがなく単体のもので,

9・5表 丸ダイスの表示例 (JIS B 4451).

項　　目	記　号　例
左ネジの記号	L……………… 右ネジの場合は記号を付けない
呼ビ	M10 × 1.5……… メートル並目ネジの場合はピッチを付ける. 1/4 -20UNC……… ユニファイ並目ネジ
等級の記号	P……………… 並級の場合は記号を付けなくてもよい.
材料記号	SKS2
製造業者名またはその略号	

〔備考〕 スリ割リ部またはV溝を上にして, 表面に上記の事項を横書きに表示する.
ただし, 表示が困難な場合は適宜変更または省略しても差しつかえない.

9・2 ダイス

同図 (a) のような四角形のもの以外に丸形などがあり，精度の高くないネジや，旋盤などで荒ラ削りしたネジを一定寸法にそろえたりする場合に使用する．同図 (b) はボルトなどのネジをそろえるのに使うダイスで，サラエ ナット という．このほかとくに精度の高いオネジをつくるときに使用する**研削ダイス**(Ground die) がある．

4. その他のダイス

(1) **植エ刃 ダイス** 植エ刃 ダイス (Inserted chaser die) は，ふつう 9・23 図のように，外ワクに4個のチェーザを 1～4 の番号順にはめ，開閉して直径を調整できるようにしたものである．チェーザは，ネジの大キサによって各種あり一つの外ワクにはめかえて使用する．

(2) **管用ダイス** 管用ダイス (Pipe die) は，ガス管などのネジを切る場合に用いる．9・24 図 (a) は植エ刃ダイスの形式でオースタ形といい，4個のチェーザを外ワクにはめ，直径を調整しながら切る．同図 (b) は割リ ダイスの形式でリード形といい，2個の割リ コマを本体にはめ，直径を調整しながら切る．

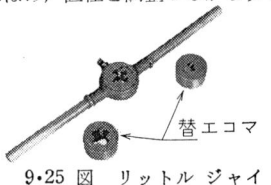

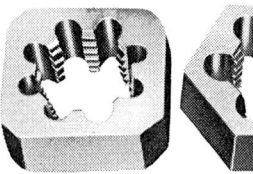

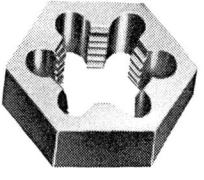

9・22 図　ムク ダイス

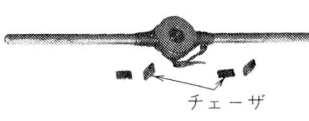

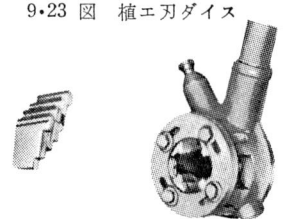

9・23 図　植エ刃ダイス

(a) オースタ形

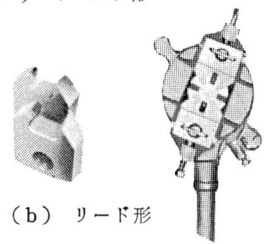

(b) リード形

9・24 図　管用ダイス

(3) **リトル ジャイアント ダイス** リトル ジャイアント ダイス (Little giant die) は，9・25 図のように，角コマをネジによって開閉・調整するもので，小さいものから大きいものまで数個一組ミになっていて，一つのダイス回シには

替エコマ

9・25 図　リトル ジャイアント ダイス

め替えて使用する.

（4） コンベントリ形ダイ ヘッド　コンベントリ形ダイ ヘッド(Conventry type die head) は，9・26 図に示すような機械用のダイスで，これは，ネジを切り終わると自動的にチェーザが開いて，切られたネジに触れずにもとへもどすことができるようになっている. したがって，逆転する必要がなく，能率よくボルトの生産ができる.

9・26 図　コンベントリ形ダイ ヘッド

9・3　タップによるネジ切り

1. ネジ下穴

ネジ下穴をメネジの内径とほとんど変わらないぐらいに小さくあけると，ネジは完全ネジに近くなるが，タップの切削抵抗が大きすぎてタップが回しにくい. また，刃が欠けたり，むりをすればタップが折れたりする. また，ネジ山の50%ぐらいに大きくあけると，タップは立てやすいが，完全なネジ山ができず，ネジも弱くなる. したがって，下穴をあけるときには，ネジ山の深サが75%になるような穴径を標準とするが，工作物の材質，ネジ径と深さとの割り合い，ネジ径とピッチとの割り合いなどを考えて穴径を加減しなければならない. すなわち，鋳鉄のようにもろいもの，または青銅のようにやわらかいものは80%ぐらいにし，合金鋼のようにジン性に富むもの，または銅のようにまくれがでるものには65%ぐらいにする.

下穴の径について，メートル並目ネジ用は 9・6 表，ウイット並目ネジ用は 9・7 表，ユニファイ並目ネジ用は 9・8 表にそれぞれ示す. なお，9・9 表に 55° 管用ネジのネジ下ギリの寸法を示す.

ネジ下ギリの直径は，計算して求めることもできる. いま

$d=$ネジ下ギリの径(mm).　　$D=$ネジの外径(呼ビ径).
$P=$ネジのピッチ.　　　　　　$N=25.4$ mm(1 in)当たりの山数.

とすれば，つぎのようになる.

メートル ネジの場合　$d=D-P$

インチ ネジの場合　$d=25.4 \times D - 25.4 \times \dfrac{1}{N}$

9・3 タップによるネジ切リ

9・6 表 メートル並目用ネジ下ギリの寸法.

ネジの呼ビ (mm)	ピッチ (mm)	オネジ谷の径 (mm)	ネジ下ギリ直径(mm) A 列	ネジ下ギリ直径(mm) B 列	ヒッカカリ率(%) A列の直径に対するもの	ヒッカカリ率(%) B列の直径に対するもの
M 1	0.25	0.676	0.75	0.80	77.2	61.7
M 1.2	0.25	0.876	0.95	1.00	77.2	61.7
M 1.4	0.3	1.010	1.10	1.15	76.9	64.1
M 1.7	0.35	1.246	1.35	1.40	77.1	66.1
M 2	0.4	1.480	1.60	1.65	76.9	67.3
M 2.3	0.4	1.780	1.90	1.95	76.9	67.3
M 2.6	0.45	2.016	2.15	2.20	77.1	68.5
M 3	0.6	2.220	2.40	2.45	76.9	70.5
M 3.5	0.6	2.720	2.90	2.95	76.9	70.5
M 4	0.75	3.026	3.25	3.30	77.0	71.9
M 4.5	0.75	3.526	3.75	3.80	77.0	71.9
M 5	0.9	3.830	4.1	4.0	76.9	85.5
(M 5.5)	0.9	4.330	4.6	4.5	76.9	85.5
M 6	1	4.700	5.0	4.9	76.9	84.6
(M 7)	1	5.700	6.0	5.9	76.9	84.6
M 8	1.25	6.376	6.8	6.7	73.9	80.0
(M 9)	1.25	7.376	7.8	7.7	73.9	80.0
M 10	1.5	8.052	8.5	8.4	77.0	82.1
M 12	1.75	9.726	10.2	10.0	79.2	88.0
M 14	2	11.402	12.0	11.8	77.0	84.7
M 16	2	13.402	14.0	13.8	77.0	84.7
M 18	2.5	14.752	15.5	15.2	77.0	86.2
M 20	2.5	16.752	17.5	17.2	77.0	86.2
M 22	2.5	18.752	19.5	19.2	77.0	86.2
M 24	3	20.102	21.0	20.7	77.0	84.7
M 27	3	23.102	24.0	23.7	77.0	84.7
M 30	3.5	25.454	26.5	26.1	77.0	85.8
M 33	3.5	28.454	29.5	29.1	77.0	85.8
M 36	4	31.804	32.0	31.6	77.0	84.7
M 39	4	33.804	35.0	34.6	77.0	84.7
M 42	4.5	36.154	37.5	37.0	77.0	85.5
M 45	4.5	39.154	40.5	40.0	77.0	85.5
M 48	5	41.504	43.0	42.5	77.0	84.7

〔備考〕

1. ( )をつけた呼ビ径のものは,なるべく使用しないものとする.
2. メートル並目・2級・3級のもので,ネジの長サはネジの呼ビ径にほぼ等しい場合を対象とする.
3. ネジ下ギリの直径は,A列を用いるのをふつうとし,必要によりB列を用いる.

9章 ネジ立テ作業

9・7表 ウイット並目用ネジ下ギリの寸法.

ネジの呼ビ (in)	ピッチ (mm)	オネジ谷の径 (mm)	ネジ下ギリ直径 (mm) A列	ネジ下ギリ直径 (mm) B列	ヒッカカリ率(%) A列の直径に対するもの	ヒッカカリ率(%) B列の直径に対するもの
(W 1/4)	1.2700	4.724	5.1	5.0	76.9	83.0
(W 5/16)	1.4111	6.130	6.6	6.5	74.0	79.5
W 3/8	1.5875	7.493	8.0	7.9	75.0	80.0
W 7/16	1.8143	8.788	9.4	9.3	73.7	80.0
W 1/2	2.1167	9.990	10.7	10.5	73.8	81.2
(W 9/16)	2.1167	11.578	12.3	12.0	73.4	84.4
W 5/8	2.3091	12.917	13.7	13.5	73.5	80.3
W 3/4	2.5400	15.798	16.7	16.5	72.3	78.4
W 7/8	2.8222	18.611	19.5	19.3	75.4	80.9
W 1	3.1750	21.334	22.4	22.0	73.8	83.6
W 1 1/8	3.6286	23.929	25.0	24.8	76.9	81.3
W 1 1/4	3.6286	27.104	28.3	28.0	74.3	80.7
W 1 3/8	4.2333	29.503	30.5	30.3	81.6	85.3
W 1 1/2	4.2333	32.678	33.8	33.5	79.3	84.8
(W 1 5/8)	5.0800	34.769	36.0	35,7	81.1	85.7
(W 1 3/4)	5.0800	37.944	39.2	39.0	80.7	83.8
(W 1 7/8)	5.6444	40.397	41.8	41.5	80.6	84.7
W 2	5.6444	43.572	45.0	44.7	80.2	84.4

〔備考〕

1. ( )をつけた呼ビ径のものは, なるべく使用しないものとする.
2. ウイット並目・2級・3級・4級のもので, ネジの長サはネジの呼ビ径にほぼ等しい場合を対象とする.
3. ネジ下ギリの直径は, A列を用いるのをふつうとし, 必要によりB列を用いる.

9・3 タップによるネジ切リ

9・8 表　ユニファイ並目用ネジ下ギリの寸法

ネジの呼ビ (in)	ピッチ (mm)	オネジ谷の径 (mm)	ネジ下ギリ直径 (mm) A 列	ネジ下ギリ直径 (mm) B 列	ヒッカカリ率(%) A列の直径に対するもの	ヒッカカリ率(%) B列の直径に対するもの
U 1/4	1.2700	4.792	5.2	5.0	73.8	86.6
U 5/16	1.4111	6.205	6.6	6.5	77.3	83.0
U 3/8	1.5875	7.577	8.0	7.9	78.3	83.4
U 7/16	1.8143	8.886	9.3	9.2	81.4	85.9
U 1/2	1.9538	10.302	10.8	10.7	79.2	83.4
U 9/16	2.1167	11.692	12.2	12.0	80.4	88.1
U 5/8	2.3091	13.043	13.6	13.5	80.3	83.8
U 3/4	2.5400	15.933	16.5	16.4	81.8	85.0
U 7/8	2.8222	18.763	19.5	19.3	78.7	84.5
U 1	3.1750	21.504	22.3	22.0	79.6	87.3
U 1 1/8	3.6286	24.122	25.0	24.8	80.3	84.8
U 1 1/4	3.6286	27.297	28.2	28.0	79.7	84.2
U 1 3/8	4.2333	29.731	30.8	30.5	79.4	85.2
U 1 1/2	4.2333	32.906	33.9	33.7	80.9	84.7
U 1 3/4	5.0800	38.217	39.5	39.2	79.4	84.2
U 2	5.6444	43.876	45.3	45.0	79.4	83.7

〔備考〕
1. ユニファイ並目・3b級・2b級・1b級のもので，ネジの長サはネジの呼ビ径にほぼ等しい場合を対象とする．
2. ネジ下ギリの直径は，A列を用いるのをふつうとし，必要によりB列を用いる．

例題　ウイット細目系ネジ　$D=15mm$，$N=16$ の場合の，ネジ下ギリの径を求めよ．
〔解〕　$d = 15 - 25.4 \times 1/16$
　　　　$= 15 - 1.59 = 13.41 (mm)$

例題 メートル細目系ネジ $D=12$ mm, $P=1.5$ mm の場合のネジ下ギリの径を求めよ.

〔解〕 $d=12-1.5=10.5$ (mm)

例題 ユニファイ細目系ネジ $D=\frac{1}{2}''$ $N=20$ に対するネジ下ギリの径を求めよ.

〔解〕 $d=25.4\times\frac{1}{2}-25.4\times\frac{1}{20}$
$=12.7-1.27=11.43$ (mm)

9・9表 管用ネジ下ギリの寸法.

呼ビ	ネジ下ギリ直径(mm)	
	ストレート	テーパ
1/8	8.7	8.4
1/4	11.6	11.1
3/8	15	14.7
1/2	19	18
3/4	24	23
1	30	29
1 1/4	39	38
1 1/2	45	44
2	57	56
2 1/2	73	72
3	85	84
3 1/2	98	97

〔注〕 表は55°(英式) ネジに用いる.

2. タップ回シ

タップ回シ (Tap wrench) は, 手回シタップの角柄をこれに取り付け, 回しながらネジを切るものである. 9・27図は, 角穴と握リが一体になっているもの, 同図(b)は, 握リAを回すことによってBが開閉し, BとCで四角部を保持するようになった調整式のものを示したものである. 調整式の場合, 大きなタップ回シを小径のタップに使えば, タップをねじ切るおそれがあるので, 直径に相応した長サのハンドルを選ばなければならない. 同図(c)は, 小径のものまたは奥深いネジ立テをする場合に使い, Aを回すとネジによりB, Cが開閉してタップを保持するようになったもの, また, 同図(d)は箱スパナ式のもので, プーリの止メネジなどのように, ふつうのタップ回シでは使えないような場合に用いるものである.

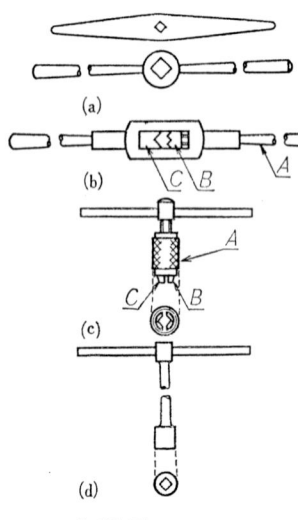

9・27図 タップ回シ

3. タップ作業

(1) **手回シによるネジ立テ** 作業はつぎの順序で行なう.

① 下穴の偏心・心曲ガリを調べ, メクラ穴の場合は深サを測る.

② 下穴が垂直になるように, 工作物を

9・3 タップによるネジ切リ

万力に取り付ける.

③ 先タップを，作業に応じた適当なタップ回シに取り付ける.

④ タップ回シの両端を握り，タップを下穴に立て，押さえつけながら切レ刃のテーパ部が下穴に食い付くまでゆっくり右へ回す．この場合，入リ口でタップ回シを振らすと，ネジがバカになるから，注意が必要である．

⑤ 食い付いたならば手を止め，9・28図のように，タップが下穴にまっすぐに入っているかどうかを，2方向から直角定規などで調べる．

狂イがあれば，タップ回シでこじりながら回して正しく直す．これを怠ってネジ切リをすればネジが傾斜し，むりをすればタップが折れる．

⑥ タップの方向が決まったならば，9・29図(a)，(b)に示すように，両手に平等に力を入れて回してネジを切る．決して片手で回してはならない．この場合，工作物の材質に応じた切削剤（9・10 表参照）を使う．タップ回シは続けて回すと切リ粉によって刃先が重くなるので，逆転しては再び回すようにする．このようにすれば，切リ粉を刃先から除くとともに，刃先に切削剤を流し込む効果がある．

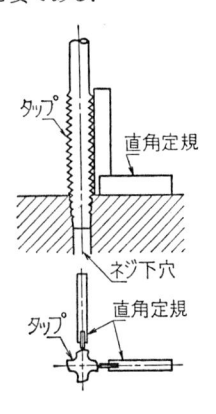

9・28図 タップ立テの垂直度検査．

切るネジの状況により，つぎのような注意が必要である．

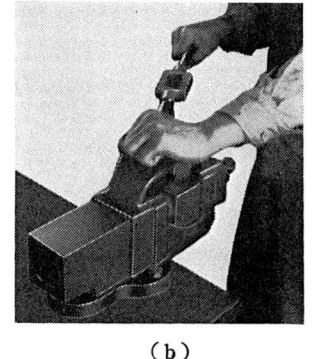

(a)　　　　　　　　(b)

9・29図　手回シタップの立てかた．

① 9.30 図のように，薄い工作物の通り穴には，先タップを完全ネジ部まで立てればよいが，傾斜しかかったら，食イツキ部のところで止め，中タップで修正する．

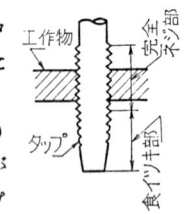

② 9.31 図のように，通シ穴でも長いネジまたは粘り強い材質にあける場合は，先タップだけでは切削抵抗が大きく，右にも左にも回らなくなり，むりをすればタップを折るおそれがあるので，同図 (a) のように抵抗が多くなる前に中タップと交換し，同図 (b) のように先タップのテーパ部をさらえる．このように先・中タップを交互に使い，同図 (a)，(b) からさらに，(c)，(d) ……とタップを順次進めるのである．

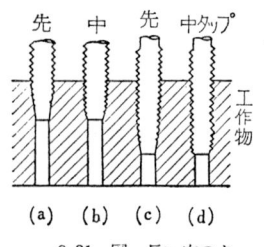

9.30 図 薄い工作物のタップ立テ．

③ メクラ穴の場合は，ネジ下穴の深サをよく知り，最初に立てる先タップの先端が底に達する前に切削を止める．メクラ穴は切り粉が底にたまるから，ときどきタップを抜き出し，圧縮空気で切り粉を吹き出したり，穴に入る鉄棒に磁石を付けて，穴の中の鉄粉を吸いつけたりして取り除く．

9.31 図 長い穴のタップ立テ．

底までネジ立テをするには，9.32 図 (a) のように，先タップだけでは完全ネジ部が少ししか切れないので，同図 (b) のように中タップ，さらに同図 (c) のように上ゲタップを使って完全ネジ部を延長する．

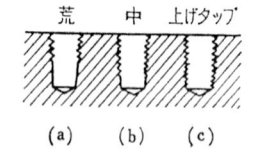

9.32 図 メクラ穴のタップ立テ．

(2) 機械によるネジ立テ　能率的にネジ立テをするには，ネジ立テ用の電気タッパ (Electric hand tapper) またはネジ立テ盤 (Tapping machine)，あるいはボール盤にタップ保持具 (Tappjng attachment) をつけて行なう．ネジ立テの機械には，切削中に抵抗が大きくなってスピンドルがすべり，タップが折れるのを防ぐための装置や，ネジ立テが終わると逆回転してタップを抜くための装置を備えている．

9.33 図は，電気タッパを示したもので，これは機械タップまたは手回シタップの先または中タップを取り付け，電気ドリルのように手持チでネジ立テを

9・3 タップによるネジ切リ

行なう．タップをもどすには逆転をする必要があるため，構造は電気ドリルよりも複雑になっている．すなわち，スピンドルに正・逆2枚の歯車があり，モータが回転すると互いに反対の方向に回っている．逆転歯車は2倍の速サで回転するようにもなっている．この回転を必要に応じてフローテング スピンドルに伝達するのである．9・34図の構造図は，空転の状態を示したもので，このときはスプリング

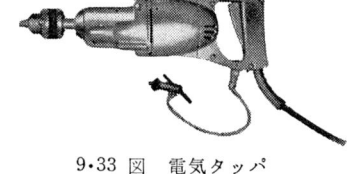

9・33 図 電気タッパ

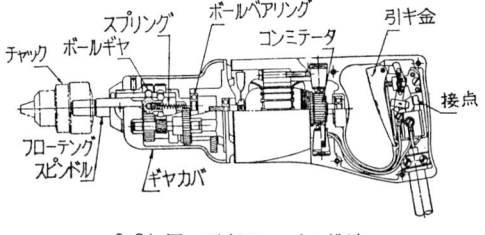

9・34 図 電気タッパの構造．

によってフローテング スピンドルが前方に押し出されているため，フローテング スピンドルの凸部に押し上げられたボールが，逆転歯車にかみ合って逆転する．

チャックに取り付けたタップをネジ下穴に軽く押し込むと，フローテングスピンドルは後方に押され，正転歯車のボールが凸部に押し上げられてかみ合い，フローテング スピンドルは正回転してネジ立テを行なう．ネジ立テが終わったら，タッパ全体を手もとに引くと，前記の状態に返って，逆回転してもどる．

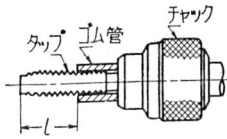

9・35 図 電気タッパによるメクラ穴のネジ立テ装置．

通り穴のネジ切りは容易にできるが，メクラ穴の場合は，9・35図に示すように，必要なネジの深サ l とチャックとの間にゴム管を差し込んでネジ立テを行ない，ゴム管の端面が工作物に触れたときにタッパを引きもどせば，タップを折らずにほぼ同一寸法のネジ立テを行なうことができる．

9・36図はネジ立テ盤の構造を示したもので，また9・37図は，これによるネジ立テ作業の要領を示したものである．ネジ立テ盤の安全クラッチは，荷がかかりすぎるとクラッチがすべり，空転するようになっている．正・逆転切り換エクラッチは，ボール クラッチで確実な切り換エが行なわれる．切り換エ緩衝

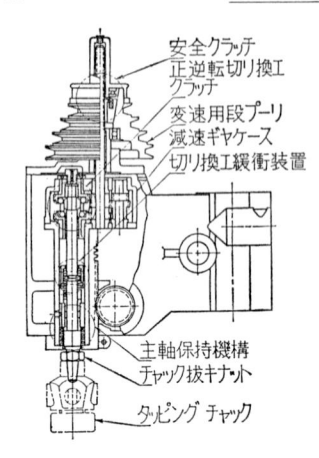

9章 ネジ立テ作業

9・36 図 ネジ立テ盤の構造.

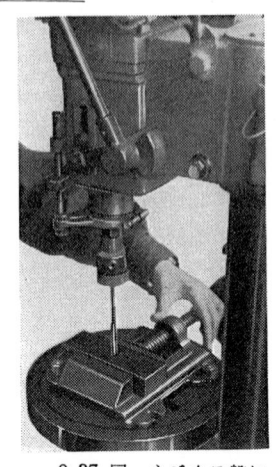

9・37 図 ネジ立テ盤によるネジ立テ.

装置は,正・逆の切り換エをするときのショックを吸収し,タップが折れたり機構部が損傷したりしないようになっている.主軸保持機構は,起動時に主軸を正転にするために,クラッチを正回転歯車にかませる機構になっている.メクラ穴または行程を一定にした作業を必要とする場合は,付属のストッパを使用して,ネジ立テ寸法を決める.

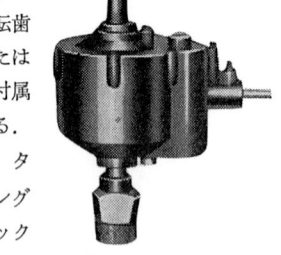

また,タッピングチャックは,タップの柄部を3本のツメで締め,さらに四角部を回り止メで確実に取り付けるようになっている.

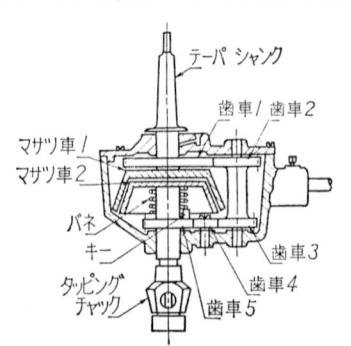

9・38 図 タップ保持具

9・38 図はタップ保持具で,これをボール盤のスピンドルに取り付ければネジ立テ盤と同じようにネジ立テ作業ができる.

9・39 図 タップ保持具の構造.

9・3 タップによるネジ切リ

9・39 図はその構造を示したもので,タッピングチャックにタップを取り付け,ネジ下穴に合わせてスピンドルを下ろせば,摩擦車1,2が回転してネジ立テを行なう.ネジ立テを終わってスピンドルを上げると,摩擦車の接触が離れて,バネによってキーが歯車5に入る.したがって,タップの回転は歯車1,2,3,4,5と伝わってタップを逆回転し,正回転の2倍の速サでもどる.

9・40 図はナット製作用の自動ネジ立テ盤を示したものである.上の受ケ皿に入れられた材料が下へ送られ,自動的にネジを切って下の受ケ皿に落ちるようになっている.小径のナットならば1時間数千個,大径のものでも数百個生産できる.

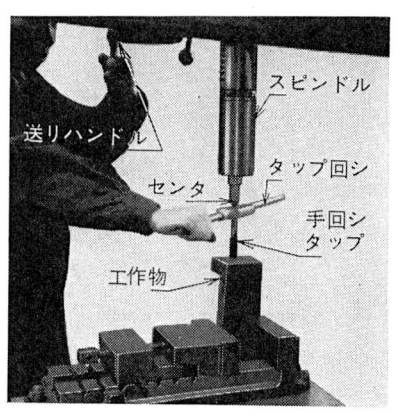

9・40 図　自動ネジ立テ盤　　9・41 図　ボール盤を利用したネジ立テ.

機械を利用するネジ立テには,ボール盤で下穴をあけた後,9・41 図のように手回シタップを下穴に立て,ボール盤のスピンドルには旋盤用センタをはめ,その先端をタップ柄のセンタ穴に合わせ,下へ送りながらタップ回シでネジ立テをすると,タップは振れることなく垂直にネジ立テができる.

（3）切削速度と切削剤　工作物の材質,ネジの長サ,切削および機械の性能などを考慮して,タップの最も有効な切削速度を決める.この場合,タップの送リはネジのリードによって決まるから,切削速度を原則的に定めることは困難である.9・10 表は,一般的な切削速度の値を示したものである.タップ

の回転数と切削速度との関係は，ドリルの場合と同じく $N=\dfrac{1000v}{\pi D}$ で求めることができる（7章参照）．また切削剤は，タップの寿命を増大し，仕上ゲ面を良好にし，切り粉の排除をよくして，作業能率を向上させるために与えるものである．9·10 表に，一般に用いられている切削剤をも示しておく．

9·10 表　タップの切削速度と切削剤．

切削材料	切削速度 (m/min)	切削剤	切削材料	切削速度 (m/min)	切削剤
低炭素鋼	12〜18	硫化油・脂肪油	黄銅・青銅(軟)	15〜30	水溶性油
中炭素鋼	10〜12	〃	黄銅・青銅(硬)	12〜30	〃
高炭素鋼	8〜10	〃	ステンレス鋼	2〜3	硫化油・硫塩化油
快削鋼	10〜15	硫化油・硫塩化油	耐熱鋼	2〜3	〃
鋳鋼	5〜8	〃	高速度鋼	1〜3	〃
ニッケルクロム鋼	3〜4	〃	銅	12〜24	鉱油
モリブデン鋼	3〜4	〃	軽合金	15〜30	水溶性油
特殊工具鋼	6〜7.5	〃	プラスチック ベークライト	10〜20	乾式
ダイス鋼	4〜6	〃			
鋳鉄	8〜18	乾式・水溶性油			

4. 折れたタップの抜きかた

（1）**タップの折れる原因**　タップまたは工作物の材質が悪いと，タップ立テ作業中にタップが折れることがある．そのほか，つぎのようなことはタップが折れる原因になる．

① 下穴が小さすぎるか曲がっている場合．

② 長いネジ下穴にタップが傾斜して入った場合．

③ タップが摩耗して，二番が当たっているために，切削抵抗が大きくなった場合．

④ タップの径に相応しない長いタップ回シを使用して力が入りすぎた場合．

⑤ タップの径または工作物の材質に相応しない高速切削をした場合．

⑥ 工作物の材質がかたいもの，または，粘いものを，先タップのように食イツキ部の長いタップだけで切ろうとして，切削抵抗が増大した場合．

9・3 タップによるネジ切リ

⑦ メクラ穴の底につかえているタップを,さらに回した場合.

(2) タップの抜きかた タップが折れ込んだ場合は切レ刃が食い込んでいるので,抜き取るのは相当に困難であるが,つぎの方法で抜き取ることができる.

タップの切レ刃の残りが出ている場合は,9・42図に示すように,銅板のような軟金属で切レ刃を巻いて,手万力などで刃を欠かさないようにはさみ,外部より工作物に衝撃を加えながら少しずつ回して抜き取る.

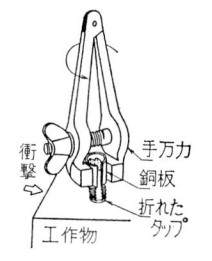

9・42 図 折れたタップの抜きかた(その1).

9・43図のようなタップ抜キ取リ具のツメを,タップの折レ込ミの深サに応じて図に示すようにタップのミゾに差し込み,締メ付ケリングを工作物の面まで下げて,ツメを固定し,四角部にタップ回シを取り付けて抜き取る.

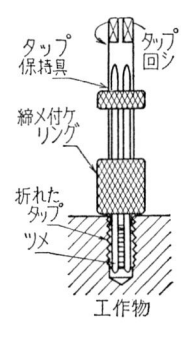

ポンチまたはタガネの先端をタップの切レ刃に当て,豆ハンマで軽くたたきながらもどす.これは 9・44 図のように,相対する側より2人でたたくとうまくいく.この場合,工作物を低温で加熱するのも一方法である.

タップが深く入っていない場合は,ポンチのようなものでタップをくだいて取り出す.

加熱してさしつかえない場合は,9・45 図に示すように,他の鋼片を折れたタップに溶接し,その鋼片を回して抜き取る.この場合,タップのミゾおよび工作物は,石綿を水で練ったものでおおっておくとよい.

9・43 図 折れたタップの抜きかた(その2).

タップを焼キ ナマシして,タップのミゾ径のドリルでタップの中心に穴をあけ,切レ刃を取り出す.

濃硝酸などの強い酸をタップのミゾ部から流し込み,工作物とともに腐食させてスキマをつくり,抜き取ったあとは,アンモニア水

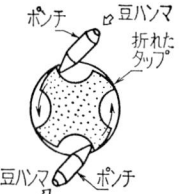

9・44 図 折れたタップの抜きかた(その3).

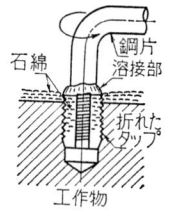

9・45 図 折れたタップの抜きかた(その4).

9・4 ダイスによるネジ切リ

1. ダイス回シ

ダイス回シ（Die stock）は，これにダイスを取り付け，回しながらオネジを切る工具である．9・46図（a）はふつう使われる丸ダイス用のもので，同図（b）は角ダイス用のものである．

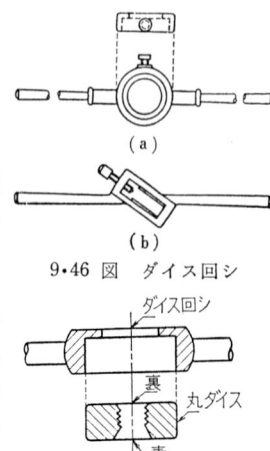

丸ダイスをダイス回シに取り付けるには，9・47図に示すように，ダイスの表面（食イツキ部の長い方．）を外向キにして，ダイスの外周にあけられた90°の皿穴を，ダイス回シの止メネジの位置に合わせてはめこみ，止メネジによって確実に固定する．大キサは内径で表わす．

9・46図　ダイス回シ

9・47図　丸ダイスの取リ付ケ．

2. ダイス作業

作業は，つぎのような要領で行なう．

9・48図のように，丸棒の先端を面取リし，万力にV形口金などを使い確実に固定する．丸棒が黒皮のものであったり，さびついたものであったりすると，切レ刃を損傷することがあるから，黒皮やサビは削リ取っておくことが必要である．

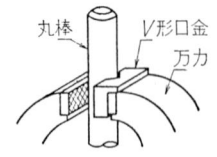

9・48図　丸棒の取リ付ケ．

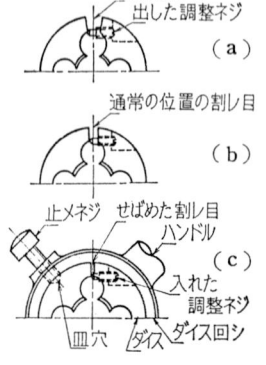

9・49図　割リダイスの調整法．

ネジ切リを1回で行なうと，抵抗が大きいため食イツキが悪く，むりをすれば切レ刃が欠けたり，はなはだしいときはダイスが割れたりすることがあるから，2～3回に分けて切削するとよい．

まず，9・49図（a）のように，はじめは調整ネジによりスリ割リ部を広め，口径を大きくし

9・4 ダイスによるネジ切リ

て切削する．つぎに同図（b）のように平常の位置まで調整ネジをもどして切削する．これでメネジの合わない場合は，さらに同図（c）のように調整ネジをもどし，ダイス回シの止メ ネジでダイス回シの皿穴を 押して 割レ目をせばめ，口径を小さくして切削する．このように，ダイスを調整して正しくメネジに合わせるのである．

つぎに，ダイス回シに取り付けたダイスの表を下にして丸棒に合わせ，押さえつけながら食いつくまで回す．裏を下にしてむりに食いつかせると刃が欠ける．

食いついたならば手を止めて，9・50 図（a）のように，ダイスが丸棒に直角に食いついているかどうかを調べる．同図（b）のように狂イがあれば，ダイス回シをこじりながら回して正しく直す．これを忘ればネジが傾斜し，ナットをはめた場合，9・51 図のようになる．

ダイスの方向が決まったら，9・52 図（a）のように，両手に平等に力を入れながら回してネジを切る．切削にあたっては，逆転させて切削（タップに準ずる．）を与えながら行なう．ダイスのネジ切リは，作業の途中でも傾斜することがあるから注意をしなければならない．

ボルトの頭部までネジを切る場合は，前に述

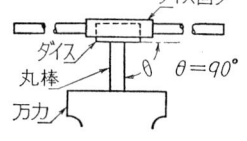

(a) 良い

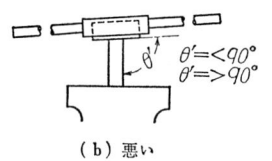

(b) 悪い

9・50 図　ダイスの直角度．

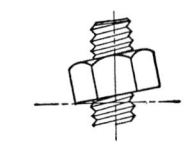

9・51 図　傾斜したオネジにはめたナット．

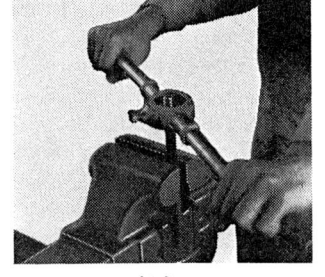

(a) 　　　　　　(b)
9・52 図　ダイスの回しかた．

べた表の長い食イツキ部の方から切っただけでは，ダイスが頭部につかえるまで切っても，9.53図(a)のように切り残りができる．したがって，さらに裏を下にして短い食イツキ部から切り残りをさらえると，同図(b)のように切り進むことができる．

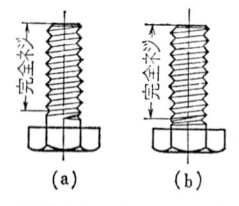

9.53図 ボルトの頭部までネジを切る方法．

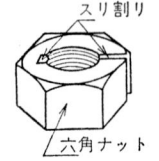

植エ込ミボルトのように，丸棒の両端からネジを切る場合は，先に切ったネジを直接万力に締め付けるとネジをつぶすから，9.54図のようなタップでネジ立テをしてから，二つに切った口金を使って締め付ける．このような口金の用意がない場合は，9.55図に示すように，六角ナットをノコでスリ割りしたものをつくり，これにボルトを通して万力にくわえればよい．

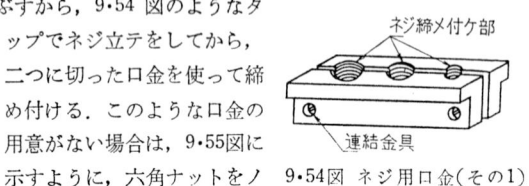

9.55図 ネジ用口金(その2)

9.54図 ネジ用口金(その1)

ネジがむしられるのは，ダイスの切レ刃が摩耗して二番があたっているとき，切削剤を与えず，また逆転もせずに切り進んだとき，ダイスの切レ刃が欠けているとき，スリ割り部の調整が悪く，抵抗の多いむりな切削をしたときなどである．

練習問題

問題1 増径手回シタップは，等径手回シタップに比べると，どのような特長がありますか．図解して説明しなさい．

問題2 つぎのネジ立テ工具について説明しなさい．
① 機械タップ ② 管用タップ ③ ドリルタップ ④ 控エボルトタップ
⑤ 割リダイス ⑥ ムクダイス ⑦ 植エ刃ダイス ⑧ 管用ダイス

問題3 等径手回シタップが，3本1組になっている理由を述べなさい．

問題4 つぎのネジ下ギリの寸法を計算しなさい．
① メートルネジ，直径12 mm，ピッチ1.75 mm のネジ下ギリ．
② インチネジ，直径5/8 in，25.4 mm (1in) 当たりの山数11のネジ下ギリ．

問題5 タップ作業において，タップが切損するのはどういう場合ですか．

問題6 ダイス作業において，オネジが傾斜したり，むしれたりするのはなぜですか．

10章 ラップ作業

　精度の高い機械を製作したり，大量生産を容易にしたりするためには，機械部品をできるだけ理想寸法に近づけて精密につくり上げることが要求される．寸法の精度を高くしようとすれば，加工の量もきわめて少なくすることが必要である．ラップ仕上ゲはト粒の切削作用を用いて加工面を摩耗させ，最も精度の高い寸法と良い仕上ゲ面をつくりだそうとする精密加工法の一種である．すなわち，工作物と，加工しようとする理想形状にきわめて近い工具（ラップ）との間にラップ剤（ト粒）を入れ，これをすり合わせて，加工物にラップの形をうつしとるのである．古代においては玉・宝石ミガキ，あるいは金属ミガキにこの方法が用いられていたが，現在では各種ゲージ類・ボール・ローラ・燃料噴射ポンプ等の精密部品，レンズ・プリズム等の光学ガラスの最終仕上ゲに応用されている．この章では，まずラップ仕上ゲの機構と，ラップ剤・ラップ工具・ラップ液について述べ，平面・円筒・ネジなどのラップ作業の実際について説明する．

10・1　ラップ仕上ゲの原理

1.　湿式法と乾式法

　ラップ仕上ゲは，工作物をラップ（Lap）の表面に押しつけ，両者の間に**ラップ剤**（Lapping powder）を入れて相対運動をさせ，工作物の表面をきわめて平滑に仕上げる精密工作法の一つである．ラップ剤の大キサは 100μ ($^1/_{10}$mm) 以下で，最後の仕上ゲには 0.1μ($^1/_{10000}$mm) の微粒も使われる．したがって，ラップ剤の切レ刃によって削り取られる工作物の切リクズは非常に小さく，平滑な仕上ゲができるのである．また，加工量がきわめて少ないので，削りす

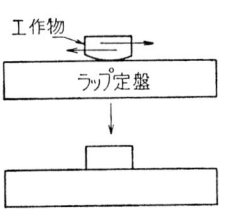

10・1 図　寸法精度向上の原理．

ぎるというおそれがなく，寸法の精度を正しいものに一致させることができる．さらに，10・1 図のようにラップによって工作物を加工すれば，突出部が多く削り取られるので，工作物の面の精度も向上する．

　ラップ仕上ゲはラップ剤・工作液・工作物・ラップ間の相互の作用によるも

ので，それらの関係は非常に複雑である．すなわち，ラップ剤の粒度，ラップ剤のカタサ，ラップ液の有無，ラップ圧の大小，ラップ速度の大小等によって違った結果が現われる．10・2 図は各種工作法による仕上ゲ面を比較したものであるが，(a),(b),

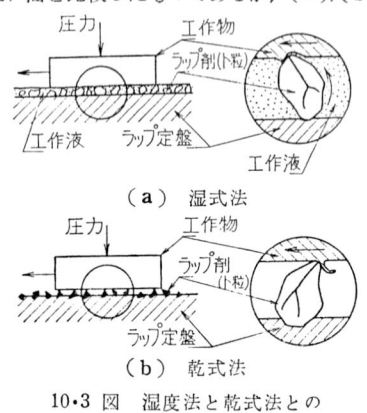

10・2 図 各種工作法の仕上ゲ面．

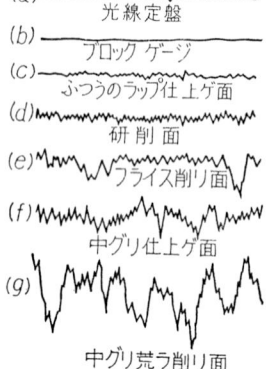

(c)がラップ作業による仕上ゲ面であり，その精密な様子がよくわかる．

10・3 図 湿度法と乾式法とのト粒の切削状態．

ラップ仕上ゲの方法には，湿式法と乾式法とがある．**湿式法**(Wet method)は，10・3 図(a)に示すように，ラップ剤とラップ液とを混ぜたものをラップ仕上ゲする部分に多量において仕上げる方法である．この方法では，工作物がその上を運動するとき，ラップ剤の粒子のコロガリによる切削をうけ，その仕上ゲ面はうすく鈍い反射面を呈している．**乾式法**(Dry method)は，"空(から)ラッピング"ともいわれるもので，同図(b)に示すように，ラップ剤とラップ液は用いるが，ラップ定盤の上に一様に埋め込まれた粒子以外の余分のラップ剤とラップ液をきれいにふきとり，乾燥状態でラップ仕上ゲをする方法である．この場合には引ッカキによる切削が行なわれるのである．一般に湿式法は荒ラ仕上ゲで，乾式法は本仕ゲとツヤ出シを目的としている．これを鏡面仕上ゲとも呼ぶゆえんである．仕上ゲ量は，乾式法がはるかに少なく，湿式法に比べて $1/10$ 以下である．

2. ラップ

(1) **ラップの材料** ラップ仕上ゲの工具であるラップの役目は，ラップ剤であるト粒を保持することと，もう一つは正確な表面形状を工作物に移すこと

10·1 ラップ仕上ゲの原理

である．前者の役目を果たすには，ラップは工作物よりもやわらかいものでなければならない．これが反対であると，工作物にト粒が食い込んで，ラップが削り取られることになる．また，後者の役目を果たすには，材質がチ密で摩耗しにくいものであることが必要である．

このような役目を果たさせるために，鋼をラップ仕上ゲするときは，一般に鋳鉄製のラップが用いられ，まれに銅・シンチュウ・鉛合金などが使われることもある．ファイバ・木材もときには用いられる．また，最近はセラミック・合成樹脂などを結合剤とした酸化アルミニウム，または炭化ケイ素を固めてつくったラップも用いられている．

鋳鉄ラップは，ラップ剤のト粒の鋭い刃先が食い込むと，鋳鉄の含有成分である黒鉛を遊離し，これがラップ剤と混ざってラップ仕上ゲ面をよくするという特徴がある．乾式ラップではラップ剤のト粒がよく食い込むので，ラップの表面にはごくわずかの切レ刃が突きでて仕上ゲ量が少なくなる．このように，鋳鉄は焼キ入レ鋼のラップには最も適した性質をもっているのである．ハンドラップの場合はふっう鋳鉄（ブリネル カタサ 150〜180）でよいが，ラップ盤による場合は，精度を保つためにパーライト鋳鉄（ブリネル カタサ 200）を用いることが多い．

また，ラップの精度をいっそう保つために，最近はミーハナイト鋳鉄が使われるようになった．ミーハナイト鋳鉄というのは，鋳造のときに溶かした金属（これを湯という．）にカルシウム シリサイドを添加して，黒鉛を微細に析出させた強力な鋳鉄である．

Ni・Cr をふくんだ高級鋳鉄は，かたすぎてラップには適当でない．

銅および銅合金ラップは，小さい穴や軟金属のラップ仕上ゲ用として適している．

ダイヤモンドの粉末で炭化タングステンのような硬質金属をラップ仕上ゲするときには，銅を用いるのがふつうである．これには，形状がくずれやすいという欠点がある．

ネジのラップ仕上ゲ，または直径 8 mm 以下の穴のラップ仕上ゲに鋳鉄ラップを用いると，ラップの形状がくずれやすいので，鋳鉄よりも強度の大きい軟鋼ラップが使用される．

活字合金（鉛＋スズ＋アンチモン）・ウッド合金（ソウ鉛＋鉛＋アンチモン＋カドミウム）は，溶かして複雑な形のラップをつくるのが容易であるので，焼

キ入レ鋼にも用いることがあるが，一般に軟金属のラップ仕上ゲ用として用いられる．

木材ラップは，仕上げたあとのツヤ出シに限って乾式ラップとして用いる．年輪の目立たないホオノキなどがよい．

ガラスまたは水晶の光沢をだし，透明に仕上げるときには，ピッチが用いられる．

（**2**） **ラップの形状**　10・4 図は平面ラップ定盤を示す．湿式法の場合は，幅 2mm，深サ 2mm ぐらいのミゾを，すべる方向に対して 60° の角度をもってつける．これはラップ剤やラップ液がスベリ面から離散しないようにするために，つねに適度のラップ剤とラップ液がミゾより出入してラップと工作物の間を循環するようにしたものである．10・5図は円筒用ラップ，10・6図は内径用ラップを示す．内径用ラップにもミゾをつけることが多い．これらのラップは工作物を何個か仕上げるうちに，しだいに摩耗して変形し，精度が低下する．したがって，平面ラップ定盤はときどき親定盤にスリ合ワセして，つねに正しい平面を維持しておくことがたいせつである．スリ合ワセの方法は，すでに述べた要領でするのが最もよい．乾式法の場合は，キズを防ぐためにミゾはつけない．

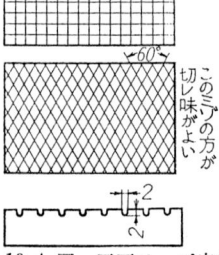

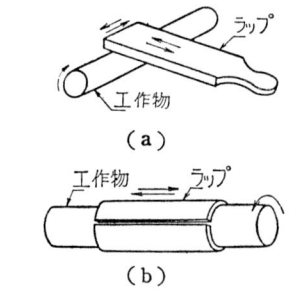

10・4 図　平面ラップ定盤　　10・5 図　円筒用ラップ

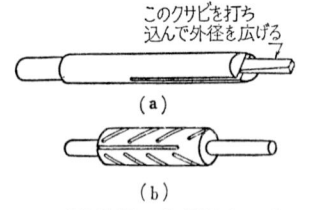

10・6 図　内径用ラップ

3. 仕上ゲ量とラップ圧力

10・7 図は，湿式法で平面のラップ仕上ゲを行なったときの，時間と仕上ゲ量，仕上ゲ能率（1分間あたりの仕上ゲ量）・ラップ剤の大キサの関係を示したものである．この図によると，初めの1分間（Ⅰ）は，ラップ剤の大キサはふぞろいで，仕上ゲ量が少なく，それ以後5分経過するまでの間では，ラップ剤

10・1 ラップ仕上ゲの原理

の大キサがそろい，仕上ゲ量は上昇している．さらに時間が経過するにつれて，ラップ剤の粒子が粉砕されて目詰マリを起こし，仕上ゲ能率が低下している．また，圧力と仕上ゲ量との関係は，10・8 図に示すような曲線になる．同図において曲線 ANB は最初のままの大キサのト粒の数，曲線 OEB′ は，このト粒によるラップ量，CD 曲線は破砕して細かくなったト粒の数を示し，B″G はト粒によるラップ量を表わす曲線である．したがって，ラップ作業全体としてのラップ量は，OEG のように変化する．明らかにラップ量を増すためには，圧力を増せばよいわけであるが，あまり圧力を増すと，ト粒の消耗が大きくなり，荒らいト粒が深いキズをつけるので，むやみに圧力を増すわけにもゆかない．適当な圧力の一例を 10・1 表に示す．これによると，荒ラ仕上ゲの場合は

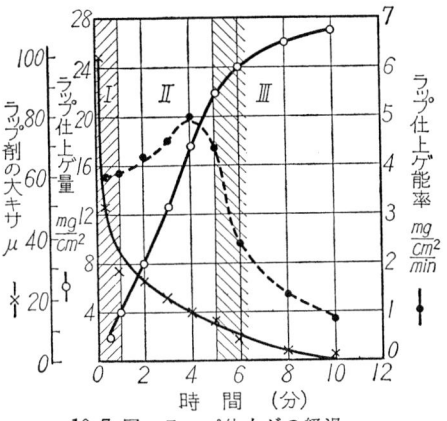

10・7 図 ラップ仕上ゲの経過．

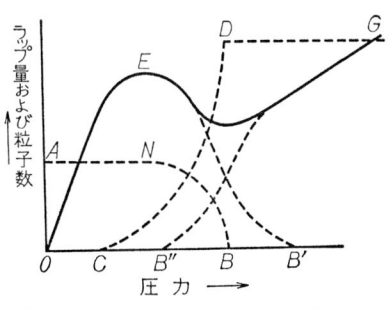

10・8 図 ラップ量圧力曲線

10・1 表 最大量を得る最適圧力．

粒 度 番 号 (#)	1000	800	600	320	240
粒 子 直 径 (μ)	20	20	30	37	50
アランダム最適圧力 (kg/cm²)	2.8	1.65	1.25	0.82	0.45
カーボランダム最適圧力 (kg/cm²)	1.7	1.0	0.75	0.5	0.27

圧力は少なく，本仕上ゲの場合には圧力を大きくしてゆくということになる．

4. 仕上ゲ面

湿式法によってラップ仕上ゲした面は，ナシ地の方向性のない一様な粗面になっているが，これはラップ剤のコロガリ切削でト粒に掘り起こされて無数のクボミキズができているためである．この仕上ゲ面は，機械部品の最終仕上ゲ面として用いられることは少なく，乾式法で仕上げるときの前加工として用いられる．乾式法による仕上ゲ面は，細かい引ッカキキズからできている．10・9図は湿式法と乾式法との仕上ゲ面のアラサを比較したものである．湿式法は乾式法に比べてはるかに仕上ゲ面が悪いことがわかる．10・10 図は，湿式法の場合

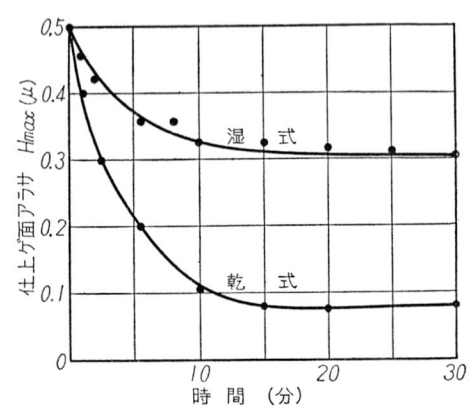

10・9 図 湿式・乾式ラップ仕上ゲ面のアラサの比較．

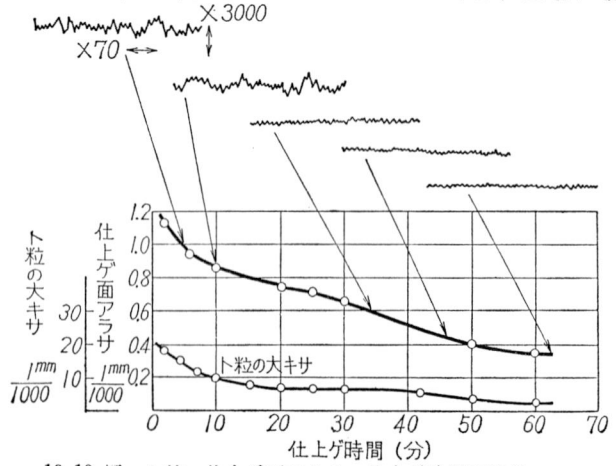

10・10 図 ト粒・仕上ゲ面アラサ・仕上ゲ時間の関係．

10・1 ラップ仕上ゲの原理

について，時間とともに仕上ゲ面のアラサがどのように変化してゆくかを表わしたものである．最初はあらいナシ地面であったものが，35分を過ぎ，45分もたつと，引ッカキキズが現われ，100分を経過したところでは引ッカキキズばかりの乾式法に相当する仕上ゲ面になる．したがって，よい仕上ゲ面にするためには，ある程度の時間が必要である．また，最終の仕上ゲ面のアラサは，最初のト粒があらいものほどあらくなっているので，なめらかな仕上ゲ面にしようとすれば，最初から細かいト粒を用いなくてはならないわけである．

5. ラップ焼ケ

乾式法の場合に，焼キ入レ鋼をラップ仕上ゲすると，そのときの条件によって，仕上ゲ面が淡黄色あるいは茶褐色になり，いわゆる**ラップ焼ケ**した表面になることがある．その原因にはいろいろあって，明確に断定できないが，ラップ面が摩擦熱のために局部的に高温度になり，薄い表面層が焼キモドシされて酸化膜ができ，光線の干渉によって色がつくといわれている．摩擦熱のために局部的に高温度になる原因としては

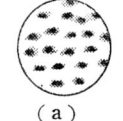

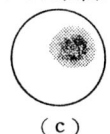

(a) 研削焼ケ　(b) 研削焼ケ　(c) ラップ焼ケ

10・11 図　ラップ焼ケ

① 工作物が非常にやわらかいとき．
② ラップの同一部分を何回も繰り返して使ったために，その表面がつぶれてラップ作用がなくなったとき．
③ ラップ液が適当でないとき．
④ 光沢をだそうとして圧力を加えすぎたとき．
⑤ すぐに破砕されるようなラップ剤のとき．

などがあげられる．ラップ焼ケの起こったときの表面温度は約 210°C であり，焼けた層の厚ミはだいたい 0.15〜0.30μ 程度で，きわめて薄い．研削盤で研削したときに生じた研削焼ケがラップ仕上ゲのときに現われることがあるが，この場合の厚ミは大きく，0.2〜0.5mm になっている．したがって，ラップ焼ケと研削焼ケとの見分けは容易である．10・11図はこれを比較したものであるが，研削焼ケは規則正しい模様になっているのが特色である．

6. ラップ面のダレ

ラップ面の周囲は，中央部よりも余分に仕上げられてだれやすい．10・12 図は平面と曲面の**ダレ**の一例を示す．湿式法では10・13図に示すように，ラップ剤

・ラップ液が端の方から入り込むので,いっそうダレが生じやすく,これを完全に防ぐことはできない.ただ,ダレを少なくするには,ラップ剤を必要以上に使わないようにしたり,工作物をラップ仕上ゲの前に大きく面トリしないようにすることがたいせつである.端の部分にあらかじめ余白の寸法をつけておいてラップ仕上ゲしたあとで,だれた部分を切り取るのも一つの方法である.レンズ等のラップ仕上ゲで

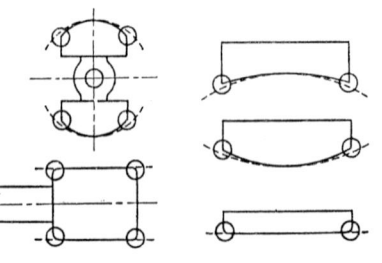

〔注〕 点線はラップしようとした線を示す.○印の部分がだれる.

10・12 図 ラップ面のダレ.

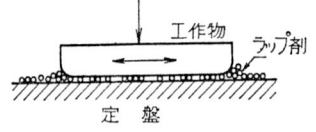

は,完成後に光軸をだして周囲のダレを研削で縁取りしている.

10・13 図 端面のダレ.

7. ラップ仕上ゲによる変形

ラップ作業によって,工作物は内部ヒズミと加工ヒズミのために変形する.特に薄板の片面をラップ仕上ゲするときは,10・14 図(a),(b)のように変形する.焼キ入レ鋼などは変形が最もはげしい.これは工作物を押さえる方法によるのではなく,正しい平面で押さえても,ラップ圧力がきわめて小さ

(a)湿式法による変形　　(b)乾式法による変形　　(c)丸棒の曲ガリ

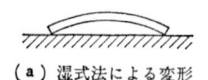

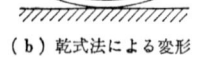

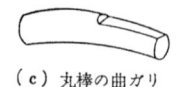

10・14 図 ラップ工作による工作物の変化.

いときでも,同じような変形が現われる.丸棒のラップ仕上ゲの場合は,その一部に切り欠キがあって,ラップ仕上ゲされない部分があると,同図(c)のように曲がる.このような変形を防ぐためには,ラップ仕上ゲをする面積に対してその厚ミを大きくするとよい.たとえば,円板状の工作物の両面をラップ仕上ゲする場合は,その厚サを直径の 20% 以上にするのである.

10・2 ラップ剤とラップ液

1. ラップ剤の種類

ラップ仕上ゲの場合,仕上ゲ速度に最も大きな影響を与えるものはラップ剤

10・2 ラップ剤とラップ液

である．ラップ剤は天然ラップ剤と人造ラップ剤の 2 種類に大別され，それぞれつぎのような種類のものがある．

ラップ剤
- 天然品：エメリ・ガーネット（ザクロ石）・コランダム（硬玉）・金剛砂・ケイ砂・ダイヤモンド（金剛石）・スピネル（セン晶石）
- 人造品
  - 酸化アルミニウム系：アランダム（A.）／白色アランダム（W.A.）
  - 炭化ケイ素系：カーボランダム（C.）／緑色カーボランダム（G.C.）
  - 炭化ホウ素・酸化セリウム・酸化クロム・酸化鉄（ベンガラ）

ラップ剤の性質としてカタサ，切レ刃リョウの鋭サ，ジン性の 3 条件が重要である．この条件を備えたものとして，古来から天然ラップ剤が使われていたが，1891 年アメリカのアチェソン（E. Acheson）が炭化ケイ素（商品名カーボランダム・クリストロン）の製造法を発見し，その後 5～6 年で，同じくアメリカのヤコブス（Jacobs）が酸化アルミニウム（商品名アランダム・コランダム・アロキサイト）を製造し，天然ラップ剤はまったく駆逐せられたわけである．しかし，現在でも作業の種類によっては天然ラップ剤を用いることもある．

2. ラップ剤のカタサと粒度

ラップ剤の**カタサ**は粒子自身の機械的なカタサであるが，微粒子のカタサを直接的に測定することはむずかしいので，仕上ゲに用いてみて間接的に測定するよりしかたがない．一般にかたいものほど工作物をよく削り，作業能率が高いことはいうまでもない．しかし，かたくても顕微鏡でみたときの切レ刃リョウが鈍いものや丸ミを帯びているものは，作業能率が劣るわけである．一方，仕上ゲ面から考えると，切レ刃リョウの鋭いものは，大きなキズを仕上ゲ面に残すので，精密ラップ仕上ゲには切レ刃リョウの鋭い扁平な粒子の方がよい．また，かたくて切レ刃リョウが鋭いラップ剤でも，ジン性が小さいためにすぐに砕けてしまうものでは，これまた作業能率が悪くなる．しかも，作業能率が悪いようなラップ剤は，仕上ゲ面をよくするためにはかえって望ましい．ラップ剤にはこのような性質があるので，作業に応じて適当なラップ剤を選ぶことが必要である．10・2 表は各種ラップ剤のカタサを比較したものである．天然の

ダイヤモンドが最もかたく，人造ラップ剤である炭化ホウ素・炭化ケイ素がこれに次いでいる．

10・2表 カタサの比較．

ダイヤモンド	15
炭化ホウ素	14
炭化ケイ素	13
溶融アルミナ	12
溶融ジルコン	11
ザクロ石	10
黄玉	9
石英	8
純ケイ酸	7
正長石	6

つぎに，ラップ剤の重要な要素として**粒度**の問題がある．粒度とは，ラップ剤の粒子の大小を区別する番号である．電気炉で製造された炭化ケイ素・酸化アルミニウムなどの結晶や天然ラップ剤は，粉砕機によって粉砕してから，粒はフルイにより，微粉は一般には水流沈デン選別法によって粒度を分けている．この方法は10・15図に示すように，流体中で粒子を落下させて，粒子の大きいものほど落下速度が早いという原理によって選ぶのである．

粒度は $25.4mm^2$ の中にあるフルイ目の数によって示す．$25.4mm^2$ 中のフルイ目の数を示したものと考えられやすいが，それは間違いである．たとえば，20番の粒子というのは，$25.4mm^2$ 中に400個のフルイ目のある金網を通過して，つぎのフルイ目に詰まった粒子のことである．もちろんフルイの製作には限度があるので，微粒子用のフルイは製作できない．ラップ仕上ゲに用いられるのは，荒らいものでは 150, 180, 220, 240, 280, 320, 400, 500, 600番のもの，微粒のものでは，700, 800, 900, 1000番のものが用いられる．10・16図は G. C. 240番のラップ剤を拡大したものである．10・3表は種種のラップ剤粒子のおよその大キサと，その色彩を示したものである．

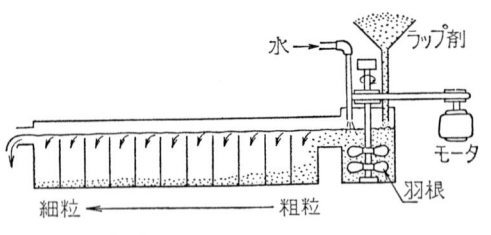

10・15図 水流沈デン選別法

10・16図 ラップ剤の一例．

3. ラップ剤の適性

ラップ仕上ゲが適切に行なわれるかどうかは，主として工作物に対するラップ剤粒子のカタサによって決まる．しかし，あるラップ剤で非常によい結果がで

10・2 ラップ剤とラップ液

たとしても，それをただちに他の工作物に適用してよいとは決められない．ラップ仕上ゲには，このほかにラップ液・ラップ工具も影響するので，適性を決めることはなかなかむずかしい．

カーボランダムとアランダムは，ほとんどあらゆる工作物（特に焼キ入レ鋼．）のラップ仕上ゲに使われるが，カーボランダムの方が，かたくて粉砕されてい

10・3表 ラップ剤の大キサおよび色彩．

ラップ剤の名称		粒子の大キサ μ	色彩
酸化鉄（ベンガラ）	—	0.3〜1	赤
酸化クロム	—	1〜1.5	緑
酸化アルミニウム（津上社製）	γ型	4〜6	白
コランダム（ボッシュロム社製）	906番	11〜13	〃
〃	904	19〜21	〃
〃	900	208〜211	〃
アランダム（ノルトン社製）	600	12〜14	灰
コランダム（理研）	800	10〜12	灰赤
〃	400	21〜23	〃
〃	100	144〜148	〃
カーボランダム（カーボランダム社製）	800	12〜13	黒
〃	600	23〜25	〃
〃	500	30〜32	〃
〃	400	36〜39	〃
カーボランダム（東電社製）	800	29〜32	〃
〃	600	34〜37	〃
〃	500	35〜39	〃
〃	400	38〜42	〃
〃	320	47〜50	〃
〃	280	53〜57	〃
〃	240	68〜70	〃
〃	200	79〜81	〃
〃	180	89〜92	〃
〃	150	97〜101	〃
〃	120	113〜123	〃
〃	100	144〜148	〃

くので，かたい工作物に適しており，仕上ゲ量の大きい荒ラ ラップ仕上ゲに用いられる．これに対してアランダムは，仕上ゲ面を平滑にする精密ラップ仕上ゲに適している．酸化クロムは焼キ入レ鋼などの最後の精密仕上ゲ・ツヤ出シに用いる．銅・銅合金のラップ仕上ゲにはカーボランダムがよい．また，ガラス類はアランダムで仕上げ，酸化鉄でツヤ出シをする．ダイヤモンド粉や炭化ホウ素は，超硬合金や宝石類のラップ仕上ゲに用いる．銀・洋銀にはアランダム(商品名はジアマンチン．)・木炭粉・天然トイシなどを使う．

4. ラップ液

ラップ剤と混合して使うラップ液は，つぎのような条件をみたすものでなければならない．

① ラップ作業は，摩擦熱によって温度が高くなり，ラップ焼ケを起こすので，よく熱を放散すること．
② 仕上ゲ能率をあげるために，粘性ができるだけ低いこと．
③ ラップ液が一様にラップ面にひろがるように，表面張力が小さいこと．すなわち付着性がすぐれていること．
④ 金属のラップ仕上ゲの場合には，サビができないこと．
⑤ ラップ剤とよく混和すること．
⑥ 温度上昇や長時間の放置によっても分解したり変質したりしないこと．
⑦ 人体に毒であったり，悪臭があったりしないこと．

以上のような条件を備えたラップ液はたくさんあるが，そのなかでも，ガラス・水晶などの場合に使う水，鋼および鋳鉄の場合に用いる石油はきわめて一般的である．そのほか特殊のゲージ類のラップ仕上ゲには，オリーブ油・白シメ油・ナタネ油などが用いられる．これらはラップ焼ケが起こりにくい．また適当な粘性を得るために，2種類以上の油を混合して用いることもある．ラップ液とラップ剤とを混ぜ合わせる比率は，両者を容量比で 1：1 に混合するのが一般の標準である．

5. ラップ作業場

ラップ作業は精密仕上ゲ作業であるので，その作業場は，作業環境としてつぎのような点に注意しなければならない．まず，粒度の違ったラップ剤が混合しないように，荒ラ ラップ仕上ゲの場所と仕上ゲ ラップ仕上ゲの場所を別別にする．また，チリがラップ定盤などの上に落ちてラップ作業に影響しないように，床を板張りかリノリウム張りにする．できれば窓を二重にして，チリが

スキマから入り込まないようにすれば理想的である．細かい点であるが作業者の服についたチリも注意の対象になるものである．照明についても，精密ラップ作業では特に注意が必要である．すなわち，日光は充分とり入れるが，目がくらまないように直射日光をさえぎる装置を設けておく必要がある．また，高精密なブロック ゲージなどを仕上げる作業は，つねに恒温装置を働かせて，室温は 20±1°C，湿度は 65±5% に保たせた，いわゆる恒温室で行なわれている．

10・3 平面のラップ作業

1. 軸用限界ゲージのラップ仕上ゲ

平面を正しくラップ仕上ゲするには，まず，ラップとして正しい平面をもったものを使わなければならない．完全な平面は，ウィット ウォースによって発見された三面交互のスリ合ワセ ラップ仕上ゲによってつくられるか，あるいはこうしてつくられた基準定盤を基準にして仕上げられる．こうしてつくられた定盤が平面ラップ定盤であり，この面でハサミ ゲージの端面，マイクロ メータの測定面，ブロック ゲージ・標準尺など高度の平面度となめらかな仕上ゲ面を必要とするものが仕上げられる．その一例として，軸用限界ゲージのラップ仕上ゲについて説明しよう．

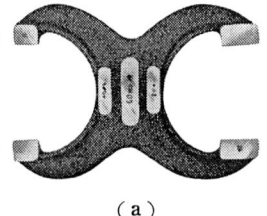

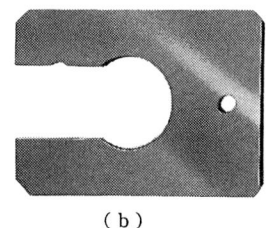

10・17 図 軸用限界ゲージ

10・17 図は軸用限界ゲージを示したものである．その材質は，特殊鋼のうちで寸法の変化が少なく，摩耗に耐え，熱処理による変形が少なく，加工も容易にできる工具鋼またはダイス鋼が用いられる．この材料を型打チ鍛造（Drop-forging，赤熱した材料を，型に当てて成形する方法．）してゲージの形をつくる．鍛造した素材はかたく，そのままでは機械加工ができないので，焼キ ナマシを施した後，フライス盤で外形を荒ラ削りする．形ができれば測定面に焼キ入レを施して荒ラ研削する．仕上ゲ用研削盤で $^5/_{1000} \sim ^8/_{1000}$ mm ぐらいの寸法を残して研削仕上ゲを終わる．この残りの量を正しくラップ仕上ゲして精密な

寸法にするのである．10・18 図は，その作業要領を示したものである．同図（a）は，ラップ定盤にゲージの測定面を当てて，湿式法によって仕上げているところである．同図（b）は**ハンドラップ**で仕上げているところである．ハンドラップは歯ブラシ形をした鋳鉄製のラップで，柄を持ってラップ仕上ゲをする工具である．同図（c）に示すハンドラップは超硬工具のラップ仕上ゲ用のもので，先端には特殊の焼結トイシがつけてある．同図（a）の場合は，平面度をくずさないように，**ヤトイ**（Holder）をともに持って測定面を定盤に当てるのである．荒ラ ラップ仕上ゲの後に，仕上ゲとツヤ出シのために乾式ラップ仕上ゲを行なう．この場合のラップ剤を詰める要領は，ラップ剤を油とともに定盤（ミゾのないもの．）に薄く塗り，鋳鉄のブロックで押し込む．こすりつけるようなやりかたはいけない．こうしてから，布できれいにふきとってしまった定盤で仕上げる．仕上ゲ面の平面度は10・19 図に示すような**直定規**（Straight edge）を当てて検査をする．その要領は，10・20 図に示すように測定面に直定規を当て，そのスキマから漏れる

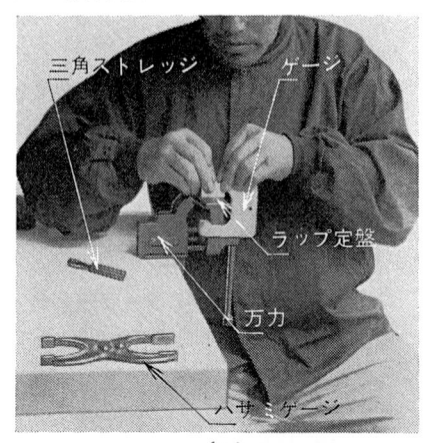

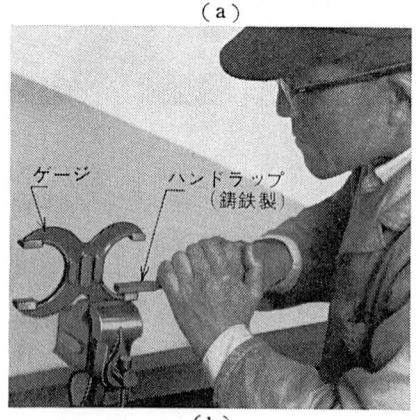

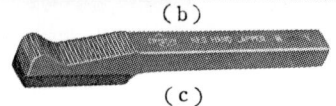

10・18 図　ゲージのラップ仕上ゲ．

10・19 図　直定規．

10・3　平面のラップ作業

光線を見て平面の精度を判断するのである．光線が完全に漏れない状態に仕上げた場合は $1/1000$ mm の精度がある．寸法は**ブロック ゲージ**（Block gauge）によって正確に決める．

2. ブロック ゲージのラップ仕上ゲ

ブロック ゲージは長サの標準ゲージで，精密測定機器の寸法の定位，製品検査，機器の補正や検定，精密ケガキ等に用いるものである．10 mm 未満

10・20 図　測定面の検査．

の寸法のブロック ゲージの大キサは 30×9 mm，10 mm 以上の寸法のものは 35×9 mm の直六面体になっている．ブロック ゲージは 10・21 図に示すように，それぞれ異なった寸法のものが組ミになって箱におさめられて，103 個組ミ・76 個組ミ・32 個組ミ・9 個組ミなどがある．最も多く用いられるのは 103 個組ミのもので，内容はつぎ

10・21 図　ブロック ゲージの寸法のものである．

呼ビ寸法（mm）			寸法の飛ビ（mm）	個　数
1.005				1
1.01	より	1.49	0.01	49
0.50	より	25	0.5	50
50	より	100	25	3
			計	103

ブロック ゲージは，その精度によって 10・4 表に示すような等級があって，それぞれの用途に用いられる．

ブロック ゲージは最も高い精度を必要とするので，素材から加工法まですべて綿密をきわめている．最後はラップ仕

10・4 表　ブロック ゲージの等級と用途．

等　級	用　　　途
AA 級	参　　照　　用
A 級	標　　準　　用
BB 級	標準用または検査用
B 級	検査用または工作用
C 級	工　　作　　用

上ゲで完成されるが，前加工としては，まず素材を切断してから荒ラ研削を行ない，熱処理を施す．すなわち，マッフル炉の中で840°C で 0.5〜3 時間加熱し，490°C の油中で冷却する．これを焼キ モドシして104°C の油ソウに1時間ほど入れておいてから放冷する．こうして熱処理をしたものを仕上ゲ研削する．この後でラップ仕上ゲをするが，そのラップ シロは $2/100$ mm 程度である．この仕上ゲはすべて恒温室で行ない，荒ラ ラップ仕上ゲ・中ラップ仕上ゲ・精密ラップ仕上ゲの順で仕上げる．手仕上ゲをする場合もあるが，あとで述べるラップ盤によって，16個またはその倍数を1組ミとして行なうのがふつうである．荒ラ ラップ仕上ゲは所要寸法に対して $5/1000$ mm 以内に仕上げる．表面アラサは 0.25S （凹凸が $0.25/1000$ mm.）程度である．ラップ剤は炭化ケイ素で，粒度は 600 番のものを使用する．加工時にはすべてのブロックゲージから均一に金属がラップされるように，30秒ごとにその位置を交換する．荒ラ仕上ゲが終わったのち約30分間，鋼製定盤の上で室温まで冷却して中仕上ゲに移る．中仕上ゲでは，1200番の酸化アルミニウムを用いて $3/1000$ mm をラップ仕上ゲする．このときの表面アラサは 0.15S 程度である．これまでをラップ盤で仕上げ，最後の作業は高度の熟練技術が必要となるので，手によるラップ仕上ゲに移る．しかし，これまでの作業でも，10·22 図に示すような電磁式・

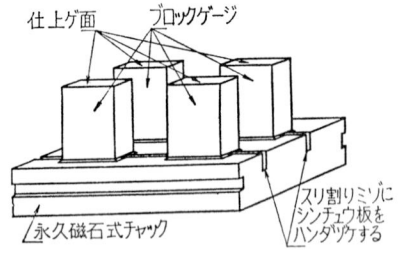

〔注〕 チャックを手で持って定盤の上で4個同時に仕上げる．

10·22 図　ブロック ゲージのラップ仕上ゲ用チャック．

10·23 図　ブロック ゲージの単独ラップ．

永久磁石式チャックなどで，手によって仕上げることも多い．

手による単独ラップ仕上ゲは，最終の特殊の光沢をだす場合に行なうだけであるが，ブロックの表面にキズがついて修理をするときなども 10·23 図のようにして仕上ゲ ラップを行なう．これは，工具

10・3 平面のラップ作業

としてはほとんど何も使用しないで,ただ直接おさえるだけである．この場合,体温の伝わるのを防ぐために,厚サ 4mm ぐらいのゴムを用いて行なう．長いブロックゲージでは,往復運動を与えると,材料がぐらぐら動いて平面に仕上げることが困難であるから,10・22 図に示したようなチヤックを用いるとよい．

ブロックゲージの寸法精度の測定は,AA 級および A級の一部には光波干渉計を,A級以下のものでは高精度のコンパレータ（Comparator）を用いる．また,平面度の測定には,ゲージのラップ仕上ゲの項で述べたストレートエッジによるスキ見の方法もあるが,ふつうは光線定盤（Optical flat）による干渉ジマの模様によって測定することが

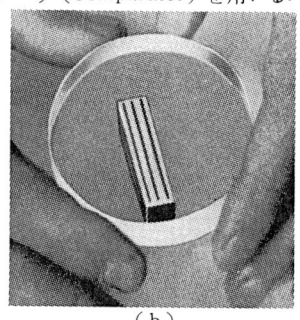

(a) (b)
10・24 図 光線定盤（オプチカル フラット）およびその使用例.

多い．光線定盤は10・24 図に示すように光学ガラス製か水晶製のもので,高精度の2平面よりできている．測定面との間にスキマがあれば,光波の干渉の原理によってニジのようなシマが現われるので,このシマ目の曲がりぐあいや動きぐあいによって,凹凸を知ることができる．

10・25 図は,光線定盤による平面度の測定検査の要領を示したものである．同図（a）のように,測定面に光線定盤を置いて軽く指でおさえてみたとき,明暗の平行直線のシマが等間隔で移動するような場合は,測定面は正しい平面と判断してよい．同図（b）のように,平行直線のシマが両側に移動するような場合は,測定面の AOB をつらねる部分が一様に高いときである．同図（c）の場合は,シマが両側から寄ってくる傾向のある場合で,これは AOB をつらねる部分が一様に低いときである．測定面の中心Oの部分が高いときには,同図（d）のように同心円のシマが外にひろがろうとする．また同図（e）のように中心Oの部分が低いときにはシマが内側に寄ろうとする．光線定盤を置いただけでは中高のときも中低のときも同心円のシマができるだけであるが,測

定面と光線定盤とのスキマが大きいときにはシマが太く,スキマが小さいときにはシマが細いので判断できる.シマ模様が同図(f)のような場合は凹凸面であって,円形のシマの中心の部分が高いところである.同図(g)の場合はきわめて不正確な面で,シマ模様はまったく秩序がない.こうしたシマ模様につねに注意しながらラップ仕上ゲを行なうわけである.

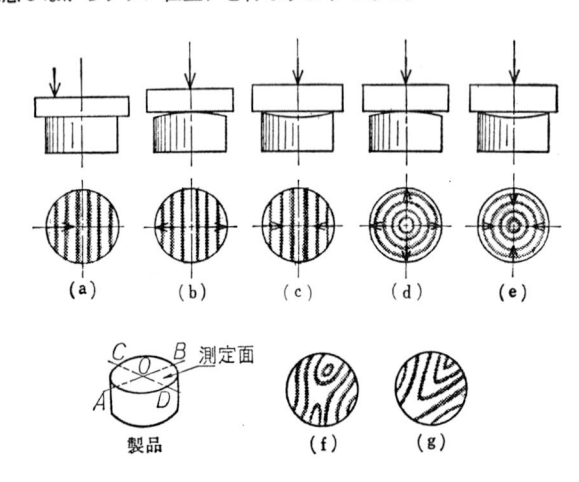

10・25 図　光線定盤による測定面の判断.

3. 直定規のラップ仕上ゲ

直定規 (Straight edge) には,板形・ナイフ エッジ形等いろいろあるが,これらはすべて基準定盤によってラップ仕上ゲされたものである.10・26 図に示す(a),(b),(c)などは,長サの割りに幅が狭いので,1個ずつ仕上げることは非常に困難である.このために,2個の直定規の間に適当な間隔片をおいて,互いにハンダヅケをして一体にし,完全に冷却してから同時にラップ仕上ゲをすれば,面のスワリもよくて正

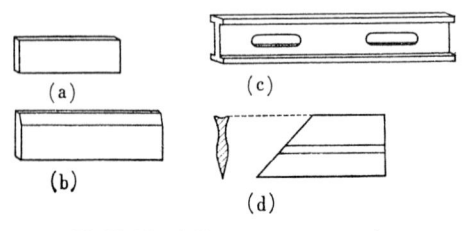

10・26 図　各種ストレート エッジ

10・4　円筒のラップ作業

確に仕上げられる．10・27 図はその要領を示したものである．すなわち，直定規を2個そろえて直定規の方向に動かして仕上げる．もちろん，この場合にもラップ定盤の同一か所でばかり動かすと，定盤の平面度がくずれるので，なるべく広範囲に動かすようにする．動かす方向が悪いと狭い面のスワリが悪く，だれることがある．検査は，基準定盤にスリ合ワセをしてみるか，あるいは光線定盤・ダイヤル ゲージ等によって行なう．

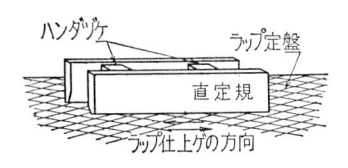

10・27 図　直定規のラップ仕上ゲ．

4. 細長い円筒の端面ラップ仕上ゲ

円筒の端面をラップ仕上ゲするときは，端面の直角度がくずれないようにすることがたいせつである．10・28 図は，正確に仕上げられた V ブロックをヤトイにして，端面を仕上げる例である．この場合はもちろん，工作物端面の直角度は V ブロックの V ミゾの直角度によって左右される．いっそう精度の高いマイクロ メータなどのアンビルの端面仕上ゲでは，10・29

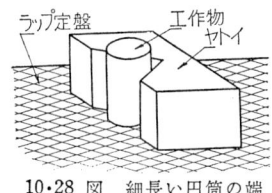

10・28 図　細長い円筒の端面ラップ仕上ゲ．

図に示すようなヤトイを用いる．これは，二点脚 A, B と工作点 C との三点支持によって，ラップ仕上ゲを行なうものである．この場合の平行度の測定は，ブロック ゲージを両者の間にはさんで，軸を中心にして回し，手の感覚によって判断する．平行度が悪ければ，当タリを中心にしてブロック ゲージが回転して抜けだしてくる．

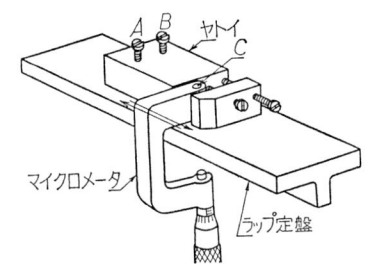

10・29 図　マイクロメータ アンビルの端面ラップ仕上ゲ．

10・4　円筒のラップ作業

1. 外径のラップ仕上ゲ

円筒の外径をラップ仕上ゲする作業は，プラグ ゲージ・ピストン ピン，高

10章 ラップ作業

級な軸などに応用されている．この作業で真直度・真円度ともにすぐれた製品をつくるためには，いずれも前加工である研削仕上ゲが高精度でなくてはならないし，また，ラップの方の精度もある程度の精度が必要である．

簡単な丸棒のラップ仕上ゲには10・5図(a)に示したようなラップを用いる．作業は旋盤の主軸かボール盤の主軸に加工物を取り付けて，ハンドラップをヤスリ仕上ゲの要領で前後・左右に移動させて仕上げる．しかし，この方法は，真直度・真円度ともにあまり高精度には仕上がらない．ラップの材質は，鋳鉄・銅・木材と順を追って光沢をだしてゆく．10・30図は外径ラップ仕上ゲ作業中の一例を示したものである．旋盤の主軸の回転数があまり速いと，ラップ剤がラップ液とともに飛び散って，湿式法の仕上ゲが乾式法の仕上ゲになるので，

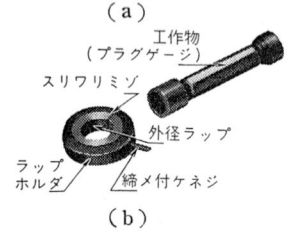

10・30 図　外径ラップ仕上ゲの一例．

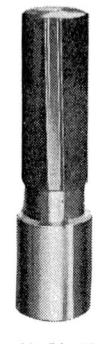

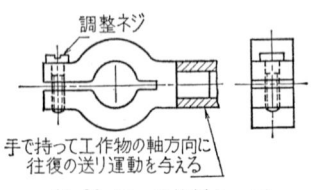

10・32 図　円筒用ラップ

回転数を増すとツヤがよくなるように思われがちであるが，結局ラップ速度はあまり重要な問題ではなく，ラップ剤が飛び散らない程度で充分である．だいたいラップ速度は，焼キ入レ鋼の場合 50〜80 m/min でよい．これより速いとラップ焼ケを起こすことがある．10・31図は内径検査用の**プラグ ゲージ** (Plag gauge) を示したものである

10・31 図
プラグ ゲージ

が，こうしたゲージあるいは研削盤の主軸をラップ仕上ゲするには，10·32 図に示すようなラップを用いる．

作業の要領は，旋盤などに工作物を取り付けて回転させ，図のような鋳鉄製のラップの内面に，ラップ剤を石油などで練ったものを塗り，調整ネジを加減して適当なラップ圧力を与え，工作物の軸方向にラップを手で握りながら往復運動を与える．

10·33 図　鏡面仕上ゲの製品．

調整ネジはときどき締めて内径を細め，そのたびに測定検査を行なう．これは工作物を石油などできれいに洗い，充分冷却してから行なう．

荒ラ ラップ仕上ゲから仕上ゲに移るときは，ラップ剤を荒らいものから細かいものにするが，このときラップを石油で完全に洗い，前工程の荒らいラップ剤が残っていないようにしなくてはならない．

ラップの長サは工作物の長サの 40〜70% ぐらいが適当で，短いと真直度が悪くなり，また長すぎると端がだれる．

10·33 図は，丸棒の精密ラップ仕上ゲで，鏡面仕上ゲと呼んでいる製品の例を示したものである．

2. 内径のラップ仕上ゲ

内径のラップ仕上ゲは，ほとんど手で行なわれている．内径を仕上げる作業は，外径の仕上ゲに比較してはるかに困難である．簡単なラップ工具はすでに 10·6 図に示しておいたが，同図（a）のような鋳鉄の丸棒を二つに割ったものは，ゆるいテーパをもったクサビを打ち込んで外径をひろげてゆくので，微妙な調節はできない．また，同図（b）のように外径をひろげることのできないただの円筒ラップは，ごくわずかのラップ仕上ゲ用にまれに使われる．作業としては，10·34 図に示すように，ラップを旋盤の回転軸に取り付けて低速回転をさせ，工作物を手でささえて静かに移動する．

工作物は必ず軽く握って，ある程度ラップの動きにまかせる．初めは湿式法で，最後は乾式法によって仕上げることは，いままでのラップ仕上ゲ法と同じ要領である．

10·35 図に示すような**輪ゲージ**（Ring gauge）の内径をラップ仕上ゲする

には，前述のようなラップを用いるより，各部分を一様に拡大することのできるラップを用いた方が穴に傾斜ができなくてよい．10·36 図は傾斜面を使って各部分を一様に拡大することのできるラップを示したものである．同図（a）のように，調整ネジを用いてラップをホルダの傾斜にそって移動させ，輪ゲージの内径に適当の強サで当たるようにして締め付ける．ラップは，同図（b）に示すように，1か所に割リミゾ，2か所にミゾがあって，全周を一様に拡大するようにしている．ラップの長サは，輪ゲージの穴の深サよりも長く，ふつうは穴の深サの 3～4 倍にする．これは内径ラップ仕上ゲの場合におけるラップの長サの一般的条件で，穴の口がだれるのを防ぐためである．

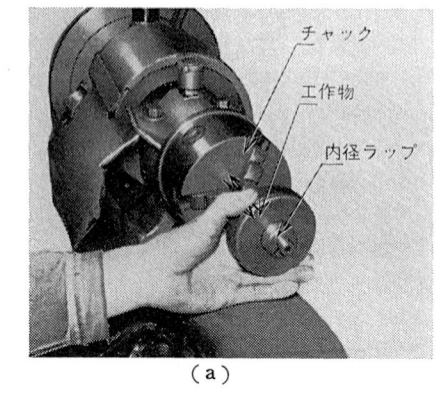

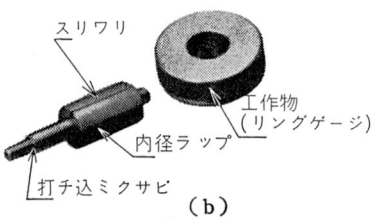

10·34 図　内径ラップ仕上ゲの一例．

輪ゲージは焼キ入レ鋼でつくってあるから，ラップ剤としては，炭化ケイ素・酸化クロムなどを用いる．また，ツヤ出シするための場合のラップ剤としては，木材ラップを用いることもある．

10·35 図　輪ゲージ

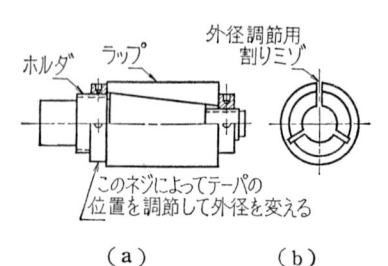

10·36 図　内径用ラップ

10・5 ネジのラップ作業

1. オネジのラップ仕上ゲ

10・37 図に示すようなネジ ゲージ，あるいはマイクロ メータ ネジのような精密ネジには，最後の仕上ゲとしてラップ仕上ゲを施す．方法は円筒ラップ仕上ゲと同じ要領であるが，たとえばウイット ネジは，

10・37 図　ネジ ゲージ（オネジ）

山も谷もある半径の丸ミをもっているので，10・38 図に示す順序で，山・谷・斜面と順次仕上げる．結局，ネジの仕上ゲ用には3種類のラップが必要である．これらのラップは，精密ネジ切り旋盤で正しいネジ山を切った鋳鉄製のものであり，調整ができるように1か所がスリ割リしてある．

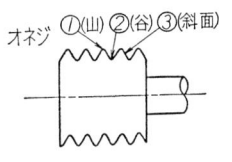

10・38 図　ウイット ネジの仕上ゲ順序．

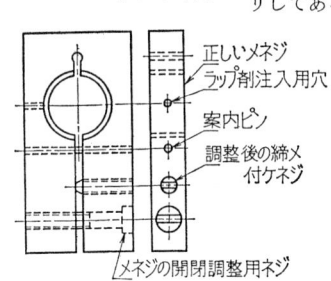

10・39 図　オネジ用ラップ ホルダの一例．

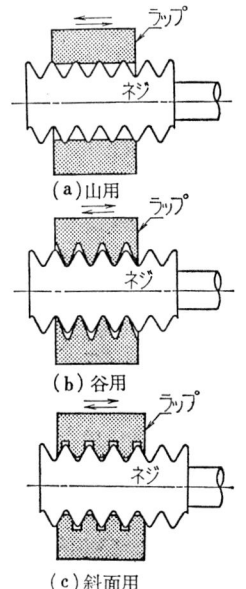

ラップ作業をするには，まず旋盤にラップ仕上ゲをするネジを取り付け，10・39 図に示すようなラップ ホルダにオネジの山用ラップをはめこみ，調整ネジを締めて，ラップ圧力を 0.5 kg/cm² 程度にする．このハメアイは"かたからずゆるからず"という．経験を要するラップ圧力である．あまりゆるいとネジ山の形がくずれ，反対にかたすぎるとラップ焼ケを起こす．

(a) 山用
(b) 谷用
(c) 斜面用

10・40 図　ウイット ネジ用ラップ

こうしてホルダを手に持って，旋盤の主軸を正・逆両方向に交互に回転させながらラップを左右に動かす．5～6分でラップを左右ひっくり返して平均に仕上がるようにする．ラップ剤は炭化ケイ素を使うときもあるが，ふつうは酸化鉄・酸化クロム 2000 番程度のものを用い，ラップ液としては，石油とタネ油を 2：1 で混合したものを使う．これを ホルダのラップ剤注入用穴から 注ぎ込んで作業をするのである．10·40 図（a）は，この仕上ゲの状態を示したものである．

つぎに，**谷用ラップ**をホルダにつけて，同じ要領で谷を仕上げる．この谷用ラップは，10·40 図（b）に示すように 55° よりも鋭い角度をもっている．

また，同図（c）は**斜面用ラップ**で，正しく 55° の角度をもったものである．これも前と同じような要領で仕上げてゆく．

こうして完成されたネジは，そのピッチ，有効径，ネジ山の角，谷の径，外径，山の形，谷の形を工具顕微鏡（Tool-maker's microscope）で検査する．

2. メネジのラップ仕上ゲ

10·41 図に示すような ネジ ゲージのラップ仕上ゲは，前に述べた円筒内径のラップ仕上ゲと同じ要領で行なう．まず，10·42 図（a）に示すメネジ用ラップ ホルダに山用ラップを取り付ける．これは同図（b）のように一部がすり割ってあり，内面がテーパをなしているので，調整ネジでネジ ゲージに

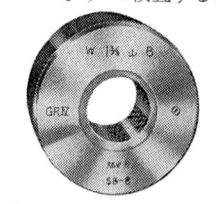

10·41 図　ネジ ゲージ（メネジ）

適当なラップ圧力が加わるように締め付ける．このホルダを旋盤に取り付け，ゆっくり回転させてネジ ゲージを手で持って，旋盤の主軸を正・逆両方向に回転させて仕上げる．

つぎに，谷用ラップを用いて同じ要領で谷を仕上げる．

10·42 図　メネジ用ラップ

このラップは，オネジのラップ仕上ゲのところで述べたように，55° よりも鋭い角度をもっている．

最後に，斜面用ラップを用いて正しく 55° に仕上げる．

10・6 ラップ盤作業

10・43 図はメネジのラップ仕上ゲの順序を示す．これもオネジの場合と同様に 3 種のラップで仕上げるのである．

メネジの検査は，オネジに比較してはるかにむずかしく，有効径の測定にはふつう**横オプチメータ** (Optimeter) を用いる．また，ピッチとネジ山の角度は，メネジの中に可塑性物質を詰め込んで型をつくり，その型によってオネジと同じ要領で測定する．

10・43 図 メネジのラップ仕上ゲの順序．

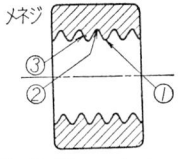

10・6 ラップ盤作業

1. ラップ盤の構造

ラップ仕上ゲは，これまで述べてきたように，手作業によって工作することができるが，これには熟練が要求され，多量生産をするというわけにはゆかない．そこで，専門機械である**ラップ盤** (Lapping machine) がしだいに用いられるようになってきた．

ラップ仕上ゲは，すでに述べたように，本質上，ラップと工作物とのトモズリの原理で精度をあげてゆくものであるから，ラップ盤の精度は一般の工作機械なみであれば充分で，ジグ中グリ盤や研削盤のように，機械自身の精度以上に加工物の精度がでないのとは条件が違い，比較的安価な機械で $1/1000$ mm 以下の高精度の加工ができる．しかし，現在ではたとえばブロックゲージなどの製作のように，ラップ盤だけで行なうことが不可能で，最終加工は手仕上ゲで行なっているのが実状である．

ラップ盤の種類には，工作物の種類によって，平面ラップ盤・円筒ラップ盤・鋼球ラップ盤・歯車ラップ盤・バルブシ

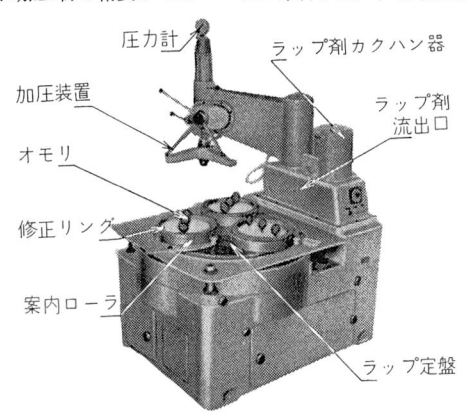

10・44 図 片面ラップ盤

ート ラップ盤等がある．しかし，一般的にラップ盤といえば，平面・円筒の加工に用いられる 10・44～10・45 図のような立テ形ラップ盤のことをさしている．

立テ形ラップ盤には，10・44，45 図に示すように，**片面ラップ盤・両面ラップ盤** の2種類がある．片面ラップ盤は，回転するラップ定盤の上に工作物をのせて圧力を加え，その下面だけをラップ仕上ゲするもので，平面ラップ仕上ゲだけを行

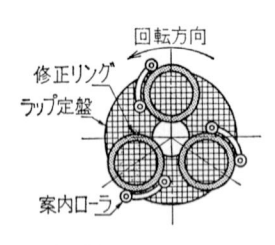

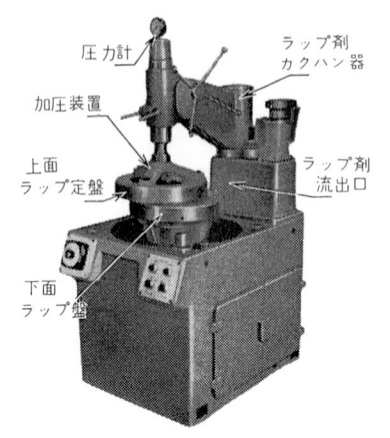

10・45 図　両面ラップ盤

なう．両面ラップ盤は，上下のラップ定盤の間に工作物をはさんで，上下面を同時にラップ仕上ゲすることができる．この機械はまた，ホルダ (Holder) を用いて，円筒外径のラップ仕上ゲをすることができる．

（1）**ラップ定盤**　10・44 図の中心にあるラップ定盤は，ラップ剤を保持して工作物との間で相対運動を行ない，工作物にこの定盤の精度を移す役目をもっている．したがって，ラップ定盤は摩耗が少なく，組織のチ密なミーハナイト鋳鉄製になっている．

ラップ定盤の回転は，10・46 図のように，電動機の回転がウオームに伝わって，定盤の軸に固定されたウオーム歯車によって，所要のラップ速度が与えられる．

（2）**修正リング**　ラップ定盤の上にのっていて，自由に自転できる輪形の部分である．外周は案内ローラでささえられながら，工作中つねに定盤の上をすべり，定盤の部分的摩耗を修正し，一様な平面度を保っている．10・47 図は修正リングが自転する様子を説明したものである．すなわち，定盤が θ だけ回転

10·6 ラップ盤作業

すると，リングのA点は a だけ動かされる．同様にB点は b だけ動かされることになり，結局リングは矢印の方向に自転する．またこのリングは，中に工作物を保持する役目とラップ液を定盤上に一様に分布する役目とを持っている．

（3） **カクハン装置**　ラップ液の中にラップ剤がよく混合するようにかくはんし，ラップ定盤の回転と連動して，定盤上に液を滴下する装置である．このために，タンクの出口には電磁弁があって，必要量だけ滴下される．

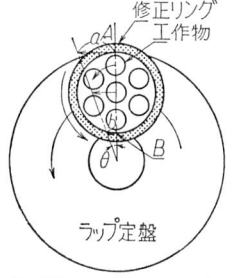

10·47 図　修正リングの自転．

2. ラップ盤作業

（1） 準備作業

① カクハン タンク内に，異物や違った粒度のラップ剤が残っていると，仕上ゲ面に思いがけないキズアトができるので，軽油などできれいに洗う．

② 修正リング・ラップ定盤はブラシでていねいにこすり，ミゾ入りの定盤はミゾの中まで掃除してから布でふき，修正リングを静かに定盤の上に置く．

（2） 工作物の配置　工作物をラップ定盤の上に置くには，10·48 図に示すように，修正リングの中に工作面を下にして，互いに動キが 1～5mm 程度になるまで並べ，ラップ圧が平均にかかるように，ゴム・フエルト等の弾力性の

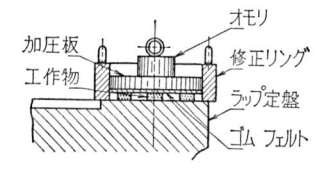

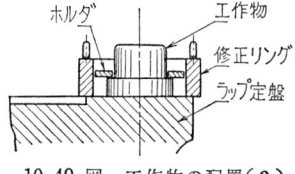

10·48 図　工作物の配置（1）．　　10·49 図　工作物の配置（2）．

あるものをその上に置いて，加圧板とオモリをのせる．加圧装置を用いる場合でも，オモリは工作物に一様にかかるようになっている．このラップ圧はふつう 0.5～1.0 kg/cm² にするとよい．工作物の自重だけでラップ圧が充分であるときは，10·49 図のように，ホルダで位置決メしてそのまま仕上げる．工作にあたってラップ定盤が回転すれば，定盤の外周部にあるものは，中心部にある

ものより速い速度をもつことになるので，工作物は遊星運動をすることになる．このために工作物は多方向から削られて仕上ゲ面はなめらかになるのである．10.50 図はラップ定盤の上の工作物の動いた跡である．

工作物が小さいときは，10.51 図（a）のような厚サ 2～10 mm ぐらいのベークライト板に工作物の型を抜き，その外周がちょうど修正リング内に入るようにしたホルダを用いる．この場合，修正リングの中心に対して対称になるように型を抜く．同図（b）は，両面ラップ盤でピンのような円筒形の小物を仕上げるときのホルダである．この種のものは，放射線状にすると，ころがるだけですべらないので，30～40°の角度をつける．また，きわめて小さくて，不安定な形のものは，あらかじめラップ仕上ゲされた金属製の板に，セラック・パラフィン・フーロ等の接着剤で規則的にはりつけて修正リング内に入れる．

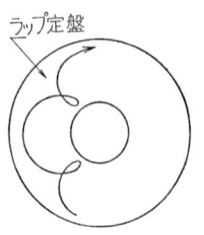

10.50 図 ラップ盤との工作物の軌跡．

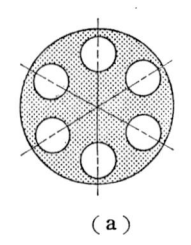

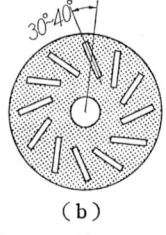

10.51 図 ホルダ

（3） ラップ剤 ラップ盤では，カーボランダムまたはアランダムを用いる．カーボランダムの方が，アランダムより仕上ゲ量は大きいが，仕上ゲ面はよくないので，荒ラ仕上ゲにはカーボランダムの粒子のあらいものを用い，精密仕上ゲにはアランダムの微粒を用いるとよい．10.5 表はラップ剤の適用範囲を示す．かたい焼キ入レ鋼や超硬合金のラップ仕上ゲには，カーボランダムの方がすぐれている．これに対しアランダムは軟鋼・アルミニウム・黄銅・青銅・ガラス・プラスチック等のラップ仕上ゲに適している．

10.5 表 ラップ剤の適用範囲．

作　　業	粒度（番）
荒ラ ラップ仕上ゲ	180～ 320（カーボランダム）
中 ラップ仕上ゲ	400～ 600（ 〃 ）
精密ラップ仕上ゲ	800～1500（アランダム）
鏡面ラップ仕上ゲ	酸化クロム

（4） ラップ仕上ゲ量 ラップ定盤の回転は仕上ゲ量と関係が深いが，だい

10・6 ラップ盤作業

たい手仕上ゲの場合と同じように 30〜60 m/min の範囲で行なう．あまり回転が速いと，遠心力でラップ剤が外周にばかりたまって，この部分の仕上ゲ量が多くなって正確な製品ができない．また，ラップ圧も仕上ゲ面に対して重要な要素であるが，かたい材料のときは大きく，やわらかい材料のときは小さくする．前に述べたように，だいたい 0.5〜1.0 kg/cm² がよい．

ラップ盤で仕上げる場合に，いろいろな工作物の材質に対して，どれほどの量が仕上げられるかという一例をあげておこう．これは直径24インチの定盤を使用して，ラップ圧 1.1 kg/cm²，ラップ剤はアランダム 800 番，湿式法で行なった場合である．

前加工のキズ目がとれるまでの１分間の仕上ゲ量．

鋳鉄・青銅	0.025 mm	黄　　銅	0.04〜0.06 mm
鋼　（軟）	0.013 mm	焼キ入レ鋼	0.003 mm
ステンレス クロム鋼 マンガン鋼	0.0005 mm	超硬合金	0.0002 mm 0.025 mm （ダイヤモンド ホイール使用）
ガラス・水晶	0.0025 mm		

（5）ラップ仕上ゲにおいて生じる欠陥とその対策　ラップ仕上ゲは複雑な機構のものであるから，生じた欠陥について簡単にその原因がわかるものとは限らないが，一応原因としてはラップ剤・ラップ液の選定の問題，ラップ定盤のカタサとその精度および運動の問題，工作物の形状とその前加工，それに関する仕上ゲ時間の問題などがあげられる．これらの原因をつきとめ，これに対する対策を講じて，よい製品をつくりだすことが必要である．10・6 表は，ラップ仕上ゲの欠陥とその対策を示したものである．

3. ラップ定盤の保守

ラップ定盤をつねに均一な平面に保つためには修正リングを用いるが，長時間作業を続けると定盤の平面度がくずれるので，ときどき平面

10・52 図　光線定盤による平面度の検査．

10・6表 ラップ作業に生じる欠陥とその対策.

欠　　陥	原　　因	対　　策
仕上ゲ面の黒い点やハン点	被加工物のカタサの不均一.	できるだけカタサのムラをなくする.
引ッカキ キズ	ラップ剤が不良であって数個の大きなト粒や不純物をふくんでいる.	完全なラップ剤を使用する. ラップ剤の容器にはゴミが全然入らないようにする.
	被加工物の仕上ゲ面に前加工のときの切リクズやゴミが付着している.	ラッピングの前に,被加工物をよく洗浄する.
	被加工物の角が鋭い.	角を丸める.
	ラップ定盤と機械が不良である.	ラップ定盤と機械をよく掃除する. 粗および精密ラップ工作のラップ定盤と機械は区別する.
	荒ラ仕上ゲ用および精密仕上ゲ用のラップ剤の選択が不適当である.	前段のラップ工作でできたキズをできるだけ早く取り去るようラップ剤粒度を選ぶ.
	室内がほこりっぽい.	ゴミを出すような機械(研削盤等)からできるだけ離す.
仕上ゲ面が荒らい.	ラップ剤が大きすぎる.	粒度の細かいラップ剤を用いる.
	ラップ定盤が不適当である.	面のなめらかなラップ定盤を用いる.
仕上ゲ面にムラがある.	ラップ剤がかたすぎる.	もっとやわらかいラップ剤を用いる.
	ラップ液が不適当である.	違ったラップ液を使ってみる.
寸法精度が悪い.	被加工物の仕上ゲ面が小さすぎる.	被加工物を束ねて仕上げるとか,ホルダやジグを使って工作する.
	前加工が悪い.	前加工はできるだけ精密に行なう.
	ラップ定盤の精度が悪い. ラップ定盤が踊る. ラップ定盤が不規則な運動をする.	ラップ定盤の面直シを行なう. ラップ定盤の取リ付ケを完全にし,主軸の振レを完全になくする.
	速度が大きすぎる. ラップ剤が多すぎる.	速度を下げる. ラップ剤を少なくするか,ラップ液の粘度を下げる.
	ラップ剤粒度が大きすぎる. 仕上ゲ時間が長すぎる.	粒度の小さいものを使う. 前加工の精度を高め,ラップ仕上ゲの時間を短縮する.

(次頁に続く.)

10・6 ラップ盤作業

欠　　陥	原　　因	対　　策
ラップ定盤の損耗が大きい.	前加工の精度が悪く，ラップ仕上ゲの取リシロが大きすぎる. ラップ定盤がやわらかすぎる. ラップ仕上ゲの運動が不適当である.	前加工の精度を高め，ラップ仕上ゲシロを小さくする. ラップ定盤の材質を変える. ラップの全面に均等に当たるように運動させる.
仕上ゲ時間が長すぎる.	ラップ剤が細かすぎる. ラップ剤の粒度段階が誤っている. 速度が低すぎる. 圧力が低すぎる. 前加工が悪くラップシロが大きすぎる. 被加工物の形状が複雑である ラップ剤の量が不適当である 被加工物の形状が不適当である. ラップ剤が不適当である．やわらかすぎる.	もっと大きいラップ剤に変える. 荒ラ仕上ゲと精密ラップ仕上ゲの間に2またはそれ以上のラップ剤粒度段階を入れる. 速度を上げる. 圧力を高める. 前加工の精度を高め，ラップ仕上ガリを小さくする. ラップ仕上ゲしやすいジグを用いる（ホルダを使用）. ラップ剤の量を増減する. ラップ仕上ゲが容易な形状にする. もっとかたいラップ剤に変える.

度を測定しなければならない．それにはつぎのような方法がある．

① 製品を三角直定規で調べる．

ラップ仕上ゲされた平面に三角直定規を当てて，スキ見法によって凹凸を知り，ラップ定盤の精度を判断する．

② 製品を光線定盤で調べる．

直径 45 mm ぐらいの青銅あるいは黄銅製のテストブロックを修正リング内に入れて，自重で約5分間ほどラップ仕上ゲしたものを用いて，10・52 図に示すように干渉ジマの形を観察することによって，定盤の精度を判断する．

③ 定盤を直定規によって調べる．

ラップ定盤をガソリン等でよく洗い，ラップ剤をきれいにふきとって，10・53 図のように直定規を定盤に交差させてのせる．この直定規に $1/1000$ mm 読ミのダイヤルゲージを取り付けて，その先端を軽く定盤

10・53 図　ストレートエッジを用いてラップ定盤の平面度を測定する．

の面に触れさせて静かに直定規をすべらせ，ゲージの読ミで測定する．

以上のような方法で定盤の凹凸の傾向が判明したならば，つぎのようにして定盤の平面度を直す．すなわちラップ定盤が凹傾向の場合には，10・54図のように修正リングをおのおの外方向に移動させて加工を続けると，定盤

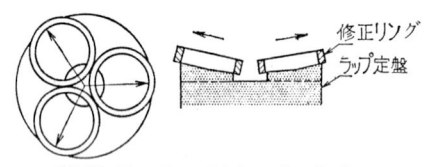

10・54 図　ラップ定盤の修正(1)．

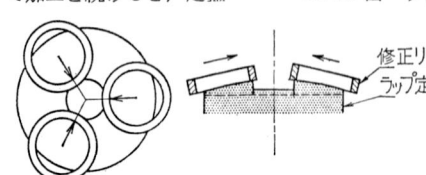

が修正される．また凸の傾向である場合は，10・55 図のように修正リングを内方向に移動すれば，定盤は修正される．しかし，この場

10・55 図　ラップ定盤の修正(2)．

合に修正リングの移動量と定盤の平面度との関係を絶えず調べて，資料を整えて置くことが定盤の精度管理上必要である．

なお，参考のためにラップ定盤の適当な回転数について述べておこう．これはラップ剤との関係もあり，工作するものの材質・カタサ・形状，要求される精度などによって，必ずしも一定した回転数を示すことはできないが，だいたいの標準を示すとつぎのとおりである．

```
両面平行ラップ作業（荒ラ仕上ゲ）……………18 r p m
    〃        （仕 上 ゲ）……………12 r p m
片 面 ラ ッ プ 作 業（荒ラ仕上ゲ）……………24 r p m
    〃        （仕 上 ゲ）……………12 r p m
円 筒 外 径 ラ ッ プ………………………………24 r p m
両面用ラップ定盤修正……………………………24〜30 r p m
片面用ラップ定盤修正……………………………24〜30 r p m
```

これらの値は，ラップ定盤の大キサ（外径×内径×厚ミ）が両面用は 500×300×75mm，片面用は 750×150×75 mm である場合についてのものである．

練 習 問 題

問題 1　ラップ定盤に鋳鉄製のものが用いられるのは，どのような理由によりますか．

問題 2　ラップ盤で $1/1000$ mm 以下の高い精度の加工ができますが，機械自身の精度もやはり $1/1000$ mm 以下の精度をもっていますか．

11章　形削リ盤作業

　形削リ盤は，工作物を主として平面に切削する工作機械である．機械工場で最も一般的に使われているが，組ミ立テ工場や修理工場などにも備え付けて，仕上ゲ工が操作することも多い．

　構造が簡単で取り扱いがやさしく，小さい工作物の平面・段付ケ・ミゾなどを削るのに適しているが，高い加工精度は望めない．また，形削リ盤は，バイトが前進するとき切削し，後退するときは全然切削しないので，時間的に効率が悪いという欠点もある．

　形削リ盤作業の要点は，バイトの製作と工作物の取リ付ケにある．工夫すれば曲面の切削もできるし，適当な取リ付ケ具を用いれば能率的に多量加工もできる．

11・1　形　削　リ　盤

1.　早モドリ機構

　形削リ盤（Shaper）の主要部は，11・1 図に示すように，ベース・フレーム・ラムおよびテーブルである．それに伝導装置があって，ベルト式では段車，直結式では電動機と変速用のギヤ ボックスがある．

　ラム（Ram）の前面には刃物台があり，スベリ面に案内されて往復運動をする．形削リ盤の大キサは，このラムの最大行程で表わされ，400, 500, 600, 700 mm のものがある．テーブル（Table）は，フレームのスベリ面

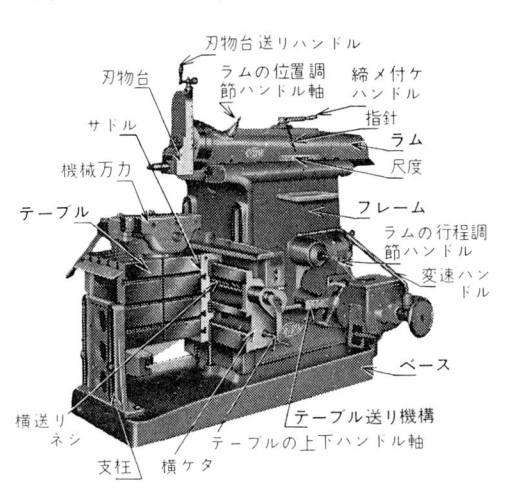

11・1 図　形削リ盤

にそって上下に移動することができるサドル (Saddle) に取り付けられていて，横送リができるようになっている．

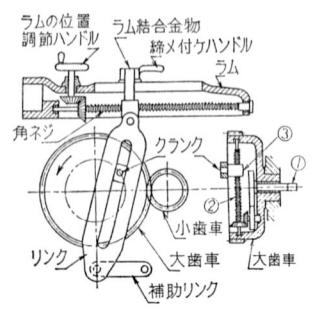

11・2 図 ラムの早モドリ運動機構．

ラムに往復運動を与える装置は，フレームの内部にある．削リ行程 (Cutting stroke) よりもモドリ行程 (Return stroke) の方が速度が早くなるように，早モドリ運動 (Quick return motion) をするようになっていて，ラムの行程を加減することができる．11・2 図は，その機構を示す．動力は小歯車に伝わり，これが大歯車を回転させる．大歯車にはクランク ピンがあり，このピンはリンクの細長い窓の中にスベリ子を介してはまりこんでいる．大歯車によってリンクが揺動してラムを往復させるのである．ラムの削リ行程では，ピンはリンクの腕の長い側に作用するのでリンクの揺動の速サは遅くなり，ラムに加えられる力は大きくなる．モドリ行程では，反対にピンはリンクの腕の短い側に作用するから，速サは大きくなり，ラムに加わる力は小さい．

2. ラムの行程と位置の調節

ラムの行程 (Stroke) は，リンクのスベリ子の回転半径を変えることによって調節することができる．その装置は，11・2 図に示したように，大歯車の内部にあって，ハンドル軸①を外側から回すようになっている．ハンドル軸にハンドルを取り付けて回すと，平歯車・カサ歯車を経てオネジ②が回り，メネジ③を移動してクランク ピンの回転半径が変わる．ラムの移動距離は，ラムに取り付けてある指針とフレームに備えてある尺度によって知ることができる．

ラムの行程は，工作物を削る長サよりも 30 mm ぐらい大きくなる．11・3 図に示すように，削リ始メにバイトは 20 mm ぐらい後退しているようにし，削リ終ワリでバイトが 10 mm ぐらい出るようにするからである．

11・3 図 バイトの移動距離．

ラムの行程が決まっても，テーブルに取り付けた工作物の位置に応じて，往復するバイトの位置を決めないと切削ができない．ラムの位置の調節は，11・2

11・2 刃物(バイト)

図からわかるように，締メ付ケ ハンドルをゆるめて，ラムの位置調節ハンドルを回し，角ネジとメネジによって，ラムを前後に移動して行なうようになっている．

3. 削リ速度の調節

形削リ盤の削リ速度は，リンクが揺動する速サ，すなわち大歯車の回転数とバイトの行程によって決まる．削リ速度は大歯車の回転数に比例することはいうまでもないが，バイトの行程には反比例し，行程が小さいときは削リ速度は大きくなる．したがって行程を2倍にして，しかも削リ速度を同じにしておこうとすれば，大歯車の回転数を半分にしなければならない．また削リ速度は，工作物の材質，バイトの条件，切リ込ミ・送リなどによっても変えなければならない．この変速は，大歯車の回転数を変えることによって行なうが，ベルト掛ケの形削リ盤では段車とバックギヤによって変速し，歯車式のものでは歯車をすべらせて，組ミ合ワセを変えて変速する．ふつう8段ぐらいの変速になっている．

4. テーブルの横送リ機構

テーブルの横送リは，手送リと自動送リができるようになっている．自動横送リ装置は，11・4図に示すように，フレームの中にある大歯車の円板に偏心のミゾがあり，これに板の一端をはめ，他端をニマタと揺動棒を経てツメ車に連結してある．したがって，大歯車の1回転ごとに横送リネジが少しずつ回ってテーブルを横に送るのである．

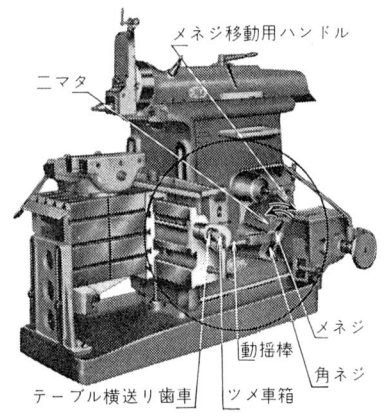

11・4図 テーブルの横送リ機構．

11・2 刃物(バイト)

1. 形削リ盤用バイト

形削リ盤用バイトには，一般に高速度鋼を刃先だけにロウ付ケしたもの，あるいは電気溶接でつけたものが用いられる．11・5，11・6図のように，刃先を柄の中心線よりも

11・5図 形削リ盤用バイト

下げた弾性バイトが多い．これは，切削中にバイトが切削力によりたわんでも，11・7図(b)のように逃げ，加工材を深く削りすぎることがない．

11・7図(a)のようなバイトは，たわむと深く削りすぎることになる．形削リ盤用バイトのおもなものにはつぎのようなものがある．

(1) 荒ラ削リ用バイト　刃先の丈夫なものが用いられる．11・8図(a)のように刃先に丸ミをつけた先丸バイトは，荒らい送リに耐えることができる．また同図(b)に示す刃先のとがった剣バイトを用いることも多い．

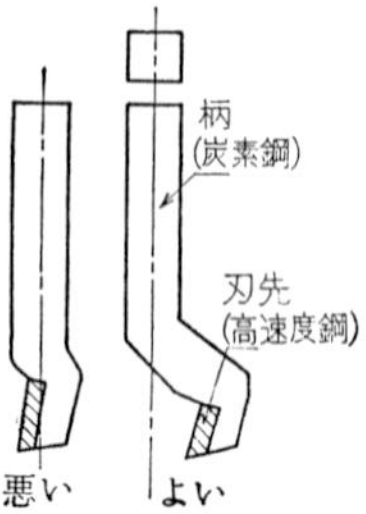

(2) 仕上ゲ用バイト　11・9図に示すような，ヘールバイトは，荒ラ削リの後で削リ面を美しく正確な寸法に仕上げるときに用いられる．刃先の幅は柄の幅よりも広くつくり，側面にも切レ刃をつけておけば，垂直面の仕上ゲにも使うことができる．

11・6図　形削リ盤用バイト

刃先の幅が広いので，バネの作用をする腰の部分の肉を厚くしないと，ビビリがでるおそれがある．

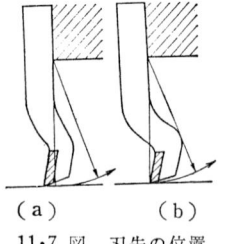

(3) その他のバイト　以上のほか，いろいろな形の面を削るときに用いるために，11・10図に示すような，各種のバイトがある．同図(a)に示したものは，工作物の側面やアリミゾを削るときなどに用いるバイトであって，このバイトの刃先は，あまり長くない方がよい．この種のバイトには，右勝手と，左勝手のものがあり，それぞれ用途に応じて用いる．

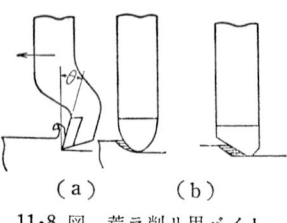

11・7図　刃先の位置．

11・8図　荒ラ削リ用バイト

同図(b)は，ミゾを削るときに用いるバイトである．同図(c)は，軟鋼製のバイトホルダに高速度鋼のサシ込ミバイトを取り付けたものである．

11・9図　仕上ゲ用バイト

11・2 刃物（バイト）

2. バイトのとぎかた

バイトの切レ味や切削面の良し悪し，寿命などは，その熱処理ととぎかたにかかっている．

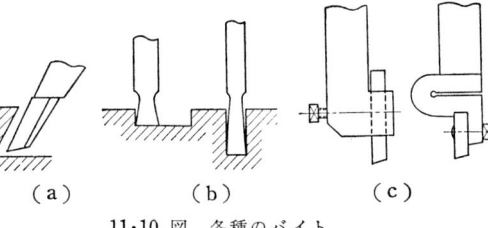

11・10 図　各種のバイト．

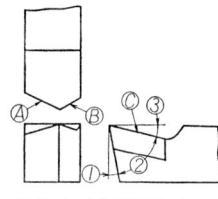

①前逃ゲ角②刃先角③スクイ角

11・11 図　バイトの刃先．

バイトの刃先は，研削盤を用いてとぐが，その形状は 11・11 図に示すように前逃ゲ角・刃先角・スクイ角を与えて，削リ抵抗が少ないように，切リ粉が出やすいように，また刃先が長持ちするようにとがなくてはならない．　11・1 表は工作物の材質に対するこれらの角度の大キサを示したものである．

スクイ角は，工作物の材料が弱くてヒズミがでるようなものに対しては，30°くらいシャクリをつけることが必要である．そのために，付ケ刃バイトは，種種の材質に応じてスクイ角を変えることができるように，はじめから厚めにしておくとよい．

11・1 表　形削リ盤用バイトの刃先角．

角	鋳 鉄	軟 鋼	シンチュウ（黄銅）・砲金（青銅）
前逃ゲ角（二番）	5～ 7°	5～10°	3 ～ 7°
刃 先 角	80～85°	60～75°	85 ～ 90°
スクイ角	5～10°	15～30°	0 ～ 5°

バイトをとぐときは，11・12 図に示すようにしてトイシ車にバイトを当てる．とぐ順序は，だいたい，11・11 図の Ⓐ→Ⓑ→Ⓒ 面の順にする．トイシ車でといだままのものを使用することもあるが，切レ味をよくし，寿命を延ばすために，刃先を油トイシでといで，カエリ等を削リ取ることが多い．この場合は万力にバイトの柄の部分をはさみ，油トイシを手で持って各面の仕上ゲを行なうのである．

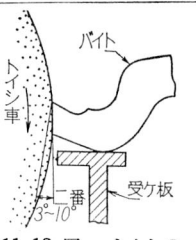

11・12 図　バイトのとぎかた．

3. バイトの取り付ケ

(1) **刃物台** 形削リ盤の刃物台 (Tool post) は，11・13 図に示すような構造になっている．この刃物台によって，水平削リのほか，刃物台送リ ハンドルによる垂直削リや，回リ板をラムに対してある角度だけ回して削る角度削リができる．

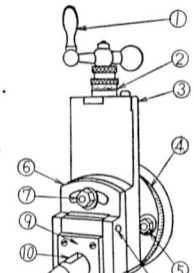

①刃物台送リ ハンドル ②ダイヤル ③スベリ ④ダイヤル付き回リ板 ⑤締メ付ケ ボルト ⑥エプロン ⑦締メ付ケ ボルト ⑧ チョウツガイ ピン ⑨ クラッパ ボックス ⑩ バイト取リ付ケ部

11・13 図 刃物台

クラッパ ブロック (Clapper block) は，モドリ行程のときに，バイトによって削リ面にキズがつかないように，チョウツガイ ピンを軸としてわずかに外向キに回リ，バイトをそらすようになっている．

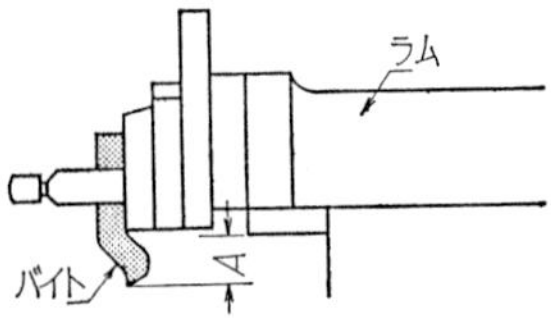

(2) **バイトの取リ付ケ** バイトは切削力でたわむから，11・14 図に示すように，できるだけAの寸法を短くする．入リ込んだ部分を加工するために，やむを得ず長く取リ付けたバイトは，その必要がなくなったならば，すぐに取リ付け直すことが必要である．また，バイトは1本のボルトで締め付けているだけであるから，切削力によって傾くことがある．これを防ぐためには，11・15 図に示すような**オサエ板**によって締め付けるとよい．オサエ板は，バイトをはずすときに落ちるから，同図に示すような形のものを用いる．

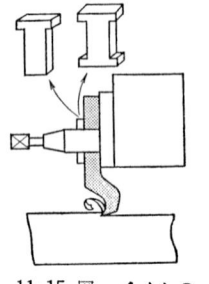

11・14 図 バイトの取リ付ケ．

11・15 図 バイトのオサエ板．

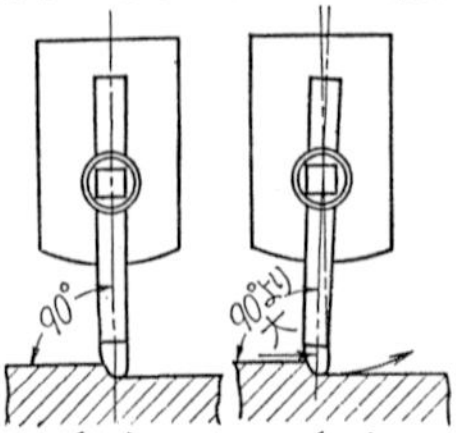

バイトは，11・16 図 (a) に示すように，工作物と直角に取リ付けるのが原則である．同図 (b) のように傾けて取リ付けると，切削力によって押されて削リすぎになリ，寸法を誤ることがある．むしろ反対に傾ける方が安全である．

11・16 図 バイトの取リ付ケ角度．

垂直削リ・角度削リの場合は，11・17 図に示すよう

11・3 工作物の取り付ケ

に，エプロンのボルトをゆるめ，垂直に対してエプロンを傾けて締め付ける．こうすればモドリ行程のときに，削った面をこすることがない．

11・3 工作物の取り付ケ

1. 万力による取り付ケ

（1）**万力の検査** 形削リ盤作業では，加工物の取リ付ケは**機械万力**（Machine vice）によることが最も多い．しかし，精度の高い形削リ盤を用いても，万力が不正確であればよい製品はできない．したがって，作業にかかる前に，これをよく検査することが必要である．

（a）垂直削リ　（b）角度削リ
11・18 図　バイトの取り付ケ．

万力の検査をするは，まず，万力の底がラムと平行であるかどうかを調べる．

11・18 図に示すように，刃物台にダイヤル ゲージを取り付け，ラムを移動して底に置いた**平行台**（Parallel block）の上をすべらせる．簡単

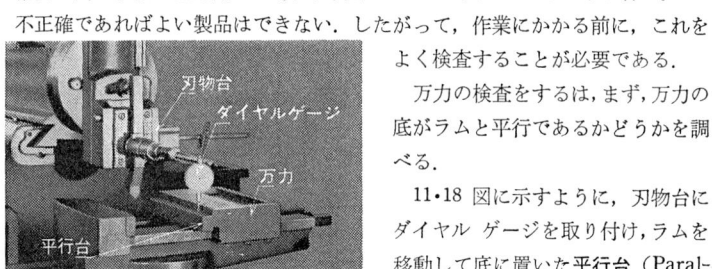

11・18 図　万力の検査．

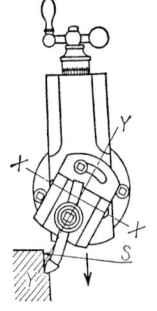

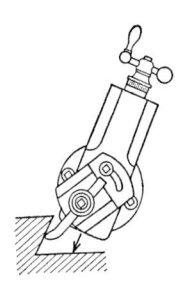

に検査したいときは，ダイヤル ゲージの代わりにケガキ針を取り付けてもよい．この場合，平行台の面にケガキ塗料を塗り，針の当たり加減によって判断するのである．

つぎに，同様な方法で機械万力のアゴの上面とラムが平行であるかどうかを検査する．

（2）**万力の使用法**
万力によって工作物を固定する場合は，万力のアゴの方向をバイ

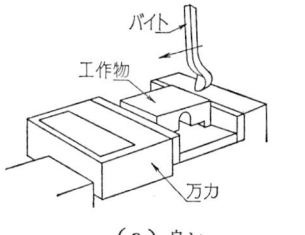

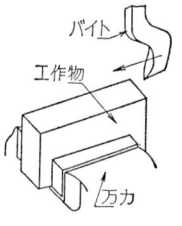

（a）良い．　　　（b）悪い．
11・19 図　万力のくわえかた(1)．

トの運動方向に対して直角の位置に据えることがたいせつである．すなわち，

11·19 図(a)に示すようにしてくわえるのがよい.これを同図(b)のように,バイトの運動方向と同一方向に固定すると,切削力に対抗する力が少なく,削っているうちに工作物が動くことがある.

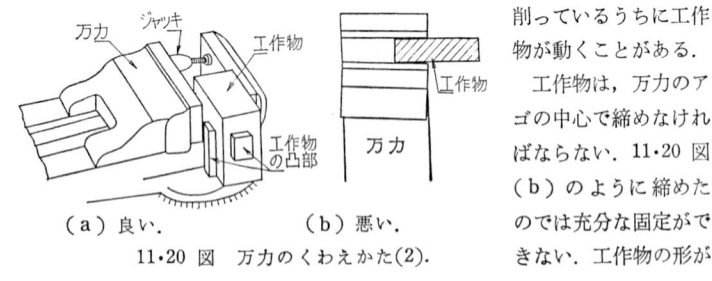

工作物は,万力のアゴの中心で締めなければならない.11·20 図(b)のように締めたのでは充分な固定ができない.工作物の形が同図(a)のような場合は,一方のアゴに頭の平らなジャッキをかい,アゴが平行になるようにして取り付ける.また,万力に取り付けるときに,移動アゴが工作物を締め付けたとき,上に浮き上がることがあるので注意を要する.

(a)良い.　　　　(b)悪い.

11·20 図　万力のくわえかた(2).

(3) 平行台による取り付ケ　工作物に厚ミがなくて,万力の底に置くとアゴの上に仕上ゲ面がでないようなときや,凸起があって底に置けないような場合には,11·21 図(a)に示すように,適当な厚サの平行台を敷く.平行台の幅は工作物の幅に近い方がよい.狭いものを用いて,同図(b)のようになるのはよくない.この場合は,同じ形のものを 2 個用いて 11·22 図のようにする.

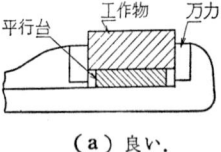

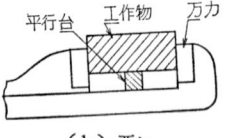

(a)良い.　　　　(b)悪い.

11·21 図　平行台を用いた例.

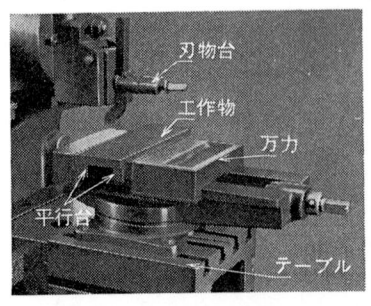

平行台を用いて取り付けるときに限らず,工作物は底が平行台または万力の底に密着するように,鉛ハンマで軽くたたきながら取り付ける.11·23 図のように直径 6 mm ぐらいの丸棒をはさんで締め付ける方法もよく用いられる.

(4) Vブロックによる取り付ケ　丸棒は動くので万力で締めつけるのは

11·22 図　平行台 2 個を用いる例.

11・3 工作物の取り付ケ

むずかしい．これは 11・24 図に示すように，Vブロックを用いて締めるとよい．

（5） クサビによる取り付ケ キーのような小物を万力に締めつけて削るには，11・25 図に示すようにクサビを用いる．クサビの形や，おさえる方向を誤ると，なかなか締め付けられない．

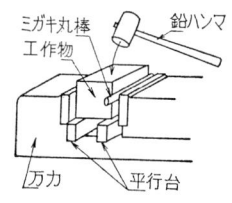

2. テーブルによる取り付ケ

機械万力に取り付けることができないような工作物は，直接テーブルに取り付ける．あるいはテーブルに**イケール**（Angle plate）のような取り付ケ具を用いて取り付ける．

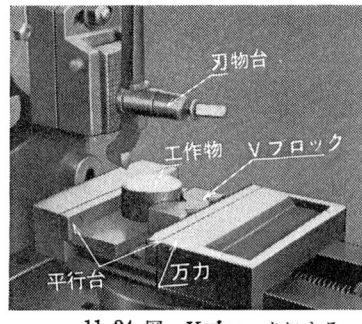

11・26 図は，締メ金によって工作物をテーブルに直接取り付けた例を示したものである．締メ金が適当に曲がって沈んでいるので，バイトがこれに当たることはない．11・27 図はテーブルの側面に締メ板で取り付けたところを示す．

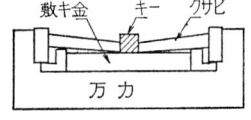

薄い工作物を削る場合には，11・28 図に示すように，切削方向を止メピンで止め，側面は止メピンと締メ金によって止める．このとき，締メ金はなるべく傾けない方がよい．

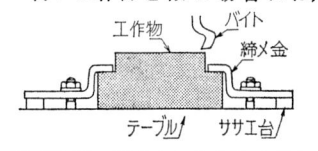

締めるときは，工作物がテーブル面に

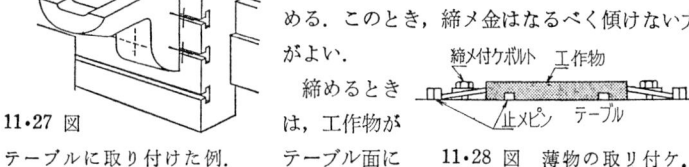

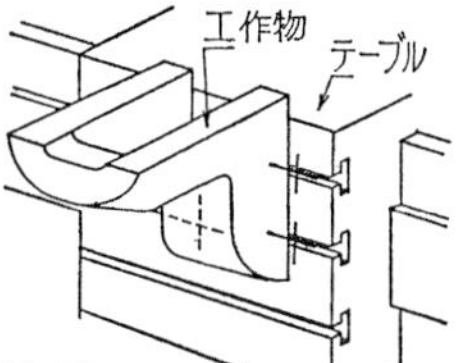

11・23 図　平行台と丸棒による取り付ケ．

11・24 図　Vブロックによる丸棒の取り付ケ．

11・25 図　クサビによるキーの取り付ケ．

11・26 図　締メ金による取り付ケ．

11・27 図　テーブルに取り付けた例．

11・28 図　薄物の取り付ケ．

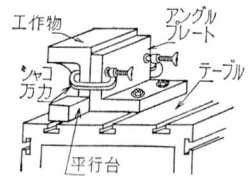

11・29図はイケールを用いて工作物を取り付けたところを示す．平行台をかって，削られる面が取り付ケ具の上端面よりも高くなるようにしている．

テーブルの形式には，11・30図に示すように，回転できるものがある．これを**万能形テーブル**と呼び，これを用いれば角度のあるものの工作範囲が広くなるので便利である．

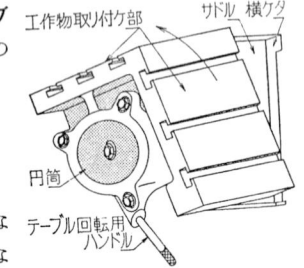

11・29図 イケールによる取り付ケ．

11・4 形削リ盤作業

1. 心出シ

工作物にケガキしないで，そのまま万力などに取り付けるときでも，一応心出シを行なう．11・31図は，テーブルの上にトースカンを置いて，その針先で工作物の上面をあたり，心出シするやりかたを示す．

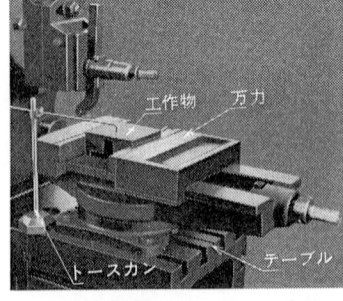

11・30図 万能形テーブル

11・32図はよく用いられる方法で，刃物台にケガキ針を取り付けて，ラムを前進させて工作物のケガキ線に合わせる方法である．この場合，ケガキ針の代わりにバイトを取り付けたまま，このバイトに針金などを巻いてその先端で心出シをすれば，バイトをはずさなくてすむ．

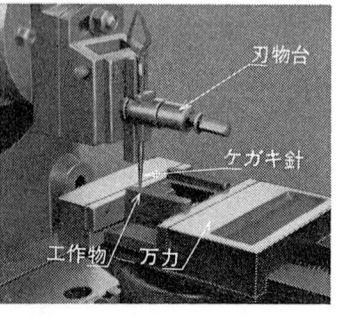

ラムを前進させて心出シをする方

11・31図 心 出 シ (1)

11・32図 心 出 シ (2)

11・4 形削リ盤作業

11.33 図 心 出 シ（3）

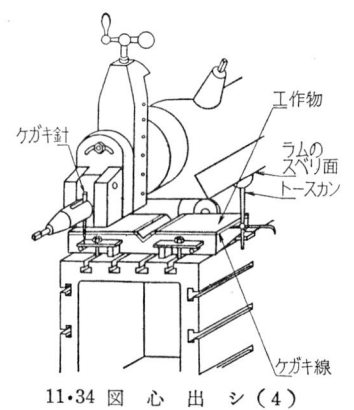

法では，バイトの移動方向についてだけ心が合うことになるので，面の切削の場合には，テーブルを移動させて横のケガキ線にも心合ワセをする．

仕上げられた面に対して直角に削るような場合は，11.33 図に示すように，スコヤを用いて心出シをする．万力のアゴの面より正確に直角がでるものである．

テーブルに取り付けた複雑な形の工作物について心出シをする場合には，11.34 図に示すように，ラムを前にだして，ラムのスベリ面にトースカンを当てて針の先をケガキ線に合わせる方法をとる．

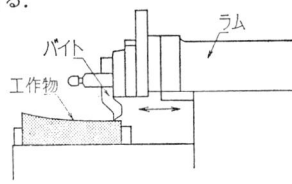

11.34 図 心 出 シ（4）

11.35 図 平面削リの誤差．

2. 水平削リ

形削リ盤は，よほどラムのスベリ面が正しく調整されていても，ラム自身の曲ガリや，バイトの逃ゲによって，11.35 図に示すように，中凹や末広ガリの面になりやすい．このことを充分理解して，正確な平面を削るには，必ず仕上ゲ バイトを数回繰り返してかけなければならない．

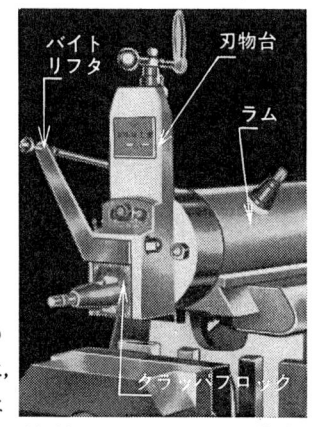

11.36 図 バイト リフタ装置．

仕上ゲ用ヘール バイトをかけるときには，ラムがモドリ行程になると，バイトの裏が削った面に当たるから，バイトを持ち上げる必要がある．11・36 図は，自動的にバイトを持ち上げるバイト リフタ装置を示す．

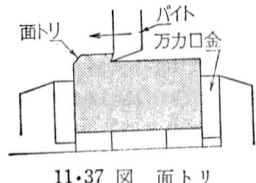

バイトのかかり初めと終わりには，衝撃によってバイトが折れることがある．これを防ぐために，ヤスリで両端面を面トリしておくとよい．

鋳鉄などのようなもろい材質は，削り終ワリの部分が欠けるので，11・37 図に示すように，45°ぐらいに面トリをする．

11・37 図　面トリ

3. 角度削リ

11・38 図に示すようなアリ ミゾを削るときは，切削面積がかなり広いためと，切削力が大きいために，同図（a）に点線で示すようにミゾが曲がって削られやすい．これを防ぐためには，同図（b）のように①→②→③と何段かに分けて削るか，同図（c）のように底からわずかに離して斜面を削り，底面を後で削るなどの方法をとることが必要である．

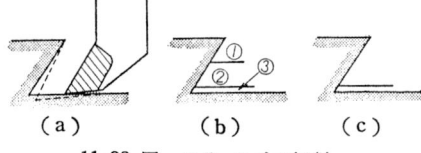

11・38 図　アリ ミゾの切削

4. 垂直削リ

側面バイトで垂直削リをするには，横送リで切り込ミを与えるようにする．決して上から直角におろしながら切り込んではならない．最後の面を美しく仕上げるには，11・39 図に示すように，わずかな横送リを与えて切り込ませ，刃物台を上にあげながら削るとよい．このようにすれば食い込むおそれがない．

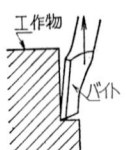

11・39 図　垂直削リ

5. キー ミゾ削リ

軸にキー ミゾを切るときは，11・40 図に示すように，キー ミゾの両端にドリルで穴をあけて，バイトの逃げる場所をつくっておく．

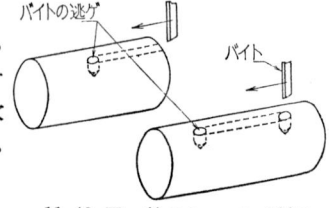

ベルト車や歯車などのボス穴のキー

11・40 図　軸のキー ミゾ削リ

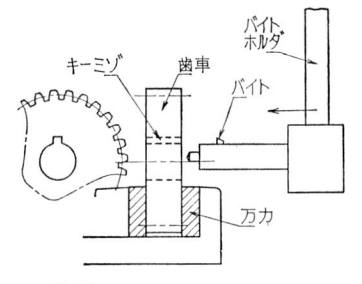

11・4 形削リ盤作業

11・41 図 穴のキーミゾ削リ.

ミゾ削リは，11・41 図に示すような特別なバイトホルダを用いて削る．この場合，バイトは上向キにして削る方が，バイトホルダを曲げようとする力も少なく，削リクズの排除もできるのでよい．

一般にミゾ削リの場合には，必ずバイトの逃ゲをつくっておくことが必要である．11・42 図(a)のような工作は，形削リ盤では不可能で，同図(b)のように逃ゲをつくるのである．

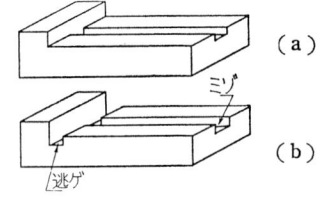

11・42 図 ミゾ削リの逃ゲ．

6. 削リ速度と切削剤

形削リ盤の削リ速度は，工作物の材質・カタサ，バイトの種類，機械の剛性などによって違ってくるが，だいたいの値は，つぎの 11・2 表に示すとおりである．

切削中の摩擦を防ぎ，バイトを冷却し，切レ味をよくするために，軟鋼・硬鋼を削るときには，切削剤として**マシン油**などを用いる．しかし，鋳鉄・黄銅

11・2 表　削リ速度と送リ．

工作物の材質	鋳　　鉄		炭　素　鋼		黄　　銅	
バイトの材質	炭素工具鋼	高速度鋼	炭素工具鋼	高速度鋼	炭素工具鋼	高速度鋼
削リ速度 (m/min)	9	18	7.5	15	30	48
送　リ　(mm)	1.8	2.1	1.1	1.4	1.4	1.4

・青銅などのように，切リ粉がぼろぼろになって出てくるものには用いなくてもよい．

切削中にバイトがびびり，仕上ゲ面に波状のあとがつくことがある．その原因にはいろいろあるが，最も多いのは削リ速度が速すぎた場合と，切リ込ミが大きすぎた場合である．そのほか，バイトの腰の部分が弱いと，大きな切リ込ミのときにビビリが生じることがある．また，機械にガタがあってもびびるの

で，機械の調整もたいせつである．ビビリは，バイト・削リ速度・送リ・切リ込ミ，工作物の材質・カタサ，それに機械の問題等が関連し合って生じる複雑な現象である．

7. 形削リ盤作業の一般的注意

工作機械を用いる場合は，いずれもその使用法を充分のみこんでからでなくてはならないが，形削リ盤は特殊な運動をするので，とくにその点について注意することがたいせつである．

形削リ盤作業の一般的な注意事項を述べると，つぎのとおりである．

① 形削リ盤の刃物の正面に立ってはいけない．ラムが往復運動することを忘れているわけではないが，ラムの行程を調節したあとの場合などに，予期しない事故が発生することがある．

② ラムの後方に安全サクを設けなければならない．移動用のスタンド形安全サクを設けて，ラムの行程の変化に応じて危険範囲を示しておくとよい．

③ 切削面をのぞくときは，あまりラムに近づかないようにする．作業に熱心なあまり頭を出して，ラムに衝突した例がある．

④ 保護メガネを用いるとよい．切リ粉が飛んでけがをすることがある．

⑤ 切リ粉を素手で払ってはいけない．必ずハケを用いる．

⑥ ラムの行程調節ハンドル等は，使用したあと必ずはずしておく．そのままにしておくと，はずれ落ちて危険なときがある．

⑦ 機械は，できるだけムダ回シをしないようにする．

⑧ 機械が動いているときには，掃除・注油などを絶対にしてはならない．

⑨ 運転中に調整することはいけない．

⑩ 機械の前後に材料や品物を積んでおくことはよくない．

練 習 問 題

問題 1 形削リ盤の早モドリ運動について説明しなさい．

問題 2 形削リ盤は精度の高い加工ができないといわれますが，その原因は何ですか．

問題 3 形削リ盤で角度削リを行なうとき，刃物台のエプロンを傾けて締め付けるのは，どのような理由によりますか．

問題 4 機械万力に材料を取リ付けるときに，鉛ハンマで材料をたたくことがありますが，ハツリ作業に用いる片手ハンマではいけないのでしょうか．

問題 5 バイトで軟鋼を切削するときは，マシン油を用いますが，これは何のためにするのですか．

12 章 組ミ立テ作業

組ミ立テ作業は，機械製作の最終の工程であり，組ミ立テ図のとおりに製品を完成させるものである．組ミ立テ作業を分析すると，ネジの締メ付ケ，ブシュの圧入や軸受ケの組ミ立テ等の簡単な作業から，技術と熟練を要する心出シ作業，ハメアイの関係作業，スベリ面のアタリを出す作業，その他がある．

ミシン・自動車などのように多量生産するものは，互換性のある部品を組ミ立テ ラインに乗せて，流レ作業によって組ミ立テを行なっている．しかし，工作機械のような高い精度を要するものや，少量生産の製品は，完全な流レ作業による組ミ立テは不可能であって，調節しながら慎重に組ミ立テを行なわなければならない．いずれの場合でも，組み立てられた完成品は，性能・寸法などの検査をすることは当然であるが，とくに工作機械などには，厳密な精度検査が必要である．

12・1 組ミ立テ作業の内容

1. 多量生産と組ミ立テ ジグ

12・1 図は，流レ作業方式によるエンジンの組ミ立テ工場を示したものである．ここでは，互換性のある部品が，ベルト コンベヤの上でつぎつぎに組み立てられ，コンベヤの終点では製品が絶え間なく完成されている．ラインにいる作業者は，1個または数個までの決まった部品の組ミ立テを分担するので，作業には一般に高い技術を要しない．むしろ作業指導に従って，正確に合理的に，能率的に作業をする心得が必要である．

12・1 図　エンジンの組ミ立テ工場．

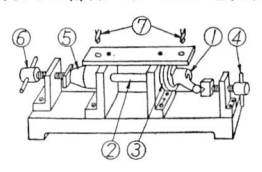

①クラッチ レバー ハンドル ②切リ換エ レバー ③プレート ④ハンドル ⑤クラッチ アーム ⑥ハンドル ⑦ドリル

12・2 図　組ミ立テ ジグ

12・2 図は，組ミ立テ ジグの一例を示したものである．これは部品の位置を決めて穴アケ

を行なうジグ (Jig) で，①のハンドルと⑤のアームを②の軸に位置決メして穴アケを行なうものである．③のプレートを用いて両方から④，⑥を締め付けるだけで準備が終わる．このような場合に，ジグの設計が完全であれば，組ミ立テは簡単で時間もかからない．

2. 単一生産と現物合ワセ

工作機械たとえば旋盤を組み立てる場合は，ベッドをはじめとする各スベリ面の組ミ立テ，あるいは複式刃物台の組ミ立テ，親ネジの取リ付ケ等，それぞれ1台1台について，完全な面の当タリを取リながら，綿密な作業で**現物合ワセ**をしながら組ミ立テ精度を出すのがふつうである．このような単一生産方式は，機械が精密になればなるほど必要であり，熟練した技術が要求される．12・3 図は，工作機械の組ミ立テ工場の一部を示したものである．

3. 固着組ミ立テと運動部分組ミ立テ

リベット締メとか溶接・圧バメ・焼キバメ等のように，永久に取リはずすことのない組ミ立テや，必要に応じて取リはずすことはできるが，ネジ締メ・ピン・キー・コッタ等による組ミ立テ作業は，一般に**固着作業**と呼ばれている．固着作業では，二つの固着される部品が，図面に示された正しい関係位置に固定できるように，必ず心出シを行なうことが必要である．この**心出シ**作業は固着作業に伴う重要な準備作業であり，これを容易に行なうために組ミ立テジグを用いることが多い．

12・3 図 組ミ立テ工場の一部．

また，軸受ケの組ミ立テ，旋盤ベッドのスリ合ワセ，あるいは内燃機関（エンジン）のクランク軸とコンロッドの組ミ立テ等のように，相互に運動する部分を組み立てる作業は，相互の面の**当タリ**を完全にしておくという点でむずか

12・1 組ミ立テ作業の内容

しい作業の一つである．

4. ハメアイの種類

部品の穴に軸を組み合わせる作業は非常に多い．この穴と軸との関係は，スキマの大小によって固くもなり，ゆるくもなることはいうまでもない．工作図には，このハメアイの条件が日本工業規格（JIS）に規定された寸法公差およびハメアイによって指示されていることが多い．

（1） スキマのある穴と軸 多量生産方式を採用している工場では，穴のある部品と軸は別別に，それぞれ誤差が許される範囲内にあるような手法で製作する．穴の場合は，基準となる寸法すなわち**基準寸法**が，たとえば 100.00 mm であれば，100mm ちょうどに仕上げることは困難であるので，**最小許容寸法**は 100.00mm，最大許容寸法は (100＋0.04) mm というように，0.04 mm の寸法公差を許して，その範囲内の寸法で仕上げられた製品を合格品とする．一方，この穴に合わせる軸についていえば，基準寸法は 100.00mm であるが，最小許容寸法は(100－0.06)mm，最大許容寸法(100－0.02)mm の範囲内で製品をつくり上げるようにする．この公差内にある穴と軸を任意にはめ合わせる場合には，そのスキマは最小スキマが 0.02 mm のものから，最大スキマ 0.10mmのものまで各種の組ミ合ワセができる．これをすべて合格品とするのが**限界ゲージ方式**（Limit gauge system）である．12・4図は，このスキマのあるハメアイ，すなわち**スキマ バメ**の穴と軸との関係を示したものである．

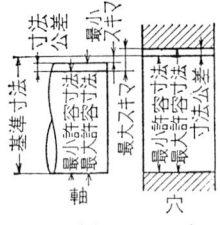

12・4 図 スキマのあるハメアイ．

（2） シメシロのある穴と軸 穴の直径よりも軸の直径が大きい場合には，あとで述べる焼キ バメ等の方法で組み立てるが，そのハメアイは非常に固い．これを**シメシロ**のあるハメアイと呼んでいる．たとえば基準寸法が 100.00mmのとき，穴の最大許容寸法は100.00mm，最小許容寸法は (100－0.03) mm とし，軸の最大許容寸法は，(100＋0.05)mm，最小許容寸法は(100＋0.02)mm とし，この寸法公差でそれぞれ仕上げられるとすれば，最大のシメシロのある場合は 0.08mm のシメ シロ，最小の場合でも 0.02mm のシメシロがあることになる．12・5 図は，この関係を示したものである．この**シマ**

12・5 図 シメ シロのあるハメアイ．

12章 組ミ立テ作業

12・1 表の1 軸の寸法許容差（6級軸の場合．）

(単位 $\mu = 0.001$ mm)

寸法の区分(mm) をこえ～以下	B B10 +	C C9 +	C C10 +	D D8 +	D D9 +	D D10 +	E E7 +	E E8 +	E E9 +	F F6 +	F F7 +	F F8 +	G G6 +	G G7 +	H H5 +	H H6 +	H H7 +	H H8 +	H H9 +	H H10 +
— 3	180 140	85 60	100	34 20	45	60	24 14	28	39	12 6	16	20	8 2	12	4	6	10 0	14	25	40
3 6	188 140	100 70	188	48 30	60	78	32 20	38	50	18 10	22	28	12 4	16	5	8	12 0	18	30	48
6 10	208 150	116 80	138	62 40	76	98	40 25	47	61	22 13	28	35	14 5	20	6	9	15 0	22	36	58
10 14 / 14 18	220 150	138 95	165	77 50	93	120	50 32	59	75	27 16	34	43	17 6	24	8	11	18 0	27	43	70
18 24 / 24 30	224 160	162 110	194	98 65	117	149	61 40	73	92	33 20	41	53	20 7	28	19	13	21 0	33	52	84
30 40	270 170	182 120	220	119 80	142	180	75 50	89	112	41 25	50	64	25 9	34	11	16	25 0	39	62	100
40 50	280 180	192 130	230																	
50 65	310 190	214 140	260	146 100	174	220	90 60	106	134	49 30	60	76	29 10	40	13	19	30 0	46	74	120
65 80	320 200	224 150	270																	
80 100	360 220	257 170	310	174 120	207	260	107 72	126	159	58 36	71	90	34 12	47	15	22	35 0	54	87	140
100 120	380 240	267 180	320																	
120 140	420 260	300 200	360	208 145	245	305	125 85	148	185	68 43	83	106	39 14	54	18	25	40 0	63	100	160
140 160	440 280	310 210	370																	
160 180	470 310	330 230	390																	
180 200	525 340	355 240	425	242 170	285	355	146 100	172	215	79 50	96	122	44 15	61	20	29	46 0	72	115	185
200 225	565 380	375 260	445																	
225 250	605 420	395 280	465																	
250 280	690 480	430 300	510	271 190	320	400	162 110	190	240	88 56	108	137	49 17	69	23	32	52 0	81	130	210
280 315	750 540	460 330	540																	
315 355	830 600	500 360	590	299 210	350	440	182 125	214	265	98 62	119	151	54 18	75	25	36	57 0	89	140	230
355 400	910 680	540 400	630																	
400 450	1010 760	595 440	690	327 230	385	480	198 135	232	290	108 68	131	165	60 20	83	27	40	63 0	97	155	250
450 500	1090 840	635 480	730																	

〔備考〕 表中の各段で，上側の数値は，上の寸法許容差，下側の数値は，下の寸法許容差を示す．

12・2 組ミ立テ作業の内容

12・1 表の2 穴の寸法許容差（7級穴の場合．）

(単位 $\mu=0.001$mm)

寸法の区分 (mm) をこえ / 以下	Js5 ±	Js6 ±	Js7 ±	K5 +/-	K6 +/-	K7 +/-	M5 -	M6 -	M7 -	N6 -	N7 -	P6 -	P7 -	R7 -	S7 -	T7 -	U7 -	X7 -
— / 3	2	3	5	0/4	0/6	0/10	2/6	2/8	2/12	4/14	4/16	6/12	6/16	10/20	14/24	—	18/28	20/30
3 / 6	2.5	4	6	0/5	2/6	3/9	3/8	1/9	0/12	5/13	4/16	9/17	8/20	11/23	15/27	—	19/31	24/36
6 / 10	3	4.5	7.5	1/5	2/7	5/10	4/10	3/12	0/15	7/16	4/19	12/21	9/24	13/28	17/32	—	22/37	28/43
10 / 14	4	5.5	9	2/6	2/9	6/12	4/12	4/15	0/18	9/20	5/23	15/26	11/29	16/34	21/39	—	26/44	33/51
14 / 18																		38/56
18 / 24	4.5	6.5	10.5	1/8	2/11	6/15	5/14	4/17	0/21	11/24	7/28	16/31	14/35	20/41	27/48	—	33/54	46/67
24 / 30																33/54	40/61	56/77
30 / 40	5.5	8	12.5	2/9	3/13	7/18	5/16	4/20	0/25	12/28	8/33	21/37	17/42	25/50	34/59	39/64	51/76	—
40 / 50																45/70	61/86	
50 / 65	6.5	9.5	15	3/10	4/15	9/21	6/19	5/24	0/30	14/33	9/39	26/45	21/51	30/60	42/72	55/85	76/106	
65 / 80														32/62	48/78	64/94	91/121	
80 / 100	7.5	11	17.5	2/13	4/18	10/25	8/23	6/28	0/35	16/38	10/45	30/52	24/59	38/73	58/93	78/113	111/146	
100 / 120														41/76	66/101	91/126	131/166	
120 / 140	9	12.5	20	3/15	4/21	12/28	9/27	8/33	0/40	20/45	12/52	36/61	28/68	48/88	77/117	107/147	—	
140 / 160														50/90	85/125	119/159		
160 / 180														53/93	93/133	131/171		
180 / 200	10	14.5	23	2/18	5/24	13/33	11/31	8/37	0/46	22/51	14/60	41/70	33/79	60/106	105/151	—	—	
200 / 225														63/109	113/159			
225 / 250														67/113	123/169			
250 / 280	11.5	16	26	3/20	5/27	16/36	13/36	9/41	0/52	25/57	14/66	47/79	36/88	74/126	—	—	—	
280 / 315														78/130				
315 / 355	12.5	18	28.5	3/22	7/29	17/40	14/39	10/46	0/57	26/62	16/73	51/81	41/98	87/144	—	—	—	
355 / 400														93/150				
400 / 450	13.5	20	31.5	2/25	8/32	18/45	16/43	10/50	0/63	27/67	17/80	55/95	45/108	103/166	—	—	—	
450 / 500														109/172				

〔備考〕 表中の各段で，上側の数値は，上の寸法許容差，下側の数値は，下の寸法許容差を示す．

リバメは発電機・タービンの軸などに用いられる．

(3) **中間バメの穴と軸** スキマバメとシマリバメの中間のハメアイが**中間バメ**である．これも前の二つの場合と同じように，寸法公差を与えて任意に組み立てる．このハメアイは，穴と軸の工作された実際寸法によって，シメシロのできる場合もあり，スキマができる場合もある．12・6 図は，スキマバメ・シマリバメおよび中間バメの三つのハメアイについて，穴と軸との関係を示したものである．同図でわかるように，この方式では，穴の方を基準にして軸の方の寸法でスキマバメ・中間バメ・シマリバメを考えている．これを**穴基準**といっている．これと反対に軸を基準にして穴の方でハメアイ関係を考える**軸基準**がある．

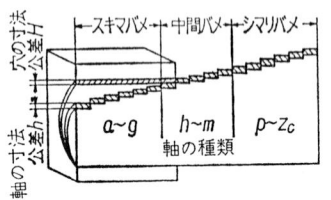

12・6 図 穴基準式ハメアイ．

12・1 表は，JIS に規定されたハメアイのうち，6級軸および7級穴の，それぞれの寸法許容差を示したものである．

(4) **ハメアイの選択** 寸法公差を与えた穴と軸を組み立てるとき，どの部品をとって組み合わせてもよいわけであるが，その場合は，寸法公差内にある大きい穴と大きい軸，あるいは小さい穴と小さい軸というようなよいハメアイのものもできるが，大きい穴と小さい軸，あるいは小さい穴と大きい軸というような最適でない組ミ合ワセもできてくる．この場合，できるだけ各製品のハメアイが平均するように，部品を絶対寸法によって選択して組み立てれば，よりよい精度の製品ができるはずである．それにはつぎのようにする．すなわち，工作する者は，軸に対しては寸法公差の範囲でできるだけ大きくつくりがちであるし，穴に対しては寸法公差の範囲でできるだけ小さくつくりがちであるから，組み立てるときに穴・軸の仕上ゲ寸法により適当な組ミに分け，スキマあるいはシメシロがだいたい一様になるように，その組ミ同志で組ミ立テを行なうのである．

12・2 組ミ立テ用工具

1. スパナ

スパナ (Spanner) は，ボルト頭またはナットをはさんで回す工具である．口幅の調節ができないものとできるものとがある．材料は硬鋼・軟鋼，あるいはニッケルクロムモリブテン鋼のような特殊鋼のものもあり，たいてい型鍛

12・2 組ミ立テ用工具

造してつくられる．また爆発・引火のおそれのある作業場にはベリリウム銅合金製のものを用いることもある．

（1）**スパナ** 12・7図（a）に示すものが**両口スパナ**（Double ended spanner）で，両方の口幅はそれぞれ違っている．同図（b）のように，片方だけに口のあるものが**片口スパナ**（Single ended spanner）である．スパナは口幅の寸法で表わし，両口スパナは6×7 mm のものから，50×54 mm までのもの，片口スパナは口幅 6 mm から 77 mm までのものがある．

（a）両口スパナ

（b）片口スパナ

12・7図　スパナ

スパナは，必ず口の合ったものを用い，口の合わない場合にカイモノなどをして回すようなことをしてはならない．

12・8図に示すようなスパナの使い方は危険である．スパナを実線のような位置で，機械の部分ＡＢ線と鋭角をなす状態で締めると，口がはずれたとき，あるいは力が強すぎてボルトをねじ切ってしまったとき手にケガをする．点線のようにＡＢ線と鈍角をなす状態にすれば，比較的安全である．また，スパナは押すよりも引くようにして使う方が使いよい．どうしても押さなくてはならないときは，手のひらで押し，指は開いておく．

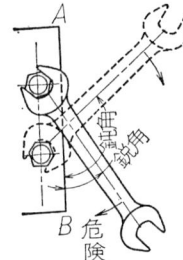

12・8図　スパナの使用法．

自動車や紡織機械用には，柄をS字形に曲げたものや，12・9図（a）に示すような**メガネ レンチ**（Ring spanner），あるいは同

（a）メガネ レンチ

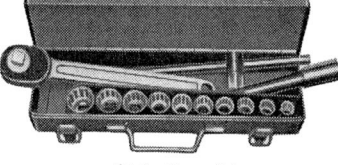

（b）箱スパナ

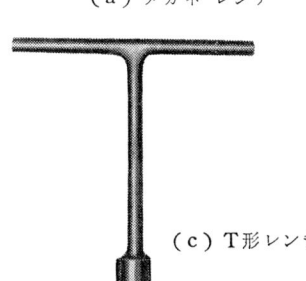

（c）T形レンチ

（d）キセル レンチ

12・9図　レンチ・スパナ

図(b)に示すような**箱スパナ**(Box spanner)が用いられる．これらのスパナは，狭い場所や，深いか所に使うときに便利である．そのほか同図(c)，(d)に示すT形レンチ・キセル レンチなどもある．

12・10 図に示すものは，圧縮空気を使用してボルト・ナットを取り付けたり，取りはずしたりする**インパクト レンチ**(Impact wrench)である．

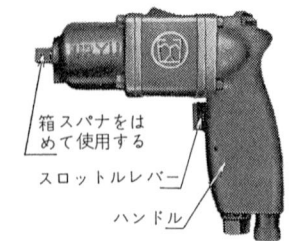

12・11 図は，インパクト レンチの主軸の回転機構を示す．

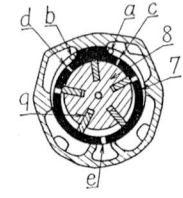

箱スパナをはめて使用する
スロットルレバー
ハンドル

12・10 図 インパクト レンチ

このほか電動によるスパナとして電気ナット ランナがある．また，近年急速な発達をとげてきた自動車工業では，組ミ立テ作業の能率向上のため，数多くのボルト・ナットを同時に同一のトルクで締め付ける 12・12 図に示すような**マルチ ナット ランナ**(Malti-nut-runner)なども用いている．

a…正転時給気口
b…逆転時給気口
c…正転時給気導入口
d…逆転時給気導入口
e…排気口

12・11 図 インパクト レンチ主軸の回転機構

(2) **自在スパナ**(Adjustable spanner)は，口幅が調節できるスパナで，形式によって数種類ある．12・13 図(a)は**クレセント形**(Cresent type)，同図(b)は**モンキ スパナ**(Monkey wrench)で，大キサは全長で 100〜350 mm まである．これらはナットやウォームを回して口幅を調節できる．しかし，ネジ部がすりへるとがたついて仕事がやりにくい．ナット

(a) 使用例 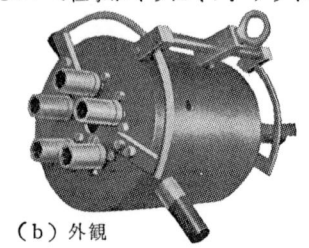 (b) 外観
12・12 図 マルチ ナット ランナ

12.2 組ミ立テ用工具

(a) 自在スパナ

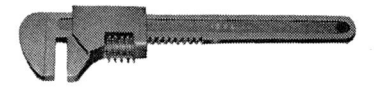

(b) モンキ スパナ

12・13 図 自在スパナ類

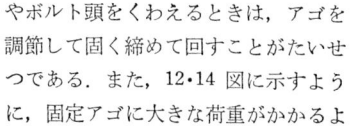

やボルト頭をくわえるときは，アゴを調節して固く締めて回すことがたいせつである．また，12・14 図に示すように，固定アゴに大きな荷重がかかるような方向に力を加えるのが正しい．あまり小さなボルトやナットに大きなスパナを使用するときは，ねじ切らないように注意しなくてはならない．12・15 図は **パイプ レンチ** (Pipe wrench) を示したものである．これは管や丸棒をはさんで回すのにつごうがよいように，口の部分にシマ目が切ってある．全長で 150〜1220 mm までのものがある．

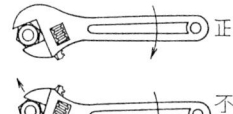

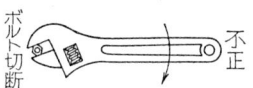

12・14 図　自在スパナの掛けかた．

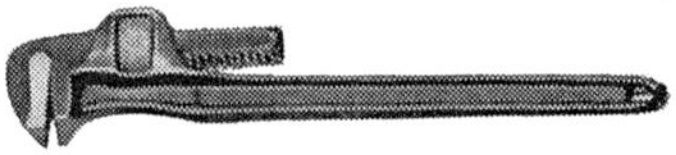

（正／不正／不正　ボルト切断）

12・15 図　パイプ レンチ

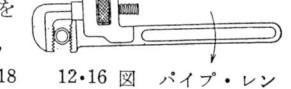

12・16 図　パイプ・レンチの使いかた．

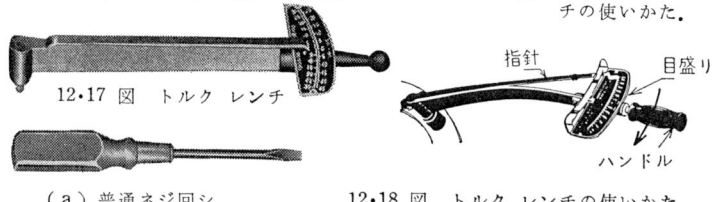

(3) トルク レンチ 12・17図に示すものは，板バネ式のトルク レンチ (Torque wrench) である．箱スパナのソケットを先端にはめてボルト・ナットを締め付ければ，ハンドルに与えられる力で腕がたわみ，12・18

12・17 図　トルク レンチ

12・18 図　トルク レンチの使いかた．（指針／目盛リ／ハンドル）

(a) 普通ネジ回シ

(b) 貫通ネジ回シ

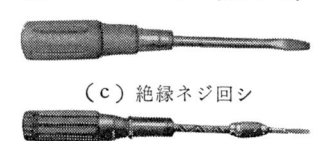

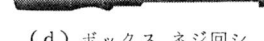

(c) 絶縁ネジ回シ

(d) ボックス ネジ回シ

(e) ラチェット式ネジ回シ

12・19 図　各種のネジ回シ．

2. ネジ回シ

頭にスリ割リのある小ネジや木ネジは、ネジ回シ (Driver) を用いて締める。12・19 図は各種のネジ回シを示したものである。

ネジ回シの刃先は、ネジ頭のミゾにきちんとはまるものでなければならない。刃先が大きすぎても小さすぎても、ネジの締メ付ケ・ユルメはうまくゆかないで、刃先がネジ頭のミゾを破損させる危険がある。刃は 12・20 図のように、刃先で両側が平行になっていることがたいせつである。刃先にテーパがついていると、力を加えたときネジ ミゾから刃が抜け出してくる。大きなネジ回シの刃先だけをとがらせて、小さなネジ ミゾに用いることはよくない。標準のネジ回シのほかに、12・21 図に示すような、十字穴付キ ネジに用いる十字ネジ回シがある。これも、ネジ頭の十字穴に完全に合ったものを用いないと、ネジ ミゾをこわしてしまう。

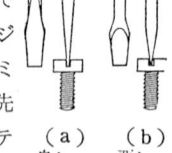

(a) 良い. (b) 悪い.
12・20 図 ドライバの刃先.

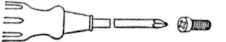

12・21 図 十字ネジ回シ

圧縮空気を使用するものに、12・22 図に示すような**トルク コントロール ネジ回シ**(Torque control driver) がある。これは一定の回転力が加わると、自動的にクラッチがはずれるもので、いつも目的の回転力で締め付けることができる。同種のものに電気ネジ回シがある。

(a) 外観寸法 (mm) 200, 20

(b) 構造断面
ドライバ　ハンマ　給気ハンドル　空気
チャック　本体　回転子と羽根　切り換エ弁

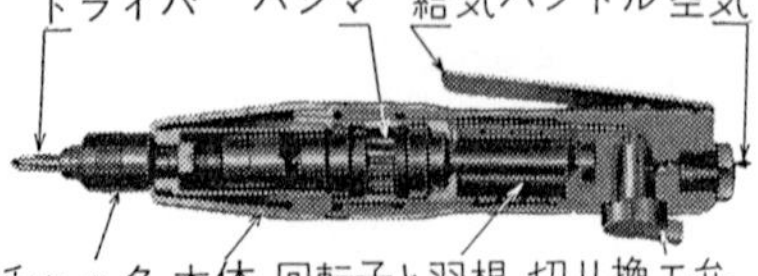

12・22 図 トルク コントロール ネジ回シ (空気ドライバ)

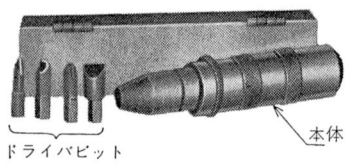

かたく締め付けられて古くなったり、さびついてゆるみにくい木ネジ・ビス・ボルト等をゆるめるには、石油をしみこませた後、軽くたたき、少し締め気味にしてからもどすとよい。非常に固いときは、12・23 図に示すような**ハンマ ネジ回シ**(Ham-

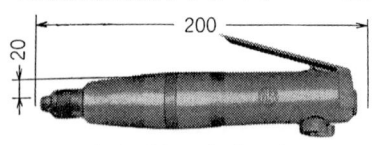

ドライバビット　本体

12・23 図 ハンマ ネジ回シ

12·3 組ミ立テの基本作業

mer driver）を用いるとよい．これは，本体の先にネジ回シのビットをはめ込み，ハンマで本体をたたくと，衝撃によってネジがゆるくなるようになっている．

3. その他の工具

（1）**ペンチ類** 配線関係などの作業にはペンチ（Cutting pliers）類を使用する．12·24 図（a）は**ペンチ**，同図（b）は**先丸ペンチ**，同図（c）は**ニッパ**（Cutting nipper），同図（d）は**プライヤ**を示したものである．プライ

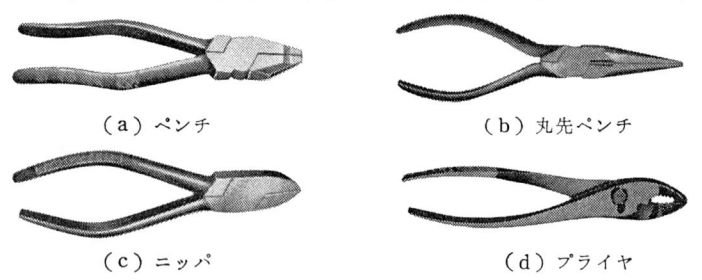

（a）ペンチ　　　　　　　　　（b）丸先ペンチ

（c）ニッパ　　　　　　　　　（d）プライヤ

12·24 図　ペ　ン　チ　類

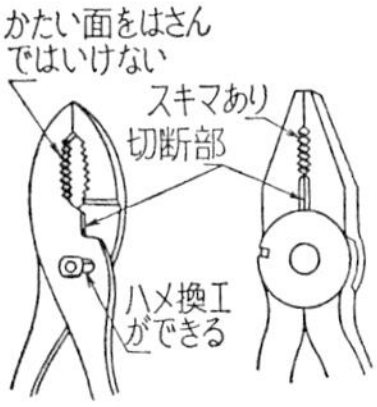

ヤ（リード ペンチ）は，軸をわずかに移動してはめ換えるだけで口の開キが大きくなる．アゴでボルトやナットを着脱すると，ナットが損傷してスパナが掛からなくなる．また，かたい面をこの部でくわえると，歯が切れなくなってしまう．この部分で丸棒などをくわえるにはつごうがよい．

12·25 図　ペンチ類の使用法．

（2）**ジャッキ ボルト・レベリング ブロック**　機械を組み立てるとき，ベッドあるいはフレームを水平に据え付けるめに，ジャッキ ボルト（Jack bolt）や，レベリング ブロック（Leveling block）を用いる．

12·26 図　レベリング ブロック

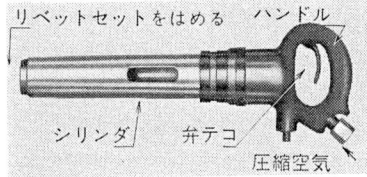

（3）**リベッティング ハンマ**　リベット継ギ手にするときには，手ヅチで行なうときもあるが，12·27図

12·27 図　リベッティング ハンマ

に示すようなリベッティング ハンマ (Riveting hammer) を用いることが多い．12・28 図は，その作用の説明図である．

(a) 打撃工程

リベッテング ハンマの能力は，かしめることができるリベットの径で表わす．2.3mm のアルミニウム リベットをかしめるのに用いる小形・軽量のものもあるが，一般には 12・2 表に示すような大キサのものが用いられている．

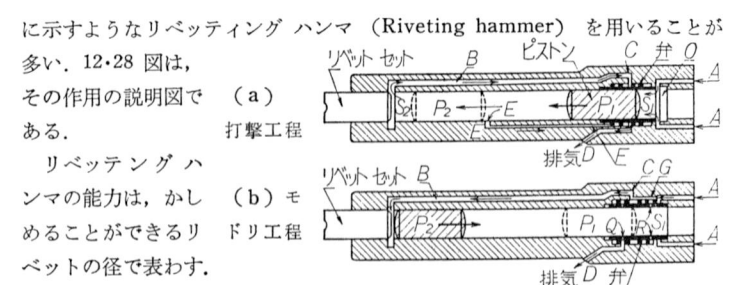

(b) モドリ工程

12・28 図　リベッテング ハンマの作用図．

12・2 表　リベッティング ハンマの容量．

リベット締メ能力 (mm)	毎分打撃数 (回)	空気消費量 (m^3/min)	全長 (mm)	重量 (kg)
16	1525	1.0	352	7.7
19	1400	1.05	407	8.7
22	1350	1.05	439	9.5
28	1050	1.05	488	10.5
32	900	1.08	515	11
38	900	1.08	511	12.6
41	680	1.08	600	14
23	5000	0.1	128	0.3

12・3　組ミ立テの基本作業

1.　ネジの締メ付ケ

機械の部分を組み立てるとき，ネジを締め付けるという作業が非常に多い．ネジの締メ付ケ作業は，つぎの諸点に注意して行なうことがたいせつである．

(1) 一般的な注意

①　口幅の合ったスパナを使用すること．インチ ネジのものにはインチ ネジ用のスパナ，メートル ネジにはメートル ネジ用のスパナを，はっきり区別して使用する．大きな自在スパナを小さなボルト・ナットに用いると，ねじ切るおそれがある．

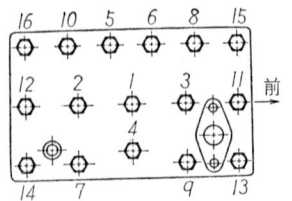

12・29 図　シリンダ ヘッド ボルトの締メ付ケ順序．

②　締メ付ケ力を一定にする必要があるときには，トルク レンチを用いること．

③　ボルト頭の座が平滑でないときには，平ワシャ (Washer) を用いること．

12·3 組ミ立テの基本作業

④ 12·29 図に示すように，締メ付ケ順序の決まっている場合は，その順序を間違えないようにすること．

⑤ 震動する機械の部分にボルト・ナットを用いるときは，必ず**ユルミ止メ**の工夫をすること．

（2） ネジのユルミ止メ

（i） 止メナットによる方法 これは 12·30 図に示すように，2 個のナットを用い，同図（b）のように両方とも充分締め付けたのち，上のナットをスパナで保持し，下のナットをできるだけねじもどす．こうすれば，がたつくスキマが同図（c）のようになって，ユルミが止まる．下のナットは薄いものを使う．

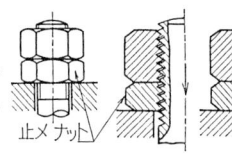

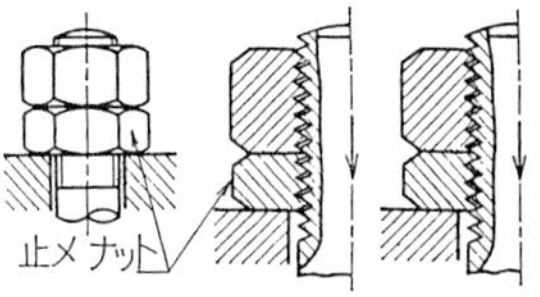

12·30 図　止メナット
(a) 外観　(b) 両方同じく締める．　(c) 止メナットをねじもどす．

（ii） 割リピンによる方法 12·31 図のように止める．ナットを締め付けてからボルト穴に割リピンをさす．分解後，再び組み立てる場合などに，穴が合わないことがあるが，このときはナットの裏をヤスリなどで削って，つぎのスリ割リミゾに合うようにする．

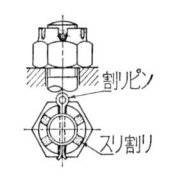

12·31 図　割リピンによるユルミ止メ．

（iii） 針金を用いる方法　12·32 図（a）のように，一組ミのボルトの頭に小穴をあけて針金を通して結ぶ．

（iv） 小ネジによる方法　同図（b）のように，ナットにそって小ネジをねじ込む．

（v） バネ座金による方法　同図（c）に示すようなバネ座金を用いる．

（vi） 特殊な座金による方法　同図（d）がその一例である．座金の一部をナットにそって曲げておく．

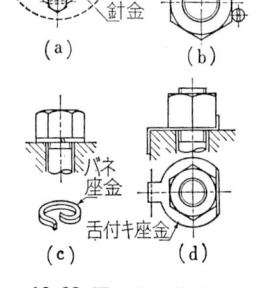

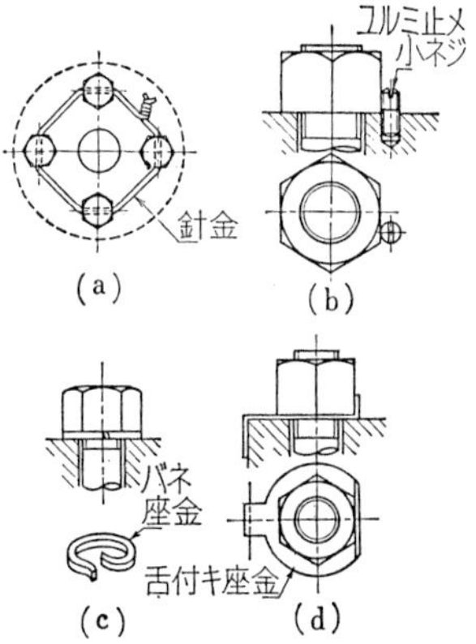

12·32 図　その他のユルミ止メの工夫．

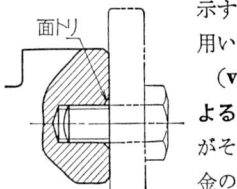

12·33 図　メネジの座グリ．

（3） ボルト穴の座グリ　精密機械等を組み立てる場

合に，12・33図に示すようなボルト締メの部分があるときには，締め付けるとカエリができ，寸法が狂うことがある．これを防ぐためには，ボルト穴の座を30°程度の角度で円スイ状に削り落としておくとよい．

(4) 折れたボルトの抜きかた ボルトを締めすぎるとねじ切れることがある．ねじ切れたボルトは抜かなければならないがそれには12・34図に示すような方法がある．いずれも石油等をしみこませてから行なう．同図（c）と同図（d）は折れた部分が残っているときの方法であって，外に出ている部分を平らに削り，弓ノコでミゾを入れてネジ回シで回すか，両側を平行に削ってスパナを掛けて回して抜きだす．穴の中で折れたようなときには，同図（b）のようにドリルで穴をあけ，逆タップをねじ込んで抜く．また，同図（a）のように，このドリル穴にヤスリの柄を打ち込んで，ハンマで軽くたたきながら回して抜きとることもできる．

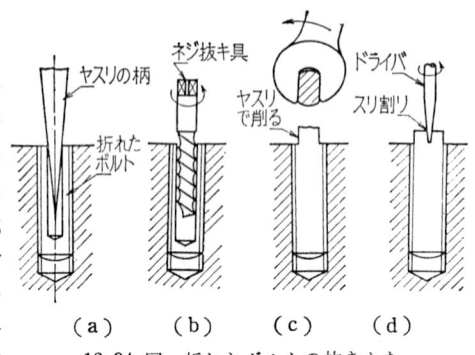

12・34図 折れたボルトの抜きかた．

2. ブシュ等の圧入

穴径より軸径の方が大きい"シメシロ ハメ アイ"では，シメ シロの寸法によって，圧入・焼キバメ・冷ヤシバメの三つがある．

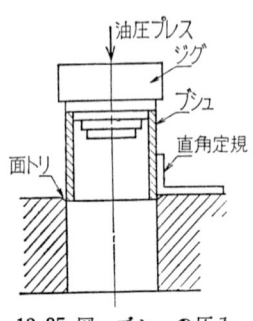

（1） 圧 入 内燃機関のシリンダ ライナや軸受ケ ブシュを圧入するときは，油圧プレスで強制圧入する．12・35図は，直径の異なるライナにも，ブシュにもつごうよくつくったジグである．これを用いれば正しい圧入ができる．圧入は直角定規を用いて，注意深く検査しながら行なう．12・36図に示すように，連続した間隔のせまい穴にそれぞれブシュを圧入するときは，圧入後の変形を考えて，ブシュの両側をわずかに削り落としておくと，穴径が変化しない．

12・35図 ブシュの圧入．

12·3 組ミ立テの基本作業

（2） **焼キバメ** 穴のある方を加熱し，熱膨張によって穴径を大きくし，常温の軸を入れると，穴が冷却して収縮し，しっかり固着する．この焼キバメは強く固定されるので，発電機・電動機回転子・大形クランク軸などのハメアイに用いる．加熱には油で煮る方法をとることが多い．

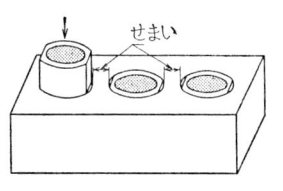

12·36 図　間隔のせまい連続穴のブシュ．

（3） **冷ヤシバメ** 軸を常温以下に冷却して収縮させ，常温または加熱した穴に入れると，軸が常温にかえったときに膨張して固着する．このような冷ヤシバメは，クランク軸に歯車を圧入するようなときなどに用いられる．冷却は，工業用アルコールにドライアイスを入れた $-70°C$ の低温中で行なう．

3. コロガリ軸受ケの取リ付ケ・取リハズシ

玉軸受ケ（Ball bearing）やコロ軸受ケ（Roller bearing）のようなコロガリ軸受ケは，最も精密に製作され，それぞれ使用目的に合ったものが多種類ある．この高精度の軸受ケも，その取り扱い法が間違っていると，充分にその性能を発揮させることができず，寿命も短くなる．つぎにその組ミ立テ・分解等について一般的な方法を述べる．

（1） **一般的注意** 軸受ケの材料・製作過程・精度などについての知識があれば，その取り扱いに間違いは起こらないが，とくにつぎの諸点に注意することがたいせつである．

（i） **チリに対して** チリは空気中に飛散しているものでも，軸受ケの摩耗に大いに影響するので，軸受ケはもちろん，作業場・器具・洗油・潤滑油などをも清浄に保たなければならない．12·37 図はチリに対して無関心な作業場の一例を示したものである．

（ii） **衝撃に対して** 軸受ケは材質がかたく．精度が高いので，衝撃によって割れたり，コロガリ面に変形を生ずることがある．衝撃を与えないようにすることが肝要である．

（iii） **熱に対して** 焼キバメするときは，120°C 以上に加熱しないようにする．カタサが

12·37 図　悪い作業場．

(iv) サビに対して 軸受ケを素手で取り扱わないようにする．良質の鉱油（スピンドル油あるいは灯油．）を塗ってから作業をする．

指紋がつくと，12・38 図のように，そこがさびて，圧入のときに入らないことがある．

（2） 取リ付ケ前の注意 軸受ケの包装は，取リ付ケ直前まで解かないようにする．包装を解く前につぎの点を確かめる．

① 軸および軸受ケ箱の寸法・形状・仕上ゲ程度が，図面どおりにできているかどうかを確認する．

12・38 図　サビ

ハメアイがきつすぎるときには，軸を紙ヤスリなどで削ったりしないで，研削しなければならない．

また，ゆるすぎる場合には，紙やブリキを巻いたり，ポンチで打ってふくらませたりしないで，軸にメッキを施して太くするか，さらに削ってブシュをはめて仕上げなおす．

② 軸受ケ箱の中に鋳物砂などが残っていることがあるので注意する．

③ 軸受ケの包装に使われているペトロラタムなどのサビ止メ油は，高速用軸受ケか，ごく小形の軸受ケ以外は取り除かないでそのまま使う．サビ止メ油を除く場合は，ベンジンか良質の鉱油で1個ずつ洗う，カンの中で洗ってもよいが，この場合はカンを3個用意して，順にきれいなもので洗ってゆき，ゴミが下に沈むようにカンの中間に金網を設けるとよい．多数の軸受ケを一度に洗うと，充分洗えないばかりでなく，外輪などにキズがつくおそれがある．

（3） 取リ付ケ方法 軸受ケの取リ付ケ方法は，軸受ケの種類やハメアイの条件によって異なる．12・39 図に示すような，内輪・外輪が分離するコロ軸受ケの取リ付ケ・取リハズシは比較的容易であるが，12・40図のような内輪・外輪が一体になっている玉軸受ケで，内輪・外輪とも固いシメシロが

12・39 図　コロ軸受ケ

12・3 組ミ立テの基本作業

必要な場合には，しなければならない．

一般に，内輪と軸とのハメアイによって取り付ける場合には，圧入による方法と焼キバメによる方法が行なわれる．

（i）圧入による方法　中形・小形の軸受ケでは，圧入力も小さくてよいので，常温のまま軸に内輪を圧入することができる．ハンマでたたきながら入れる場合には，砲金棒または鉛ハンマでたたいて入れる．この場合，12・41 図（a），（b）のようなジグを用いるとよい．

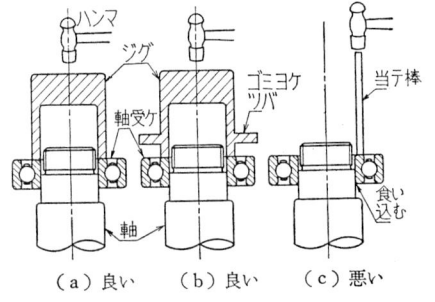

12・40 図　玉軸受ケ

同図（c）のように，当テ棒でたたくと，軸受ケが傾いてむりな力が加わり，また内輪部の面トリ部が軸に食い込んだり，ときには棒がはずれて軸受ケをきずつけたりすることがある．ネジ・プレス・圧縮空気・油圧などを用いると，圧入力を知りながら作業ができるので便利である．

（a）良い　（b）良い　（c）悪い

12・41 図　軸受ケの圧入（1）．

12・42 図は液圧利用により軸受ケを圧入する場合の例を示したものである．

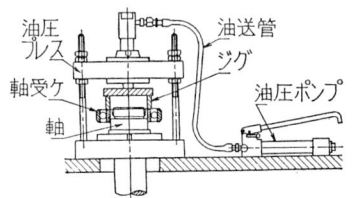

（ii）焼キバメによる方法　軸受ケを油の中で加熱し，膨張させて軸に取り付ける方法である．この方法は，軸受ケにむりな力が加わらないし，作業時間も短くてすむので広く用いている．

12・42 図　軸受ケの圧入（2）．

加熱温度は，前に述べたように 120°C 以下にする．この温度とシメシロの関係を知るためには，12・43 図に示すような表を利用すると便利である．いま，直径 100 mm の軸受ケをシメシロ $5/100$ mm のシマリバメにする場合，この図の横軸 d の 100 の線とシメシロ 50 μ の線との交点を読めば，約 45°C である．したがって，約 45°C に加熱すればよいことがわかる．

加熱するときには，12・44 図に示すような二重ナベを用いるとよい．これは湯の温度で油を加熱するので，軸受ケの温度が 100°C 以上になることはなく，

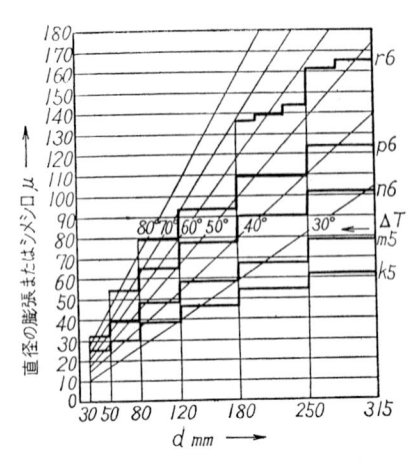

12・43 図　シメ シロと温度との関係（線膨張係数 1.25×10^{-5} とする）．

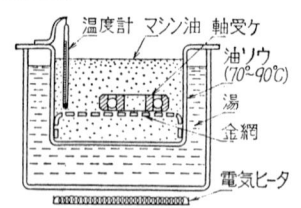

12・44 図　二重ナベによる加熱．

安全である．作業は，軸受ケを15分ぐらい油に浸して温ため，取り出したらすばやく軸にはめ込む．熱いので素手でつかむことはできないから，皮またはゴムの手袋を用意するとよい．

この作業において注意を要する点は，きれいな油を使用することと，軸の肩と軸受ケとの間にスキマができないように，ネジ等で軸受ケを軸の肩に押しつけておくことなどである．

(iii) 内・外輪にシメ シロが必要な場合　ハンマでたたかないで，ネジまたは油圧によって内・外輪を同時に押し込むようにする．12・45 図は，その要領を示したものである．

(4) 運転検査　軸受ケを取り付けたら，軽く回るかどうかを手で検査する．この後で，動力回転試験を行なう．無負荷・低速からしだいに所定の速度に回転を増して検査をする．グリス潤滑のものでは，グリス排

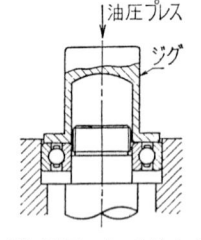

12・45 図　内・外輪ともシメ シロのある場合．

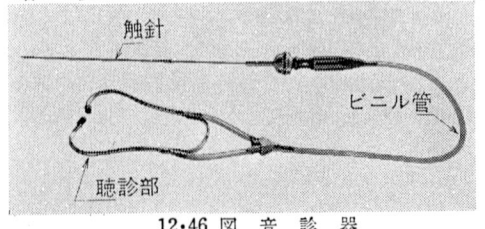

出口のセンをあけて，20分ほど回転すると，余分のグリスが排出できる．

軸受ケの回転状態は，12・46 図に示すような音診器を使って音で判断する．また，スパナ・ドラ

12・46 図　音診器

12・3 組ミ立テの基本作業

イバ等を当て，その柄の端に耳をつけて，その音で判断することもできる．この場合，すんだ金属音が聞こえるようであれば，潤滑油の不足である．また，不規則な音響が聞こえるようなときには，軸受ケ内部に異物があると考えてよい．ジャーとかゴーという低い音が聞こえるのは，転走面に打チキズができているときである．手で触れてみて，異常な温度上昇がないかどうかを調べることもたいせつである．

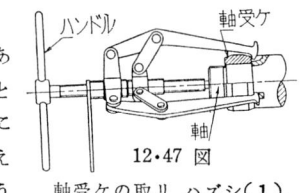

（5） **軸受ケの取リハズシ** 定期的に，あるいは故障した場合に軸受ケを取りはずすときは，ジグを使って取りはずす．決してむりにはずしてはならない．鋼球やコロに力を加えないように，12・47 図および12・48 図のように，内外輪に同時に力が加わるようにして抜くのである．12・49 図または12・50 図に示すように，当テ棒を用いたり，外輪だけにジグを当てて押したりすることはよくない．

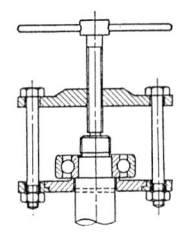

12・47 図　軸受ケの取リハズシ（1）．

取りはずされた軸受ケは，すぐに手で回してみたりしない方がよい．ゴミが入っていてカキキズができる原因になるからである．

なお，取りはずされた軸受ケは，まず，よく洗浄してから取り扱うことがたいせつである．

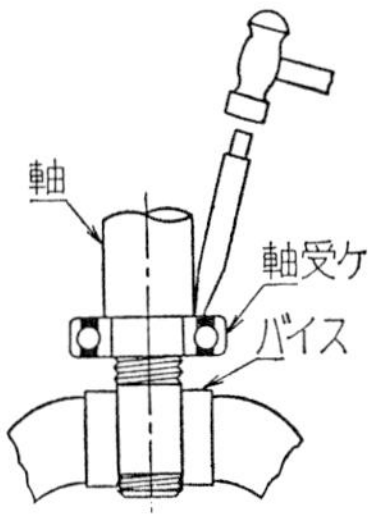

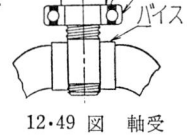

12・48 図　軸受ケの取リハズシ（2）．

12・49 図　軸受ケの誤まった取リハズシ（1）．

4. 回転体のツリアイ調整

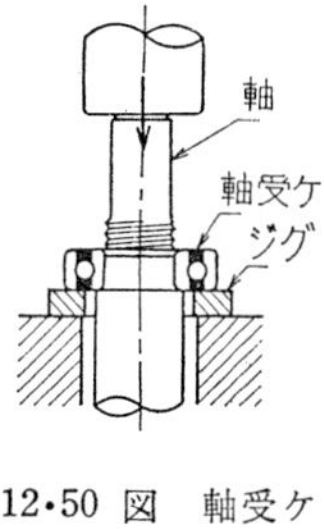

トイシ車のような回転体の取リ付ケで，最も注意しなくてはならないのは，ツリアイということである．もし回転体に不ツリアイがあると，遠心力によって振動を起こす．遠心力は速度の2乗に比例して増大するので，高速回転体ほどその影響が大きい．研削盤のトイシ車，内燃機関のハズミ車等では，ツリアイ試験を行なって，完全なツリアイをとらなければならないのはそのためである．

12・50 図　軸受ケの誤まった取リハズシ（2）．

ツリアイ試験法には，静的ツリアイ試験と動的ツリアイ試験とがある．

（1） 静的ツリアイ試験

12・51 図はツリアイ試験をしようとするトイシ車を軸に取り付け，静的ツリアイ試験台にのせたところを示したものである．試験台には水平調整ボルトがあって，これで2本のレールを水平にする．

軸は，この水平に置かれたまっすぐなレールの上を自由にころがるようになっている．試験をするには，トイシ車を指で回すと，数回転したのち，最も重い点が下になって停止する．そこで頂上にパテまたは粘土をはりつけて再び指で回して試験をする．これを繰り返してどの位置でも停止するようになれば，これで完全なツリアイがとれたことになる．そこではりつけたツリアイ オモリの重量を測って，それと同一の重量

12・51 図　静的ツリアイ試験台

の材料を取り付けるか，あるいは反対側を同じ重量だけ削り取れば，完全なツリアイ体になるはずである．しかし，実際には削り取ろうとする部分は肉厚が薄いとか，重量を取り付ける部分は機構的に不可能であるという場合がある．このような場合には，つぎの計算によって，別のか所に重量を取り付ければよい．

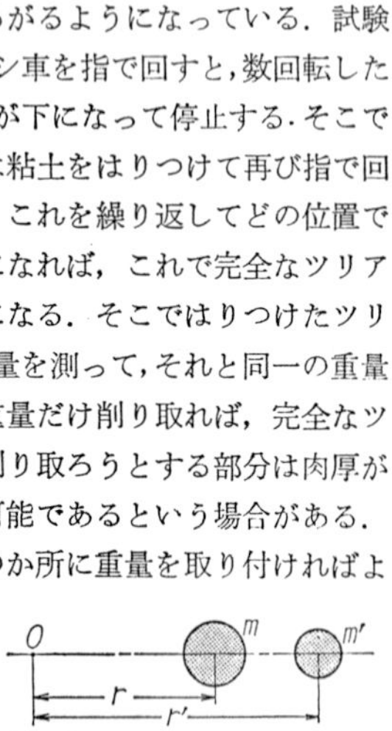

いま，12・52 図において，中心から r の距離に重量 m を付けたものとする．これに相当する重量を同じ半径線上で中心から r' の位置に

12・52 図　ツリアイの調整(1)

付けたい場合には，$m' = m \times \dfrac{r}{r'}$ の重量をつければよい．また，このように同じ半径線上にその位置を見出しえない場合は，12・53 図に示すように，左右相等しい角度 θ の位置に相等しい重量 m_1，m_2 をつければよい．この場合，m_1 の値は $m_1 = \dfrac{m}{2} \times \sec\theta$ にする．また，m_1，m_2 を om_1 om_2 上の任意の距離に移したい場合は，前述の方法によって，$m_1' = m_1 \times \dfrac{l}{l_1}$ $m_2' = m_2 \times \dfrac{l}{l_2}$ の式から付け加える重量を求めることができる．

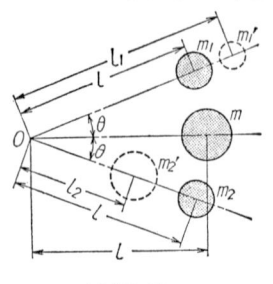

12・53 図　ツリアイの調整(2)．

12·3 組ミ立テの基本作業

このツリアイ試験では，レールと軸との間に摩擦があるので，精密なツリアイを取ることはできない．

（2）動的ツリアイ試験法　静的ツリアイ試験では，回転に対する重量のツリアイを取ることはできるが，軸方向に不ツリアイがあるかどうかはわからない．肉厚が不同になりやすい鋳物の長い筒や，クランク軸のようなものに対しては，動的ツリア試験を行なって，軸方向の不ツリアイをも正しくすることが必要である．12·54 図は，細長い円筒で肉厚が同一でなく，w_1，w_2 の余分の肉がある場合に，静的にはツリアイがとれていても，回転すると遠心力によって軸に F_1，F_2 の力が生ずることを示したものである．この力によって回転体は振動を始める．このような場合には，12·55 図に示すようなマイクロ バランサと呼ぶ精巧な動的ツリアイ試験機によって検査をすることができる．

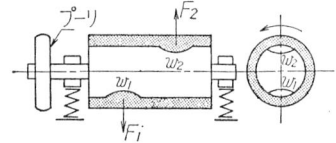

12·54 図　動的ツリアイ試験．

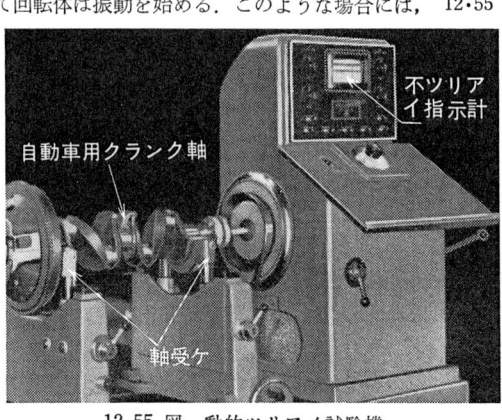

5. 工作機械の組ミ立テ作業

（1）基準平面のスリ合ワセ　工作機械の各種スベリ面のスリ合ワセ作業では，まず基準とする1平面を正しく仕上げ，つぎにこの平面に対して直角をなす一つの平面を仕上げる．他の平面は，この2平面を基準にすり合わせてゆく．12·56 図に示すように，第1の面は直定規によってスリ合ワセ仕上ゲをする．直定規の代わりに基準定盤の上でダイヤル ゲージで高・低を調べてもよい．長い面を直定規によってスリ合ワセする場合は，部分的に移動させてスリ合ワセをする．第2の直角の面を仕上げるには，12·57 図に示すようなスリ合ワセ定盤を用いて

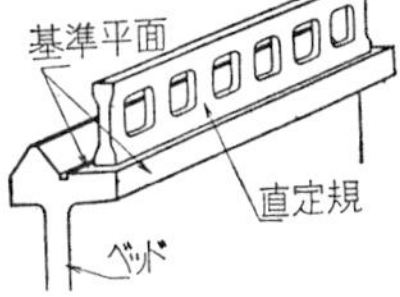

12·55 図　動的ツリアイ試験機

12·56 図　ベッド面のスリ合ワセ．

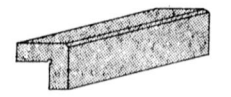

12.57 図　直角スリ合ワセ定盤

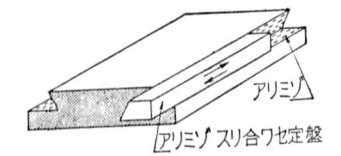

12.58 図　アリミゾのスリ合ワセ.

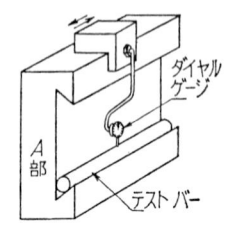

12.59 図　アリミゾの平行仕上ゲ（1）.

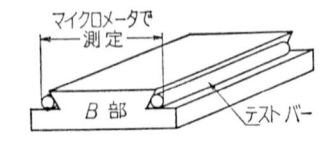

12.60 図　アリミゾの平行仕上ゲ（2）.

当タリをキサゲで取って仕上ゲる.

（2）アリミゾのスリ合ワセ

アリミゾのスリ合ワセには，12.58 図に示すような定盤を使用する．一方のアリミゾが仕上げられたならば，他のアリミゾは，これに平行になるように仕上げる．そのためには，12.59 図あるいは 12.60 図に示す要領で，**テストバー**（Test bar）とダイヤルゲージ，あるいはマイクロメータで測定しながら，スリ合ワセ定盤を用いて平行にスリ

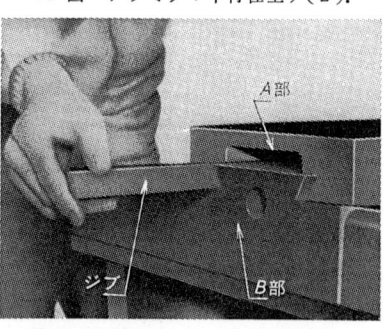

12.61 図　ジブのスリ合ワセ作業.

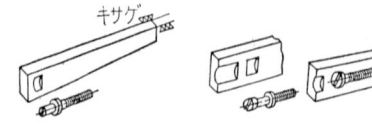

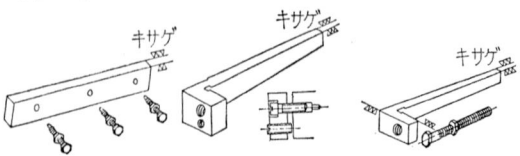

(a) 一方切り欠キジブ　(b) 二方切り欠キジブ

(c) 平板ジブ　(e) ツバ付キジブ　(d) ツバ付キジブ

12.62 図　各種ジブ

合ワセをする.このようにして仕上げられたアリ ミゾのA部とB部を組み立てるには，12·61図に示すように，両者のスキマに，**ジブ**（Gib），俗にいう**カミソリ**をさし込んでガタをとるのがふつうである． ジブは 12·62 図に示すように，平行のものもあるが，$1/50$，$1/100$ のテーパをもったもので，両者のスキマに当タリを取りながら打ち込んで，まったくガタのないようにして組み立てることが多い．テーパのあるジブは，アリ ミゾにガタができると，ネジで押し込んでガタを取ることができる．

12·4 旋盤の組ミ立テ作業

1. ベッドの仕上ゲ組ミ立テ作業

（1） スリ合ワセ作業の準備　ベッドのスリ合ワセを行なうには，仕上ゲ面を正しく水平に置くことがたいせつである．それには レベリング ブロックや ジャッキ ボルトを用いる．12·63 図は，この作業の準備の要領を示したものである．すなわち，旋盤のベッドの上に2個の精密水準器を置いて水平を出すのである．

（2） 基準面の選定と直角面の仕上ゲ作業　旋盤のベッドにはいろいろな形の横断面をもったものがあるが，どんな形のものでも，水平面とこれに垂直な平面とがある．この2面を基準にするために，スリ合ワセ仕上ゲをする必要がある．他のスリ合ワセ面は，そのいずれかに平行かまたは任意の角をもったものであるから，これを基準にして仕上げてゆくのである． 12·64 図にその一例を示す．まず①，②面が基準平面であり，この2面を直定規・精密水準器・直角スリ合ワセ工具等を用いて仕上げる．つぎに，②を基準にして⑥，⑦の

12·63 図　スリ合ワセ作業の準備．

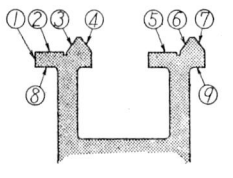

12·64 図　旋盤ベッドの仕上ゲ順序．

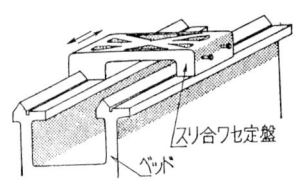

12·65 図　旋盤ベッド用スリ合ワセ定盤

山形をすり合わせる．それには，12・65 図に示すようなスリ合ワセ定盤を用いて平行にスリ合ワセを行なう．大形の旋盤では，12・66 図に示すような定盤を用いることもある．

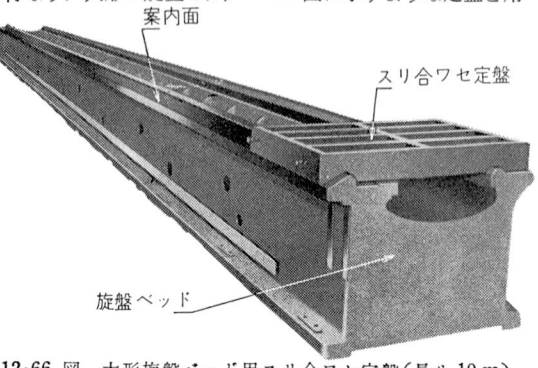

この定盤は，修理をするときでも同じ形の案内面をもったものが 5 台以上あれば，製作しておくとよい．製作数量が少ない場合には，その旋盤の心押シ台を用いて仕上げることができる．同じ方法で②を基準にして⑥を仕上げ，⑤，④，③を一組ミにしてスリ合ワセ定盤によって平行・真直に仕上げる．こうして仕上げられた面は，12・67 図に示すような方法で検査をする．すなわち，基準平面①，②に対して直角スリ合ワセ定盤を正しく合わせ，ホルダにダイヤル ゲージを取り付け，定盤を移動してダイヤル ゲージの目盛りを読むのである．

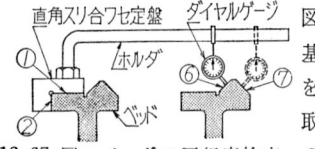

12・66 図　大形旋盤ベッド用スリ合ワセ定盤（長サ 10 m）

12・67 図　ベッドの平行度検査．

2. 主軸台の仕上ゲ組ミ立テ作業

最近は切削工具が発達して，高速回転のものが多くなったので，主軸受ケに

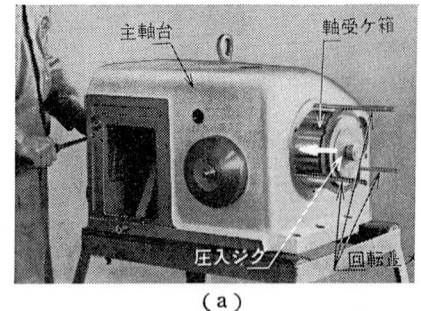

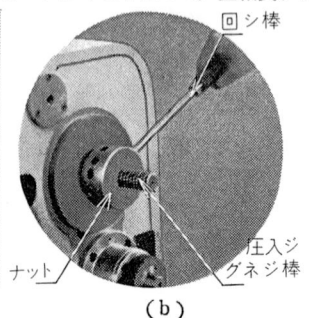

（a）　　　　　　　　　　　　（b）

12・68 図　軸受ケ箱の圧入．

12・4 旋盤の組ミ立テ作業

はテーパ コロ軸受ケ・玉軸受ケが用いられている．この場合，主軸台本体に軸受ケ箱（Housing）を圧入するには，必ず 12・68 図に示すような方法で圧入ジグを用いて組み立てる．同図（b）のナットを回シ棒で回すと，ネジ棒が引張られ，軸受ケ箱をきずつけることなく，均一に圧入することができる．3本の棒は主軸台本体に仮りにねじ込んであり，軸受ケ箱のツバの引ッカカリに合って回リ止メの役目をする．軸受ケ箱の圧入が終わったら，軸受ケをこの中に圧入し，主軸を木ヅチで打ち込む．

平軸受ケの場合は，リン青銅の軸受ケを前記の方法で圧入する．そのうえで，12・69 図に示すようなラップ仕上ゲを施したスリ合ワセ工具を用いて内面を仕上げる．軸受ケの内面は ササバ キサゲ を行なって，完全な黒当タリを取るのである．

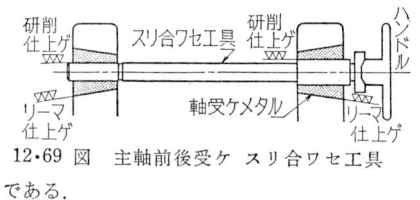

12・69 図　主軸前後受ケ スリ合ワセ工具

主軸台の部分組ミ立テが終わったならば，主軸にテスト バー（Test bar）をさし込み，これにダイヤル ゲージを接触させてスベリ面との平行を検査し，精度が規格よりも悪いときには，主軸台下部のスベリ面を削って，再びスリ合ワセを行なう．

3. 往復台の組ミ立テ作業

往復台の上面は，ベッド面と平行の厚サに仕上げる．これは，ベッドを基準にしてダイヤル ゲージで測定し，前に述べた方法で仕上げればよい．往復台のアリミゾは，往復台に対して直角に仕上げる．この仕上ゲ方法は，12・70

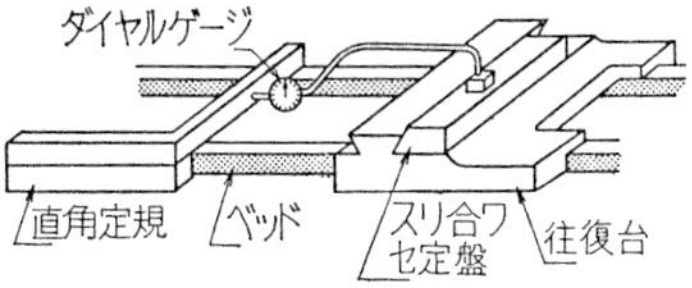

12・70 図　往復台アリ ミゾのスリ合ワセ．

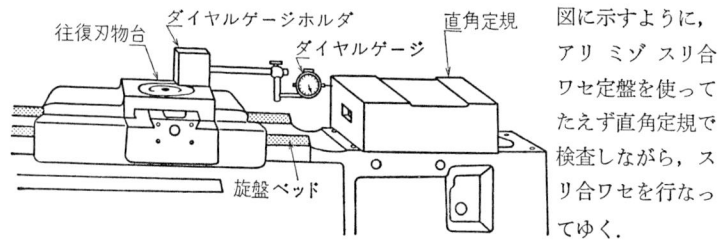

図に示すように，アリ ミゾ スリ合ワセ定盤を使ってたえず直角定規で検査しながら，スリ合ワセを行なってゆく．

12・71 図　往復台と主軸中心線との直角度検査．

横送リ台のアリ

12章 組ミ立テ作業

ミゾが仕上げられたならば,往復台とアリ ミゾの組ミ立テを行なう．この検査は，12・71 図に示したように，主軸台の位置に直角定盤を置いて，横送リ台にダイヤル ゲージ ホルダを付け,これを移動して指針の振レをみる．

4. 前ダレの組ミ立テ作業

ベッドに取り付けられたラックとかみ合う小歯車を回転させる送リ軸は，前ダレが左右に移動するとき軸受ケ内をむりなく動くために，その軸線がベッドのスベリ面と正しく平行になっていなければならない．そのためには，12・72 図に示すように，丸棒定規を軸受ケにはめ込み，その外周をベッドのスベリ面を基準にしてダイヤル ゲージで測り，ダイヤル ゲージの読ミが左右一致するまで，前ダレを往復台に取り付ける面をキサゲでとって組み立てる．

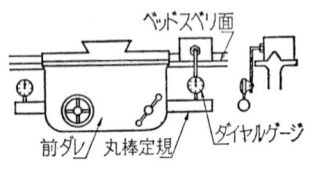

12・72 図　前ダレの組ミ立テ．

割リ ナットは，親ネジと正確にかみ合わなければならないから，ナットの下部のアリ ミゾは,平行移動ができるようにアリ ミゾの組ミ立テを行なう．この組ミ立テが終われば，前ダレをベッドのスベリ面と直角に取り付けることができるように，ジグを使って正確に穴アケを行なって組み立てる．

5. 旋盤の精度検査

工作機械の **精度検査**（Alignment test）は，動的な荷重を掛けないで各部の製作精度を検査するもので，その方法は JIS に規定されている．旋盤の場合は，ベッドの精度検査，主軸の精度検査，親ネジの精度検査を行なう．

(1) ベッドのスベリ面の平行度検査　12・73 図は，スベリ面の平行度の検査法を示したものである．往復台の上にダイヤル ゲージ ホルダを置き，ダイヤル ゲージの測定子をスベリ面に接触させて静かにハンドルを回し，往復台の動く範囲で，ベッド全長にわたって指針の振レを見る．この最大差は，普通旋盤

12・73 図　ベッド スベリ面の平行度検査．

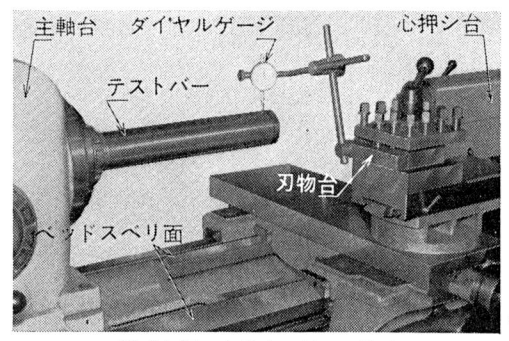

12・4 旋盤の組ミ立テ作業

12・74 図 主軸穴の振レの検査.

で 0.02～0.03 mm 以下でなければならない.

(2) 主軸穴の振レの検査 12・74 図は，主軸穴の振レを検査しているところを示す．主軸穴にテスト バーをはめ，その口元および先端にダイヤル ゲージの測定子を接触させ，主軸の回転中の指針の読ミの最大差を測定するのである．最大差は，口元で 0.01～0.03 mm，口元から 300 mm 離れたところでは，0.02～0.04 mm までが許される範囲である．

(3) 主軸台と心押シ台との両心の高サの差の検査 12・75 図に示すように，主軸台のセンタと心押シ台のセンタでテスト バーをささえ，往復台の上に置かれたダ

12・75 図 両心の高サの差の検査.

イヤル ゲージの測定子をテスト バーに接触させ，テスト バーの両端の読ミの差を検査する．普通旋盤では，この値が 0.02～0.05mm 以内でなければならない．心押シ台は主軸台に比べて移動させる回数が多く，ベッ

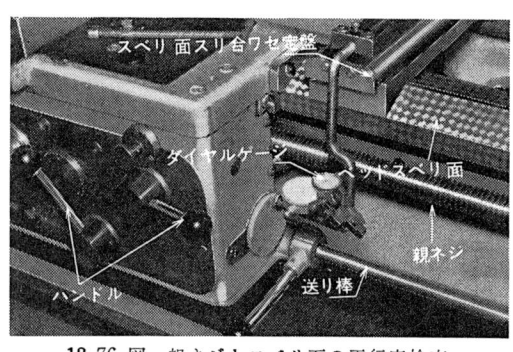

12・76 図 親ネジとスベリ面の平行度検査.

ドのスベリ面との間の摩耗が考えられるので，この検査では心押シ台側が低くては検査に合格しない．

(4) 親ネジと往復台スベリ面との平行度検査 12·76 図は，親ネジ両端の軸受ケ中心線と往復台スベリ面との平行度を，水平面内で検査しているところを示す．すなわち，スベリ面上のスリ合ワセ定盤にダイヤル ゲージを取り付け，親ネジの両端と，中央部における前後方向のスベリ面からの距離の差を測定して検査をするのである．また垂直面内の検査も行なって，上下方向のスベリ面からの差も測定し，いずれも 0.1〜0.15 mm 以内に組み立てられることが必要であるとされている．

練 習 問 題

問題 1 限界ゲージ方式というのは，どのような方式ですか，説明しなさい．

問題 2 ハメアイの種類を JIS では何種類に規定していますか，その方式を述べなさい．

問題 3 限界ゲージ方式で，公差というのはどの寸法のことですか．

問題 4 限界ゲージ方式で，シメシロというのはどんな寸法ですか．

問題 5 ジグはどのような目的に用いられますか．

問題 6 ネジで締め付けて組み立てる場合に，締メ付ケ順序が決まっているときは，その順序を間違えるといけないといいますが，なぜですか．

問題 7 ボルトをねじ切ってしまったとき，これを取る方法を考えなさい．

問題 8 直径 80mm の軸受ケを，シメシロ $4/100$ mm のシマリ バメにする場合，軸受ケを何度に加熱すればよいでしょうか．　　　　　　　　　　　　　(答) 45°C

問題 9 軸受ケの運転検査で異常な温度上昇があるときは，どこに異常の原因があると考えられますか．

問題 10 回転体の組ミ立テでは，静的なツリアイ試験だけでは不充分であるといいますが，そのわけを説明しなさい．

問題 11 アリ ミゾのスリアワセに用いるジグは，どのような役目をもつ部品ですか．具体的に例をあげて説明しなさい．

問題 12 テスト バーは，どのようなときに用いるものですか．使用の具体例をあげて説明しなさい．

問題 13 旋盤の精度を検査するときには，どの部分の精度をどのような方法によって検査しますか，説明しなさい

問題 14 旋盤の精度検査をするときに用いる測定器の名前をあげなさい．

13章 据エ付ケ作業

　機械には，どこへでも運ぶことができる可搬式のものもあるが，多くは基礎の上に据え付けられる．基礎の上に据え付けられているということは，機械がいつも正しく水平に置かれているということであり，また，心がいつも狂わないで運転されているということである．いいかえれば，工作機械などの場合には，つねに精度が保たれているということである．この場合，その基礎の構造や強度がたいせつであることはいうまでもないが，この基礎の上にどのように機械を取り付けるかという点もまた重要なことであり，これについて新しい方法が試みられている．また，内燃機関・圧縮機のように振動する機械の場合，あるいはきわめて精密な工作機械に地盤の振動が及ばないようにする場合などには，とくに防振ということを考えなければならず，単に基礎を重くするだけではすまされないのである．

13・1 据エ付ケの条件

1. 機械基礎が受ける力

　機械の据エ付ケには，まず地盤の安定が第一である．地盤が安定していないと，**機械基礎**（Machinery foundation）が最初のうちは完全であっても，時間がたつとこれが傾いてくることがある．また，地盤が安定していても，基礎にかかる力の種類によって，傾いたり，破壊したりする場合もある．

　（1）**一般的な工作機械の場合**　基礎の底面にかかっている静荷重が平均しているようなときは，地盤の不同沈下がない限りあまり問題はないが，13・1図のように荷重が平均していないような場合には，基礎面積を多くしておかないと重い荷重の部分が傾くことがある．

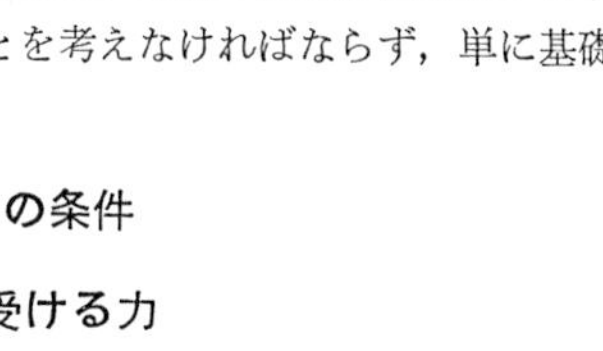

　（2）**機械が水平方向に引張られているような場合**　13・2図に示すように，下向きの静荷重だけを考えれば，引張リ

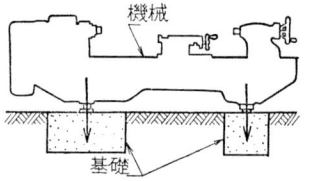

13・1図　旋盤の基礎の一例．

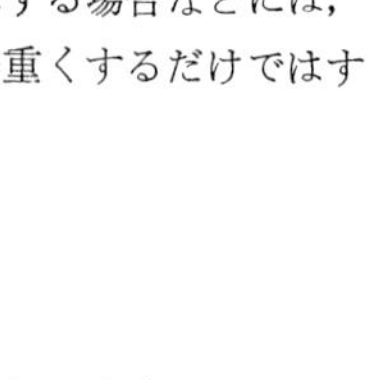

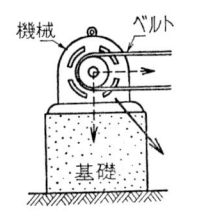

13・2図　引張られるモータ（1）．

力との合成力が作用するので基礎が転覆するおそれがある．このために単純に基礎に固定するだけでは不充分で，基礎底面を広くし，また基礎重量を大きくしなければならない．

（3） 機械に上方に引き上げられる力が作用する場合　13・3 図のようなときは，基礎もろとも浮き上がるようになり，地盤に及ぼす基礎の圧力に差ができて振動の原因になる．このようなときは，基礎の重量を大きくする必要がある．さもないと機械は安定しない．

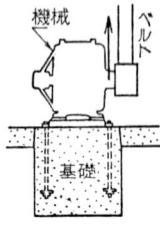

13・3 図　引張られるモータ(2)．

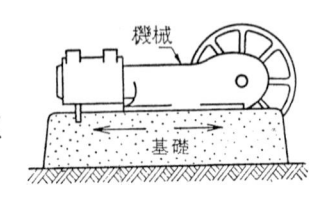

13・4 図　往復運動する機械．

（4） 機械自身が左右の往復運動によって振動する場合　すなわち 13・4 図のようなときは，基礎を水平方向にすべらせるような力が働き，静荷重だけの考えかたでは破壊する．

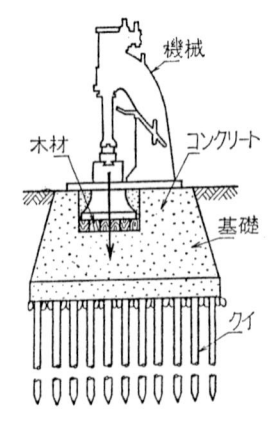

（5） 基礎に大きな衝撃力が作用する場合　13・5図のような機械ハンマでは，もちろん静荷重だけを考えて据え付けるわけにはいかない．地盤はクイを打ち，基礎には充分な防振対策を施さないと破壊するおそれがある．

2. 安定した地盤

機械基礎が地盤の上に設けられる以上，必ず地盤の性質，据え付けられる機械の重量，あるいは荷重の種類を調べなければならない．地盤の沈下や多少の傾斜が致命的でないときには，地耐力やクイ耐力によって基礎を打つが，重要な精密機械あるいは重量機械の据エ付ケの場合には，13・6図に示すように，必ず地盤の土質調査をする必要がある．

13・5 図　衝撃を与える機械．

（1） 地耐力とクイ耐力　地盤の強サは地耐力で表わされるが，地耐力は，地盤 1 m² について何トンまでの荷重が許されるかという値である．13・1 表は

13・1 据エ付ケの条件

その値を示したものである．砂利層は地盤として比較的大きな支持力があって，地盤の沈下が少ないので，一般に基礎地盤に適している．また砂利に砂あるいは粘土が適当に混ざっているのもよい地盤である．地耐力が低いときには，クイを打ち込んで耐力を増すようにする．クイの摩擦力は 13・2 表に示すとおりであるが，クイは，作用上から柱クイと摩擦クイとに分けられる．柱クイとは，下層地盤がやわらかい場合のクイの状態のことである．

13・6 図　土質調査

13・1 表　地盤の許容地耐力度（トン/m²）．（日本建築規格）

地盤		長期荷重に対する値.	短期荷重に対する値.
硬岩盤	ミカゲ石・セン緑石・片麻岩・安山岩のような火成岩，およびコウ結したレキ岩等.	400	長期荷重に対する値の2倍.
軟岩盤	板岩・片岩のような水成岩 ケツ岩・土タン盤および破砕した基礎等.	250 100	
砂利	密実なもの. 密実でないもの.	60 30	
砂利と砂との混合物.	密実なもの. 密実でないもの.	50 20	
砂	粗粒で密実なもの. 細粒で密実でないもの.	40 10	
砂まじり粘土およびローム.	硬質で密実なもの. 軟質で密実でないもの.	30 15	
粘土	硬質なもの. 軟質なもの.	30 15	
泥土	――	0	
特殊土質	埋メ土・盛リ土および特殊なものは実状に応じて定める.		

13·2表 クイの側面摩擦抵抗.

クイ材料と地盤の種類		摩 擦 力 (トン/m^2)
木材と	泥　　　　土	0.49～0.74
	柔軟な泥土	0.48～0.88
	ふつうの砂	5.40～7.40
	細　　　　砂	7.40～8.33
鋼鉄と	粘　　　　土	0.25～0.34
	砂混リ粘土	0.74～1.23
	泥混リ粘土	1.23～1.96
	細　　　　砂	1.23～1.49
	ふつうの砂	1.48～1.96
	清 い 河 砂	1.96～2.96
	密着せる粘土	4.41～4.90

木グイにはマツ・カシ・ブナ等が用いられ，その大キサはつぎのようである．

長サ6m以下のものは，末口の直径約26cm，先端の直径約13cm．

長サ6m以上のものは，末口の直径約30cm，先端の直径約15cm．

木グイは，乾湿度の変化のはげしいところでは腐食しやすいので，コンクリートグイあるいは鋼管材が用いられる．13·7図，13·8図はそれぞれのクイを示す．コンクリートグイに比較して大きな支持力をもっており，大キサは13·3表に示すようなものがある．**鋼管グイ**は木グイ・コンクリートグイに比べて大きな打撃力に耐えるという特徴があるので，地盤に応じて長いものもでき，粘土地盤でも密に打ち込むことができる．13·4表は鋼管グイの性能を示したものである．腐食に対しては，塗装・コンクリート包ミ・電気防食などが施される．

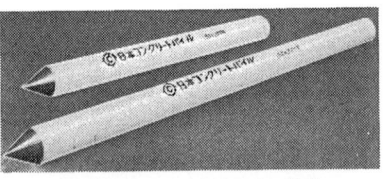

13·7図　コンクリートグイ

（2）**地盤の沈下**　基礎を打っても地盤自体が沈下現象を起こせば，据え付けられている機械の水平が狂ってくる．したがって，傾斜をきらう基礎では，機械の重心が基礎底面積の重心の真上にくる

13·8図　鋼管グイ

ようにすることが望ましい．地盤の沈下現象は，土中の圧力分布と土の性質によるもので，地耐力・クイ耐力では表わせない．結局，基礎面積を大きくして

13・3 表 コンクリートグイの寸法.

長サ(m)	外径(mm)	厚サ(mm)	重量(約)kg
2.0	150	40	72
3.0	200	40	160
4.0	200 250	40 50	210 320
5.0	250 300	50 60	410 590
6.0	250 300	50 60	490 710
7.0	250 300 350	50 60 60	570 820 1000
8.0	300 350 400	60 60 70	930 1130 1510
9.0	300 350 400 450	60 60 70 70	1040 1280 1700 1950
10.0	300 350 400 450 500	60 60 70 70 80	1180 1420 1880 2170 2750
11.0	300 350 400 450 500	60 60 70 70 80	1290 1560 2080 2390 3020
12.0	300 350 400 450 500	60 60 70 70 80	1410 1710 2270 2600 3300

13・4 表 鋼管グイの性能表.

呼ビ径(内径)(mm)	肉厚(mm)	重量(kg/m)	平均圧壊圧力(kg/m²)
300	4.5〜 8	33.8〜60.8	14.8〜73.0
350	4.5〜 8	39.4〜70.6	9.5〜47.8
400	4.5〜 9	44.9〜90.7	6.5〜46.1
450	4.5〜10	50.4〜113.4	5.0〜44.3
500	4.5〜12	56.6〜151.5	4.0〜55.0
600	4.5〜12	67.1〜181.2	2.7〜33.2

〔注〕 長サ 6〜15 m.

全般の沈下を減らすのが最もよい方法になる．また，基礎予定地にあらかじめ地盤沈下促進法を施工して，地盤沈下が終わった後で基礎を打つことも行なわれている．

13・2 据エ付ケ材料

1. セメント

ふつうセメントというのは，ポルトランドセメント (Portland cement) のことである．

早強ポルトランドセメントは，焼成・粉砕に特別の考慮がなされたもので，凝結が非常に早い．

セメントの強度は，セメントと標準砂とを一定の割り合いに配合し，これに一定量の水を加えてつくったモルタルの強度で表わしている．これは，そのままコンクリートの強度とはいえないが，ある程度まで比例する．

13・5 表は，セメントの強度を示したものである．

13・5 表 セメントの強サ.

セメントの種類.	曲ゲ強サ (kg/cm²)				圧縮強サ (kg/cm²)			
	1 日	3 日	7 日	28日	1 日	3 日	7 日	28日
普通ポルトランドセメント	—	>10	>20	>30	—	>35	<70	>150
早強ポルトランドセメント	>10	>20	>35	>55	>40	>80	<160	>250

2. 骨　材

　モルタルまたはコンクリートをつくるために，セメントと混合する砂・砂利・砕石などの材料を骨材と呼んでいる．骨材は便宜上，粒の大キサによって細骨材と粗骨材に分けている．細骨材は直径 10 mm 以下で，5 mm 以下のものが 85% 以上ある骨材である．骨材は粘土その他の不純物をふくまないものでなければならない．悪い骨材を使用すると，コンクリートが腐食したり，崩壊したりすることがある．コンクリートの配合を決めるときに必要な骨材の性質は，単位重量・比重・含水量・粒度等である．13・6 表は，骨材の 1 m³ の重量を示したものである．

13・6 表　骨材の単位容積重量.

骨　材　の　種　類.	状　態	単位容積重量 (kg/m³)	
		軽盛りのとき.	突き固めたとき.
細　　骨　　材	乾　燥 湿　潤	1450～1600 1360～1520	1520～1850 —
粗骨材 大キサ 5～15 mm	乾　燥 湿　潤	1450～1550 1450～1550	1570～1680
粗骨材 大キサ 10～20 mm	乾　燥 湿　潤	1450～1510 1450～1510	1480～1600
粗骨材の最大寸法が 40 mm のとき，細・粗骨材の混合骨材.	乾　燥 湿　潤	— 1600～1850	1760～2000 —

3. 鉄　筋

　コンクリートと鋼とは熱膨張係数がほとんど等しく，また互いに物理的・化学的に密着するという利点があるので，コンクリートの中に鉄筋を入れて鉄筋

13・2 据エ付ケ材料

コンクリートにする．鉄筋コンクリートにすれば，圧縮力・引張リ力に対してきわめて強くなる．

鉄筋の材質は，特別の場合を除いて一般構造用圧延鋼材であり，その形は丸鋼が最も一般的である．もちろん，場所によって平鋼・角鋼も用いられる．丸鋼材は直径 3~55 mm 程度のものが多く用いられる．長サは 12~15m ぐらいのものを適当に切断して使う．鉄筋は組み立てる前に，浮キサビや，泥・油・ペンキ等を充分に取り除いておかなければならない．多少のサビはコンクリートと付着する場合にかえって有効であり，みがく必要はない．鉄筋を長く大気にさらしておくときには，セメントノリをハケでうすく塗っておけば，浮キサビを防ぐことができる．13・7 表は，丸鋼の重量表である．

13.7 表　丸鋼の寸法と重量．

直径 (mm)	重量 (kg/m)
6	0.222
7	0.302
8	0.395
9	0.499
10	0.617
11	0.746
12	0.888
13	1.04
14	1.21
15	1.39
16	1.58
17	1.78
18	2.00
19	2.23
20	2.47

4. 基礎ボルト

機械を基礎に固定するには，基礎に固着されたボルトでフレームあるいはベッドを締め付ける．このボルトを**基礎ボルト** (Foundation anchor bolt) と呼んでいる．基礎ボルトには種種の形があるが，いずれも機械が受けるあらゆる引張リ力，あるいは振動荷重に耐えて，コンクリート基礎との摩擦力で充分に機械のスベリやズレを防ぐものでなければならない．

基礎ボルトには，13・9 図（a）に示すような**角頭ボルト**，同図（b）~（d）に示す**曲ガリボルト**，同図（e）の**アイボルト**などがあり，それぞれに適した用途に供せられる．これらの基礎ボルトは，植え付けるときにあらかじめ基礎

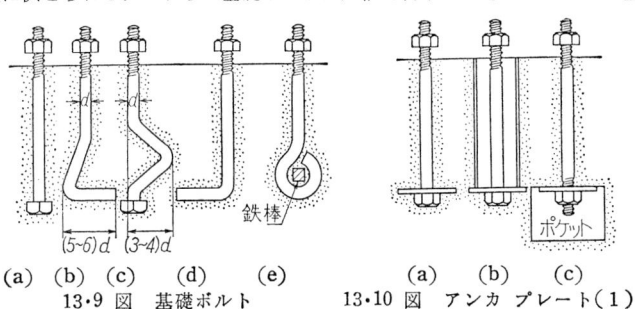

(a)　(b)　(c)　(d)　(e)
13・9 図　基礎ボルト

(a)　(b)　(c)
13・10 図　アンカプレート（1）

(a) ミゾ形鋼　(b) 山形鋼　(c) レール

13・11 図　アンカ プレート（2）

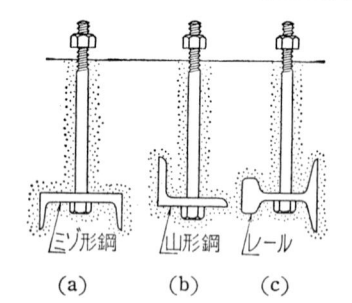

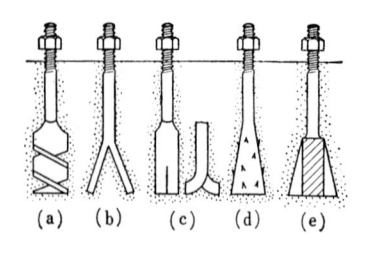

13・12 図　その他の基礎ボルト

にボルト穴をつくっておいて，あとでボルトを差し込み，モルタルを詰める．また，基礎ボルトのなかでも，13・10 図に示すようなものを**アンカ プレート**(Anchor plate)といい，とくに大形の機械を据え付けるときには，13・11 図に示すように，ミゾ形鋼・I形鋼・山形鋼・レールなどをアンカ プレートとして用いる．

　以上のほか，基礎ボルトには，13・12 図に示すように，ボルトが短くても抵抗力が大きくなるように工夫したものがある．同図（e）は基礎の植エ込ミ穴にクサビ部を入れ，90°回転してからモルタルを流し込む式のものである．

5. レベリング ブロック

　機械を水平に据え付けるために，機械のベッドの下にレベリング ブロック（Leveling block）を用いる．その最も一般的なものは 13・13 図に示すようなもので，正確に仕上げた二つのクサビ面があって，調整ネジによって，ブロックがコウ配にそって上下する．大キサは 13・8 表に示すとおりである．ただ問題となるのは，この種の形のものは，ベッドの横方向のズレが防止できない点である．これを防止するためには，13・14 図のような移動止メ金具を併用するか，13・15 図に示すようなレベリング ブロックを用いるとよい．これは平行移動板がコウ配ブロックの移動によって上下に動いて調整されるので，機械ベ

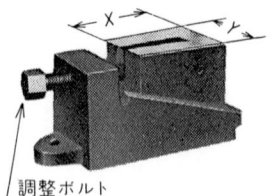

13・13 図　レベリング ブロック

13・8 表　レベリング ブロックの容量と寸法．

称呼 (トン)	X (mm)	Y (mm)	調整量
1.5	85	70	3
2.5	110	90	5
5.0	155	130	8
7.5	190	160	10
10.0	220	180	11

13・2 据エ付ケ材料

ッドのササエ点の横方向の動きがなくなってつごうがよい.

平削リ盤・立テ削リ盤などのように, 大形で衝撃のある工作機械には, 基礎ボルトと組み合わされた 13・16 図のようなレベリング ブロックが使われる.

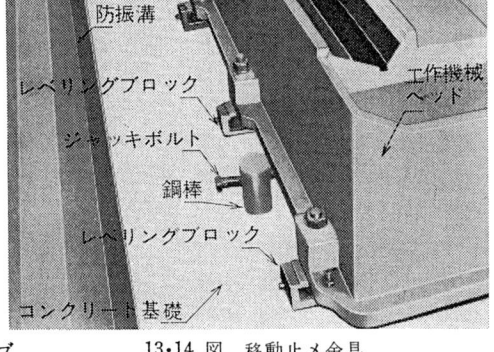

これらのレベリング ブロックは, 据え付けられる機械の重量と加工物の重量との総和により, 何個使用するかを決め, 13・17 図のようにコンクリート基礎面にこれをいれる逃ゲロ

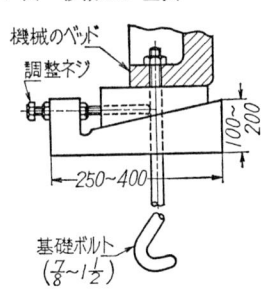

13・14 図　移動止メ金具

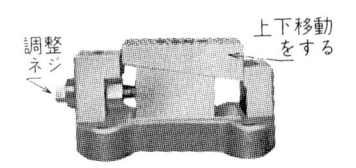

13・15 図　レベリング ブロック

13・16 図　基礎ボルト付キ レベリング ブロック

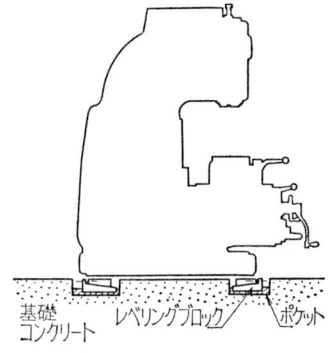

13・17 図　レベリング ブロック

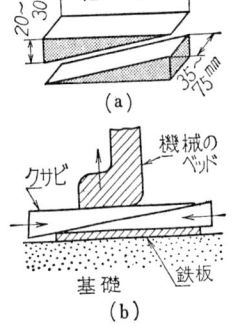

13・18 図　クサビ

(Pocket) をつくり，その中に取り付ける．こうして3～4か月ごとに水平を調整すれば，機械の据エ付ケは狂うことがない．

あまり正確サを要さないときは，鉄製のクサビを用いて簡単に基礎の上に据え付けることがある．クサビは13·18図に示すような形の，機械仕上ゲの必要のない鍛造品で，基礎ボルトの両側に一組ミ取り付けて，モルタルの施工が終わったときに取りはずす．精密な機械の据エ付ケには，こうしたものは使用しない方がよい．

6. ジャッキ ボルト

中形の工作機械の据エ付ケにジャッキ ボルト (Jack bolt) をよく用いる．コウ配を用いて調整するレベリング ブロックの代わりに，直接ネジを用いるものである．重量が比較的に軽いものでは，機械のベッドあるいはフレームの基礎ボルト用の穴にタップを立てて，これに直接ジャッキ ボルトを取り付け，基礎の上に鉄板を敷き，これに当てて水平を調整する．13·19図は工具研削盤にジャッキ ボルトを用いたところを示したものである．ジャッキ ボルトは，衝撃のある機械に用いるときに

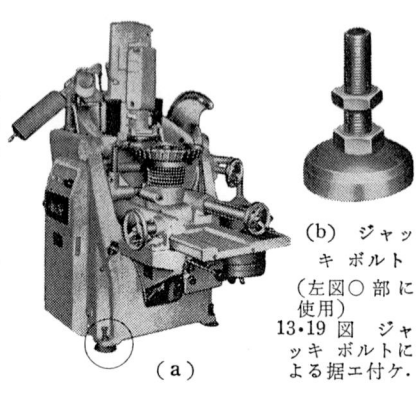

(b) ジャッキ ボルト（左図○部に使用）

13·19 図 ジャッキ ボルトによる据エ付ケ．

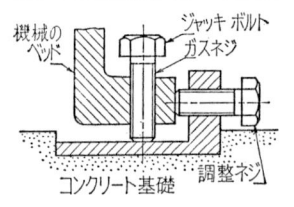

13·9 表 ジャッキ ボルトの大キサと容量．

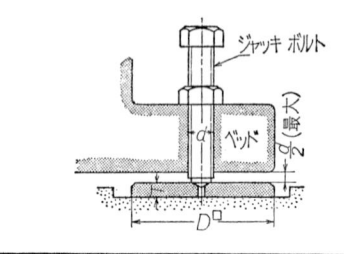

d	D (mm)	T (mm)	単一荷重 (kg)	全荷重 (kg)
3/4	100	10	500	3000未満
7/8	125	15	1000	5000
1	150	20	1500	10000
1 1/4	150	25	2000	20000
1 1/2	200	30	2500	30000
2	250	35	3000	50000

13·20 図 ジャッキ ボルトとともに用いる移動止メ金具．

13・3 防振据エ付ケ

は，必ず前後に移動止メ金具を準備しなければならない．13・20 図は，ジャッキ ボルトと一体にして使用する 移動止メ金具 を示す．なお，ジャッキ ボルトのネジは，微細な調整を行なうためにガス ネジが切ってある．13・9表は，ジャッキ ボルトの大キサと容量を示す．

13・3 防振据エ付ケ

1. 機械と振動

工場には各種の機械が据え付けられているが，どの機械でも例外なく運動部分があって，大小の差はあっても，いずれも振動を発生する．したがって，つぎの三つの点について，それぞれ異なった防振対策がなされている．

① 精密な工作機械あるいは精密測定器などのように，それ自身の振動はやむを得ないが，精密な工作や測定をするために，他からの振動の影響を極力きらう種類のもの．

② 機械ハンマ・粉砕機・内燃機関・圧縮機などのように，振動が機械自身の内容から発生するもので，この振動が他に及ぶことを極力防がなくてはならない種類のもの．

③ 平削リ盤・形削リ盤などのように，①，②両方の目的で防振を考えなければならない種類のもの．

①の場合は，防振について最も注意深く考え，ほとんど地盤と隔絶された基礎の上に据え付けている．②の種類に対しては，古い方法では，振動を減らすために基礎の重量を大きくしていたが，今日では基礎振幅を小さくするように考えられている．

2. 防振基礎

精密工作機械 などのように，振動から 徹底的に 防護される 必要のある機械は，防振据エ付ケの方法以前に，機械基礎がまず防振された構造でなければならない．つぎに防振基礎の構造について二，三の例を示す．

（1） 深ミゾ 機械基礎の周囲に深いミゾを掘って振動を防ぐ方法は以前から行なわれていたが，結果はたいして防振の効果をあげていなか

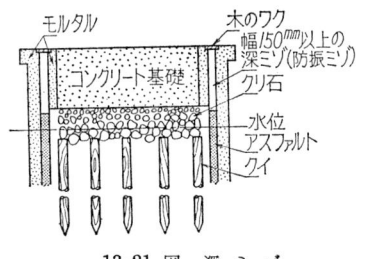

13・21 図 深 ミ ゾ

った．これは，このミゾに地下水が浸入したり，また湿気が高かったりしたためで，深ミゾをつくったら，絶対に浸水のおそれのないように，13・21 図のようにアスファルトで防水しなければならない．また，ミゾの中に乾燥した砂あるいはモミガラ・ノコクズなどを入れておけば，ここで振動を吸収することができる．

（2） **二重基礎** 13・22 図は，最も精度の高い機械の据エ付ケに用いる二重基礎の例である．地下水の浸水を防ぐために，外側の基礎には鉄板のワクを設ける．内側の基礎コンクリートは，100 mm 厚サの乾燥砂の上にのり，周囲

13・22 図　二 重 基 礎

の深いミゾは，コルク板かノコクズによって満たされている．もちろんこの基礎は，工場の床とは別につくられている．

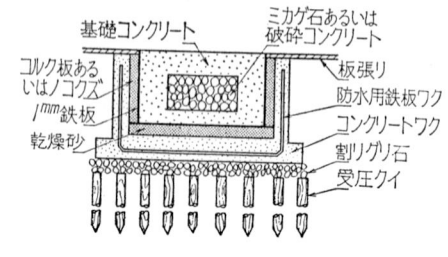

（3） **三重基礎** 13・23 図は，三重基礎の一例である．絶対に振動を防ぐ構造の基礎であるが，工作機械には適当でない．精密測定器の据エ付ケ用である．三重のコンクリートが用いられていて，コンクリートの間には，後で

13・23 図　三 重 基 礎

述べる防振ゴムが置かれていて，完全な吸振をしている．

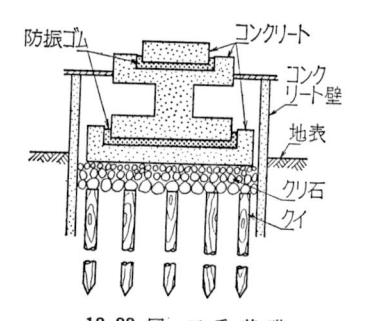

3. 防 振 材 料

据え付けられた機械が振動から絶縁されるためには，以上に述べたように，"基礎と地盤との間"に吸振材を入れることが肝要であるが，同時に"機械と基礎との間"にも吸振材を用いることが必要である．このようにすれば，ほとんど全部の振動がここで吸収されてしまう．

吸振材としては，すでに防振基礎の説明で述べた乾燥砂・ノコクズ・モミガラ・コルク板などがあげられるが，これらをふくめて二,三の防振材料について述べる．

13・3 防振据エ付ケ

（1） **防振ゴム** ゴムは弾性に富んでいて，防振効果が大きい．また，音波の伝わりに対する抵抗も大きく，この点では金属のバネを用いるより効果は大きい．また，衝撃の緩衝作用もある．

このような特徴をもつ防振ゴムが，実際に使われ始めたのは比較的近年であるが，現在では防振材料としてなくてはならないものとなっている．これは，ゴムの耐油性・耐熱性・耐寒性が進歩して，耐久性のあるものができるようになり，また金属との接着が進歩したので利用範囲が広くなったのである．13・24 図は防振ゴムの板を示したものである．また，機械基礎をこの防振ゴムの上にのせた場合の，振動減少の記録の一例を，13・25 図に示す．

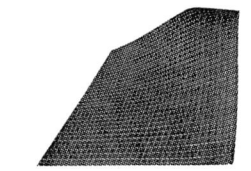

13・24 図　防振ゴム

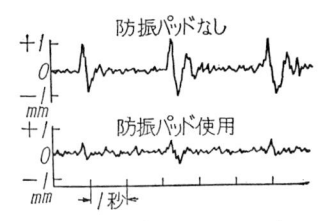

13・25 図　防振ゴムによる振動の減少記録．

基礎の上に機械を据え付ける場合に，レベリング ブロックを用いると狂うことがないということは前に述べたが，最近，防振装置付キ レベリング ブロックと呼ぶ 13・26 図に示すようなものが用いられている．13・27 図は，大形旋盤の据エ付ケに，防振装置のあるレベリング ブロックが使われている例を示したものである．

防振ゴムの使用例として，圧縮機のような場合，すなわち機械自身の振動が大きく，他に悪い影響を及ぼ

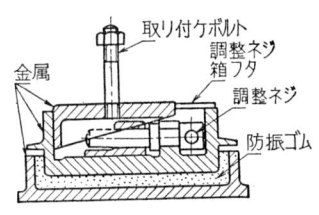

13・26 図　防振装置付キ レベリング ブロック

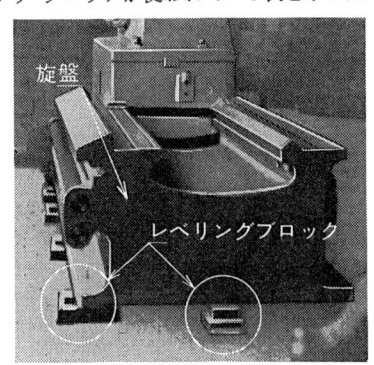

13・27 図　防振装置付キ レベリング ブロック使用例

13・28 図　圧縮機の据エ付ケ.

すおそれのある場合を，13・28 図に示しておく．13・30 図は同じような目的に使う防振ゴムの例である．

（2）**コルク**　コルクは国産のアベマキや輸入材料のものがあるが，いずれも正し

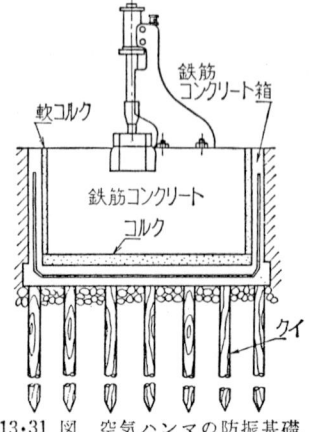

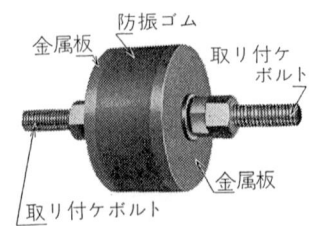

13・29 図　圧縮機の据エ付ケ用防振ゴム（13・28図○部）．

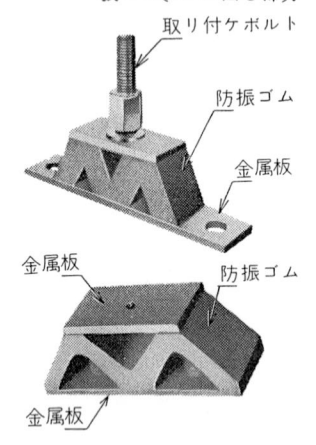

13・30 図　防振ゴム

13・31 図　空気ハンマの防振基礎．

13・10 表　コルク板の変形量．

荷重圧力	荷重による変形 (mm)		
(kg/cm²)	密度小	密度中	密度大
2	4.74	3.12	2.29
5	13.8	9.1	6.76
7	19.4	13.4	10.4
10	24.7	19.0	15.0
12	—	21.2	17.5
15	—	24.5	20.5
17	—	—	21.6

〔注〕約 50mm 厚のコルク板による．

13・4 据エ付ケ作業

く使用すれば，油にもおかされず，また湿気にも強く，防振材料として適当である．使用するときの許容荷重は，2.5kg/cm² 程度である．使用法は 10～30cm の角にする方がよく，1枚のマットとして使用するのはよい方法とはいえない．基礎の防振ミゾには，コルクを粉にしたものを用いている．また 13・31 図に示すように，はなはだしく振動を発する機械の基礎には，コルクを用いて振動を吸収しているものもある．コルクの耐圧力と変形の大キサを 13・10 表に示しておく．コルク板は，そのほか電動機・送風機・圧縮機械・発動機などの据エ付ケに敷キ板として用いられて，防振の役目を果たしている．

（3） 金属バネ ふつうはコイルバネが用いられる．バネは，それ自身の固有振動が誘発されて，共振することがあるので注意が必要である．13・32 図は大形冷凍機の据エ付ケの部分を示したものである．図の場合，基礎には特別の防振工事を施さないで，調節ネジで基礎の不均一と高サとを自由に調節し，簡単に据エ付ケができるようになっている．また 13・33 図は，大形ディーゼル発電機を金属バネで据え付けたところを示したものである．これはビルの地下室で自家発電をする装置であるが，ほとんど振動でわずらわされることがない．

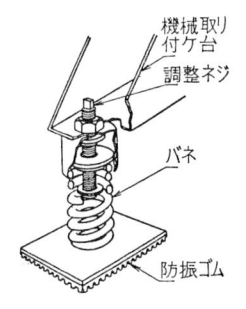

13・32 図　防振バネ

13・33 図　ディーゼル発電機の据エ付ケ．

13・4　据エ付ケ作業

1.　コンクリートの練りかた

コンクリート（Concrete）は，セメントと，砂および砂利あるいは砕石と，

水とを適当の割り合いに配合し，混合して固まらせたもので，その性質は，その材料の性質，材料の配合，これを混合する程度，型ワクに詰め込む方法，打ち終わった後の処置などによって大きく影響される．

(1) **コンクリートの配合** コンクリートの配合というのは，セメント・細骨材・粗骨材の配合比をいうのであって，コンクリートの性質すなわち強度・水密性・耐久性・耐火性・耐摩耗性などの要求によって，配合と水量が変わってくる．

(i) **配合の表わしかた** これには重量比で表わす場合と容積比で表わす場合とがある．重量比は大工事の場合に使い，小工事にはふつう容積比で表わす．すなわち，1:2:4 といえば，セメント 1 kg，細骨材 2 kg，粗骨材 4 kg の配合か，セメント 1 m³，細骨材 2 m³，粗骨材 4 m³ の配合を表わすのである．

コンクリートの標準配合は，容積比で1:2:4 がふつうであり，振動の少ない機械基礎・床には 1:2:5 が用いられている．

(ii) **セメント使用量** 骨材の品質および粒度が適当であれば，ある点までセメントの使用量を少なくしても，耐久的なコンクリートをつくることができる．けれども，骨材を有効に付着させるだけのセメントが不足すると，よいコンクリートができない．だいたいその使用量は，13・11 表に示す範囲で行なう．

13・11 表 コンクリートのセメント使用量．

構造物の種類	流動性	コンクリートに使用するセメント量(kg)	粗骨材の最大寸法 (cm)
エン堤・大きい基礎	中硬練リ	195～280	7.5～15
橋脚・基礎・厚壁	中硬練リ 中軟練リ	225～340	5～10
大きい鉄筋コンクリート構造	中軟練リ 軟練リ	280～390	2.5～5

(2) **水・セメント比** コンクリートの強度は，結着剤であるセメントノリの濃度で支配される．セメントノリの濃度は，使用する水量とセメントとの重量比，すなわち水・セメント比で表わしている．13・34 図からわかるように，この比が小さいほど耐圧強度は大きくなるが，あまり小さいと砂や砂利を練り合わせるときにかたすぎて，コンクリートに多量の空気が混じる原因になる．したがって，ふつうは 0.7～0.8 程度にしている．

13・4 据エ付ケ作業

（3）配合と水量 コンクリートの配合と水量について一例をあげれば，

　セメント　1m³＝1500kg
　　砂　　　1m³＝1500kg
　砂　利　　1m³＝1600kg

いま容積比で1：2：4のコンクリートをつくるとすれば，重量比では 1500：2×1500：4×1600＝1：2：4.27 となる．いま，セメント紙袋1袋50kg入リとして，これでコンクリートをつくれば

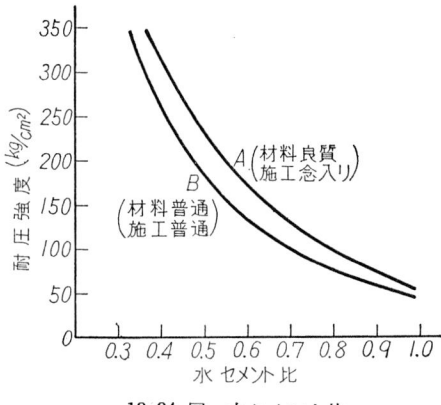

13・34 図　水セメント比

（重量比）　1：2：4.27＝50kg：100kg：213.5kg

13・12 表　コンクリートの配合と水量．

粗骨材の最大寸法 (mm)	圧縮強度 (kg/cm³)	コンクリート1m³に使用するセメント量(kg)	水セメント重量比	セメント1袋に対する骨材量(kg)　全量	細骨材	粗骨材
25	158	274	0.71	352	149	203
50		251		394	160	234
75		229		447	165	282
25	193	312	0.62	304	128	176
50		285		341	133	208
75		262		384	138	246
25	210	335	0.58	277	112	165
50		307		314	122	192
75		285		351	128	223
25	232	363	0.53	250	101	149
50		335		282	107	175
75		307		319	117	202
25	260	402	0.49	224	85	139
50		374		250	90	160
75		346		282	96	186
25	300	447	0.44	197	75	122
50		413		224	80	144
75		380		250	86	164

となる．水セメント比 0.6 にすれば，水の必要量 $=50\text{kg}\times 0.6=30\text{kg}$ であるから，結局セメント1袋で

$$50+100+213.5+30 \fallingdotseq 394\text{kg}$$

のコンクリートが得られる．

以上は一例であるが，参考に 13・12 表をかかげておく．

また，1m^3 の標準配合コンクリートをつくるときに，材料はどれだけ必要かといえば，重量比 $1:2:4.27$ より，セメント 10kg，砂 20kg，砂利 42.7kg および水 6kg を混合すれば，0.0328m^3 のコンクリートが得られる．これから 1m^3 のコンクリートをつくるのに必要なセメントの重量は

$$\frac{10}{0.0328}=305\text{kg}(6.1\text{袋}), \quad 砂は \frac{20}{0.0328}=610\text{kg}, \quad 砂利は \frac{42.7}{0.0328}=1302\text{kg}$$

ということになる．

(**4**) **混合・切り込ミ**　コンクリートを混合してから使い終わるまでの時間は，温暖で乾燥しているときで1時間，低温で湿潤なときでも2時間までである．手練リの場合は，砂を練リ台の上にひろげ，その上にセメントをまきひろげ，3〜4回切り返シを行なう．このカラ練リ（空練リ）のあとジョウロで一部の水を加え，3回以上切り返してモルタルをつくる．こうしてからモルタルをひろげて砂利を入れ，残りの水を加えて，少なくとも3回切リ返シを行なってコンクリートにする．機械練リの場合は，練る時間は1分以上5分までで，これ以上は練っても効果がうすい．打ち込んだあとは，なるべく長く散水するか，ムシロなどをかけて湿った状態を保つ．

2. 基礎施工

機械の据エ付ケ作業は，基礎の施工から始まって，機械の荷ほどき，運搬・仮リ据エ付ケ・本据エ付ケ，そして水平調整・精度検査で終わる仕事である．

基礎の施工には，まず機械の据エ付ケ位置を定める．これは建築物と機械の関係がわかっていれば，柱・伝導軸などの位置から決めることができるが，機械基礎が大きくて工場建築前に施工するときは，石やコンクリートの標柱によってその位置を定める．これから地面を掘るのであるが，地盤の軟弱なところではコンクリートの仮リワクを入れるために，150 mm くらい余裕をとる．地面を掘り起こすのは，手あるいは機械掘リによる．大形のものは機械掘リである．13・35 図のように，地面を掘ったらコンクリート基礎の仮リワクを取り付ける．ワクは木製のもの，鉄板製のものがあるが，鉄板製のものを使用すると

13・4 据工付ケ作業

きは，コンクリートとの密着を防ぐために，グリス油を塗る．仮リワクの組ミ立テが終わればコンクリートを流し込むが，コンクリートは硬化にともなって多少収縮するので，鋳物と同じように極端に厚ミの違ったところのないようにする．また，一度に 150mm 以上に厚く積まないようにし，ぬれたムシロでおおい，つぎに作業にかかるときには，表面にキズをつけて，セメントを混ぜた水で表面をぬらしながら仕事を続け，厚ミを増してゆく．上面の輪郭は機械ベッドのベースにそうようにし，周囲より 100〜200mm 広くする．基礎内部下方に花コウ岩（代わりに不用になったコンクリート塊を用いてもよい．）を入れる（13・22図）ことは，セメントの節約になり，また補強の効果がある．防振を充分にするためには，防振帯下部の防水アスファルトをクリ石までのばし，クリ石相互の緩衝に役立たせるとよい．また防振体を入れる代わりに仮リワクをそのまま埋め切ることもある．ただし，この場合は仮リワクにコールタールなどの防腐剤を塗っておくことが必要である．

13・35 図　機械基礎の堀サク．

13・13 表に，各種工作機械の基礎コンクリートの厚サを示す．

13・13 表　基礎コンクリートの厚サ．

機　　　種	機械の大キサ．	コンクリートの厚サ． (mm)
普通旋盤・タレット旋盤	卓　　　上	コンクリート台（地下の分 600）
〃	3′, 4′	750 〜 1050
〃	6′, 8′, 10′	1050 〜 1500
〃	12′, 14′, 20′	1200 〜 1800
〃	20′ 以上	1500 〜 2400
クランク旋盤	10′	1200 〜 1800
立テ旋盤	60″	1200 〜 1800
正面旋盤	6′	1200 〜 1800

（次頁に続く．）

13章 据エ付ケ作業

機　　　　種	機械の大キサ	コンクリートの厚サ. (mm)
フ ラ イ ス 盤	1# 2# 3#	750 ～ 1200 1050 ～ 1500 1200 ～ 1800
ネジ切リフライス盤	短　形 (3′) 長　形 (8′)	900 ～ 1200 1200 ～ 1800
直 立 ボ ー ル 盤	卓　　　　上 12″ 24″	コンクリート (地下 の分 600.) 750 ～ 1050 1050 ～ 1350
ラジアル ボール盤	4′ 6′	900 ～ 1350 1350 ～ 1800
ホ ブ 盤 (歯切リ盤)	12″ 24″ 60″ 80″	900 ～ 1200 1200 ～ 1500 1500 ～ 1800 1500 ～ 1950
立 テ 削 リ 盤	8″ 10″ 12″	900 ～ 1200 1050 ～ 1350 1200 ～ 1500
平　削　リ　盤	6′ 8′ 10′ 12′ 18′ 20′ 30′	1200 ～ 1800 1350 ～ 1800 1500 ～ 1800 1650 ～ 1950 1800 ～ 2250 1950 ～ 2400 2100 ～ 2400
形　削　リ　盤	12″ 16″ 18″ 20″ 24″	750 ～ 1050 900 ～ 1200 900 ～ 1200 1050 ～ 1350 1200 ～ 1500
カサ歯車歯切リ盤 カサ歯車形削リ盤 ラ ッ ク 盤	18″ 4 D. P. 24″	1200 ～ 1500 1200 ～ 1500 900 ～ 1200
中　グ　リ　盤	1# 主軸径　2″ 2#　〃　 $2^{1}/_{4}″, 2^{1}/_{2}″$ 3#　〃　 $3^{1}/_{2}″$	1200 ～ 1500 1350 ～ 1800 1500 ～ 1800
タレット中グリ盤	6′	1200 ～ 1500

(次頁に続く.)

13・4 据エ付ケ作業

機　　　　種	機械の大キサ	コンクリートの厚サ (mm)
研　削　盤	24″ 36″ 40″	900 ～ 1200 1050 ～ 1350 1050 ～ 1350
心無シ研削盤	トイシ径　300mm 〃　　　　500mm	900 ～ 1200 1200 ～ 1500
内　面　研　削　盤 ネ　ジ　研　削　盤 横形平面研削盤 ラ　ッ　プ　盤	150 ～ 200mm 5′ トイシ径　200mm 24″	900 ～ 1500 900 ～ 1200 900 ～ 1200 900 ～ 1200

　基礎ボルトを同時に植え込んでゆくときには，仮リワクの上部にボルトの型板を取り付けて，機械のボルト穴に合うようにする．13・36 図はその要領の一例を示したものである．基礎ボルトを後から植え込むような場合は，あらかじめ型板によって基礎にボルト穴を準備する．この穴は据エ付ケ後にモルタルを注入しなければならないので，13・37 図のような穴にする．

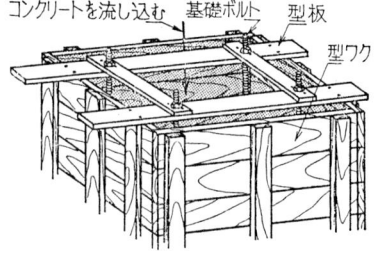

13・36 図　基礎ボルトの定位要領．

3. 機械の運搬

　機械の荷ほどきがすんだあと，据エ付ケ位置まで機械を運搬することについては，なかなかむずかしい問題がある．すなわち，運搬の方法が悪いと機体にむりな応力がかかり，ヒズミを発生して精度が狂ったり，衝撃によってスリ合ワセ部分の面にキズがついたりすることがある．最近の機械は，ツリ上ゲ運搬に便利なようにツリ上ゲ用フック（カギ）を準備したり（13・38～13・39図），大形機械など，とくにつりにくい場合は，"カンザシ穴" があけてあるものがあって（13・41 図），つるのに便利になったが，こうした準備のない機械のつりかた・運びかたについて，

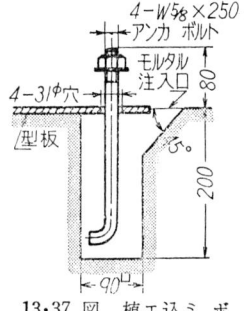

13・37 図　植エ込ミボルトの一例．

13章 据エ付ケ作業

つぎに 2～3 の要領を示す.

（1） ロープ掛ケ ロープは機械の本体に掛けて，運動部・回転部・スリ合ワセ部分には触れないようにする．このために，角材やマットを用いる．ロープは麻ロープ・鋼ロープを問わず，少なくとも機械重量の 6 倍以上の重サに耐える強サが必要である．とくに，麻ロープはやわらかいものがよく，マニラロープがよく使われている．なお，角張ったところには，必ずマット（南京袋 2 枚ほど刺シ子に縫った二つ折りのもの．）か角材・板材を当て，ツリ上ゲロープのフクミ角は 60° を越えないようにし，機械の水平をできるだけくずさないように注意して，徐徐につり上げる．マニラロープの輪作りは，13・40 図に示すようにすれば，仕事がすんだときに，固く結ばれてい

13・38 図　ツリ上ゲ用フックの付いている工作機械の運搬.

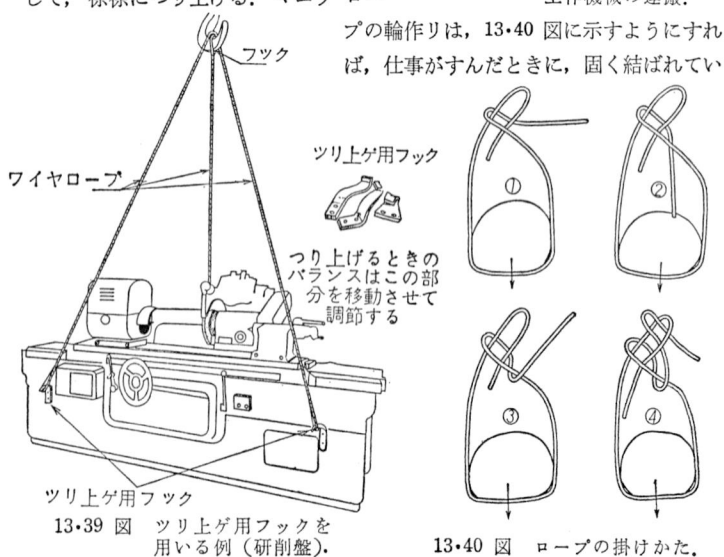

13・39 図　ツリ上ゲ用フックを用いる例（研削盤）.

13・40 図　ロープの掛けかた.

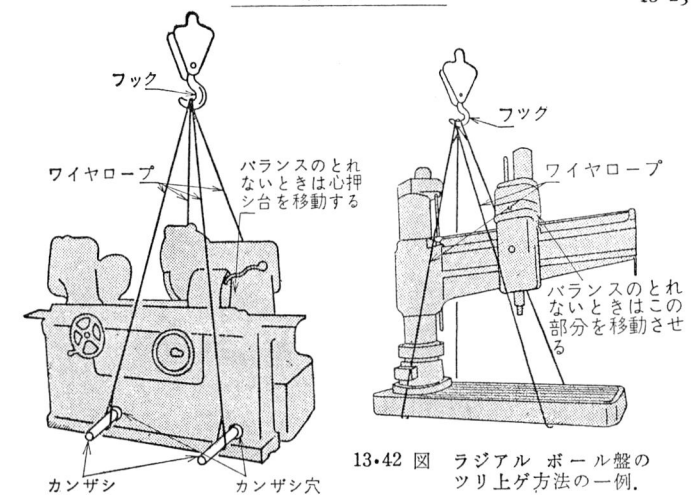

13・4 据エ付ケ作業

13・41 図 カンザシ穴によるツリ上ゲ方法（研削盤）.

13・42 図 ラジアルボール盤のツリ上ゲ方法の一例.

て，とりはずすのに骨が折れるというようなことはない　一般工作機械を例にとって，ロープの掛けかたを13・42～13・44図に示す．

（2）ジャッキの掛けかた　機械を持ち上げるためにジャッキを掛けるとき

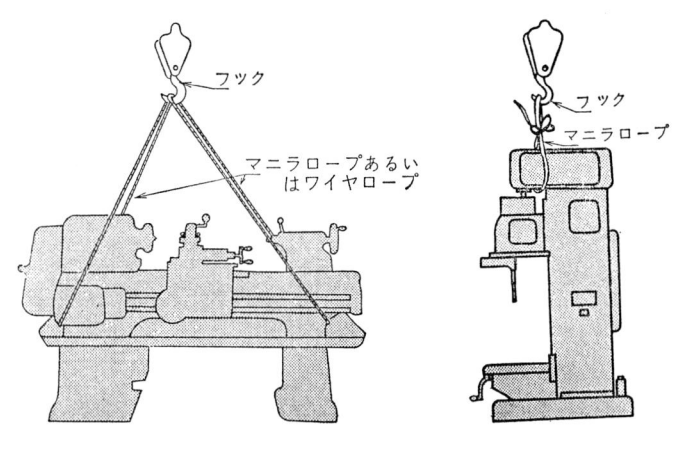

13・43 図 カンザシ穴のない旧式機械のつりかた（旋盤）.

13・44 図 多軸ボール盤のツリ上ゲ.

は，必ず黒皮の部分に限り，スベリ止メの南京袋などを当てる．仕上ゲ部分にかけるときは当テ木をし，一度に上下する量は 30 mm 程度で，それ以上にすると機械に曲ガリを出すおそれがある．

（**3**）**コロ引キ** きわめて原始的な方法であるが，しばしば用いられている（13·45図）．コロには，赤ガシの丸棒・パイプ・鉄棒，パイプにコンクリートを詰めたものなどを用い，道板（ミチイタ）にはカシ材の平板（30×200×2000 mm 程度）か 6 mm 以上の鉄板を用いる．引キ ナワは機械本体以外にはかけないようにし，コロは少なくともいつも，機械の下に 3 本以上（3 トン以下は2本．）が掛かっているようにする．5° 以上の傾斜のある路面では，暴走を防ぐため後引キを忘れないように注意しなくてはならない．機械力で牽引するときは，ごくゆっくり引くようにして，決して衝撃を与えないようにすることが肝要である．13·46 図は，山形鋼などを並べ，油をつけて引張る方法を示したもので，これもきわめて簡単で，注意して行なえば充分移動させることができる．

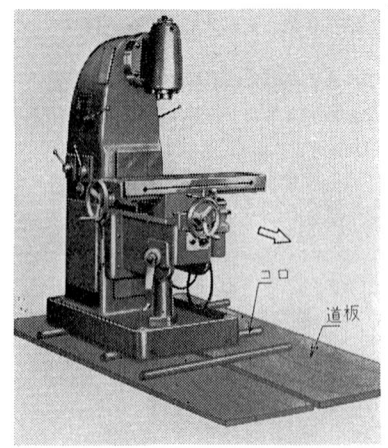

〔注〕 機床の形によって，コロと道板を逆にすることもある．

13·45 図　コロ引キ（立テ フライス盤）

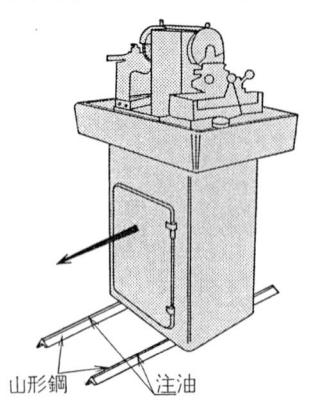

13·46 図　山形鋼による運搬．

4.　機械の水平調節

機械を基礎の据エ付ケ位置に運ぶには，まずその位置と高サに注意しなくてはならない．基礎に基礎ボルトが植え付けられていないときには，あとからボルトをさし込めるように，予定されたボルト穴の上 20～30 mm の高サに持ち

13・4 据エ付ケ作業

上げておく．基礎ボルトが植え付けられているときには，基礎の上に台木などを置いて，ボルトが機械に当たらないようにし，レベリングブロックの位置を定めてから，その上に静かに下ろす．あまり精度を問題にしない簡単な機械などの場合は，鉄クサビを置いたところに下ろす．
13・47図は，両頭研削盤の据エ付ケの状態を示したものである．

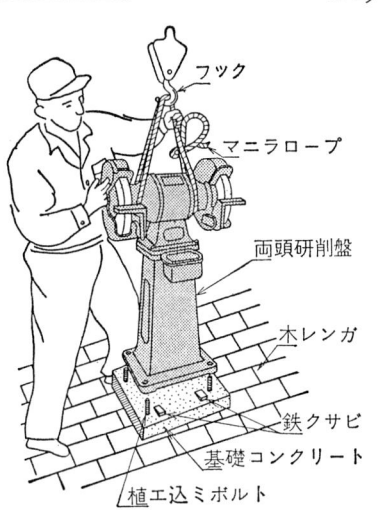

据エ付ケ機械の水平調整を行なうレベリングブロックの数および位置についての一例を，13・48図に示す．同図（a）の三点法は，一般によい方法であるとされているが，同図（c）に示すように調節点を多く

13・47図　両頭研削盤の据エ付ケ．

もたせる方が適当と考えられる．同図（b）の方法は，真下の調整がやりにくいのでよい方法とはいえない．また，レベリングブロックの位置は，基礎ボルトの近くに置くのがよい．水平を出すのは機械据エ付ケの最後の重要な仕事であるので，精密水準器を用いて，慎重に行なわなければならない．これが終われば，基礎ボルトを締め付け，機械の台と基礎との間にセメントモルタルを詰める．この仕事の目的はつぎのような点にあるので，充分念入りに行なわなくてはならない．

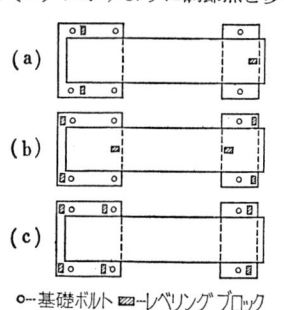

○--基礎ボルト　▩--レベリングブロック

13・48図　レベリングブロックの数および位置．

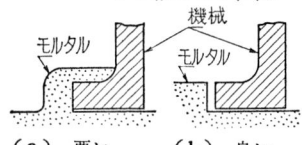

（a）悪い．　（b）良い．
13・49図　モルタルの使いかた．

① 機械のベースと基礎との不調和を整え，機械を安定させる．

② 機械の横ズレを防ぐ．

③ 機械ベースの重量を増して，音響・

振動を少なくする．

　セメント モルタルは，セメント1，砂1の割り合いで混ぜる．機械のベースはきれいにし，また基礎上面も泥土やホコリのないようにする．モルタルがよく結着するためには，基礎上面はあらい方がよいので，"タガネ"などでわざわざあらくする方法もある．機械のベースが基礎面に接触しないところにはモルタルを入れるが，機械ベースの側面は，モルタルで塗り込んではならない（13・49図）．これは，機械の使用につれて，精度の狂イをレベリング ブロックで直すことがあるからである．

5. 据エ付ケ作業の実例
（1） 旋盤の据エ付ケ

　13・50図は，重量約1.8トンのタレット旋盤を据え付けた図である．据エ付ケの要領は，まず第一に据え付ける位置を定め，床面の堅固なコンクリートであれば，床面の割レなどがないことを確かめる．床面が土間のような場合には，土台が沈下しないようにクリ石で固く打ち固め，300 mm 程度のコンクリートを打つ．このような基礎の上に据え付ける場合には，基礎ボルトは用いないでジャッキ ボルトにする．つぎに据エ付ケ場所に厚サ6mmで 150 mm 角の軟鋼板を6枚準備し，その上に脚のジャッキ ボルトが乗るように据え付ける．ここで機械の水平をだすのであるが，精密水準器とスベリ面との間にチリが入ると不正確になるので，よく油で洗い落としてから潤滑油を塗る．つぎに，タレットおよび往復刃物台を主軸と反対側に移動し，水準器を縦方向に，主軸台に最も近く主軸頭下の往復スベリ面上に置く（13・51図 ①）．このようにして主軸台下のジャッキ ボルトで水平をだす．今度は水準器を往復

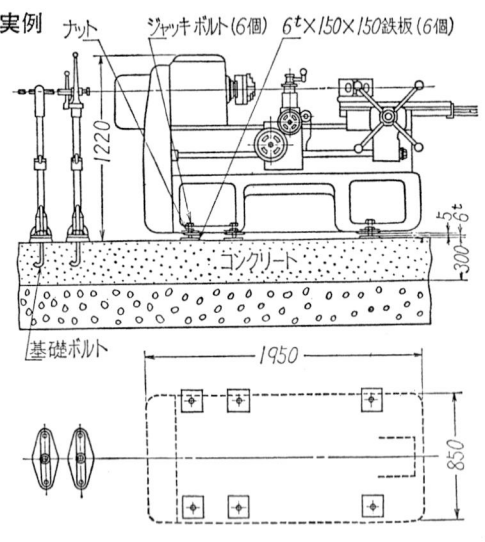

13・50 図　タレット旋盤の据エ付ケ例．

13・4 据エ付ケ作業

スベリ面の横方向にそって乗せ（同図②），タレット側のジャッキ ボルトを調整して正確に水平をだす．最後に水準器をタレット側の往復スベリ面上に縦方向に置き（同図③），片側または両側のジャッキ ボルトを調整して，水平をだす．この操作を2～3回繰り返して水平を完全にだす．こうしてから約1時間運転を行なう．この場合に，黄銅か他の軽合金の切削試験を行なって，実用的な精度検査をしてから，もう一度補正を行ない，ロック ナットでジャッキ ボルトを固定する．

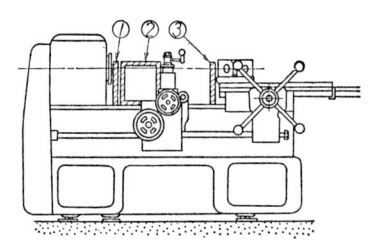

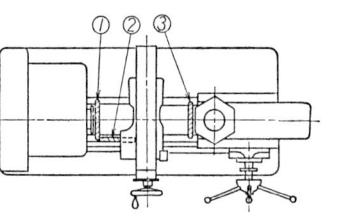

コンクリートで固定するときは，機械の下にセメントを充分押し込んでおく．また，コンクリートの高サは床上50～60mmで両脚の外側を機械が水平に移動しないように取り囲む．

以上で機械の据エ付ケは完了するのである．工作機械の据エ付ケ高サについては，一応13・14表にその標準を示しておく．

13・51 図 精密水準器の用いかた．

13・14 表 工作機械据エ付ケ高サの標準

機 械 名	基 準 線 または面	床面上 据エ付 ケ高サ
旋　　　　　盤	主軸中心線	950
タレット旋盤	〃	920
形　削　リ　盤	ラムの下面	1000
立テ削リ盤	テーブル面	750
平　削　リ　盤	〃	650
立テタレット旋盤	〃	600
立　テ　旋　盤	〃	300
横中グリ盤	〃	720
立テフライス盤	〃	720
万能フライス盤	主軸中心線	1100
万能研削盤	〃	950

(2) その他の工作機械据エ付ケ作業の要点

(i) フライス盤（ヒザ形） 振動を伴う工作機械であるから，床面の厚サには問題が少ないが，床面の沈下，上塗リのハク離に注意しなくてはならない．底面の支持は，前後端と荷重の大きい中央とで行なう．水平・心出シは，基礎ボルト穴利用のジャッキ ボルトによる．

(ii) フライス盤（ベッド形） 中央部の主軸台部を完全に支持する．振動

によるズレを防ぐために，ベッドの両側に位置決メ装置をする．大形のものは単独基礎とし，水平・心出シはジャッキ ボルトによる．

（iii） **円筒研削盤**　防振パッドを利用するときは別であるが，徹底した二重基礎を用いる．水平・心出シは，レベリング ブロックにジャッキ ボルトを併用して行なう．

（iv） **精密中グリ盤**　単独基礎で防振装置を施す．精度を問題にするときは，恒温室が必要である．基礎ボルトは絶対に用いないで，ジャッキ ボルトによる三点支持にする．

（v） **平削リ盤**　独立基礎で防振装置を施す．ジャッキ ボルト・刃物台位置はレベリング ブロックを併用し，前後・左右には移動止メの装置を用いる．

（3） **空気圧縮機の据エ付ケ**　13・52 図は，225 kg の圧縮機と 100 kg の電動機を据え付けた図である．振動を発生する機械であるから，前に述べたように，防振ゴム・コルク板などを使用するとよいが，ここでは基礎コンクリートに植え込まれた基礎ボルトだけによるものを示す．基礎コンクリートには，あらかじめ型板によってボルト穴をつくっておく．機械をこの上に運搬したら，クサビによって水平を調節する．もちろん，工作機械のような精密サは必要としない．つぎに，ベルト掛ケ伝導であるから，圧縮機と電動機にそれぞれ付いているベルト車によって心をだす．このような場合には，糸を張って両ベルト車が一直線上に並ぶようにする．水平と心出シが終われば，基礎ボルトの穴にモルタルを，中に空気

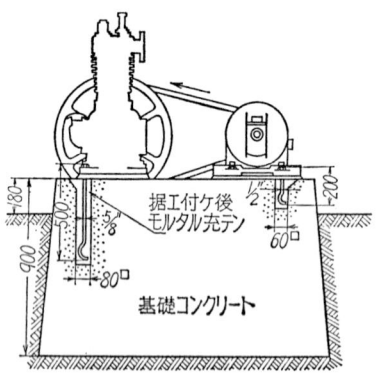

圧縮機重量	225 kg
回 転 数	520 r p m
常 用 圧 力	7 kg/m²
電動機重量	100 kg
回 転 数	1440/1750 r p m
出 力	7.5 kW

13・52 図　空気圧縮機据エ付ケ図

が入らないように 1 方向からだけ詰める．同時に機械の脚部にもモルタルを詰めて，スキマのないようにする．基礎ボルトが固定されたらベルトを掛けて，電動機側の調整移動ボルトによって，ベルトを適当な強サに張る．

14章 測定工具

14・1 測定工具

1. スケール

14・1 図は，一般に用いられるスケール(Scale)を示す．同図（a）は鋼製直尺で，0.5mm と 1mm の目盛リが目盛ってある．長サは 150, 300, 600, 1000, 2000 mm のものがある．同図（b）は鋼製折リ尺で，携帯用にできている．同図（c）は鋼製巻キ尺で，1mの小形のものから，100 m の大形のものまで各種がある．同図（d）はコンベックス ルールといい，ラビット ルールまたはロロスタビルともいわれるもので，1 m, 2 m, 3 m のものがある．

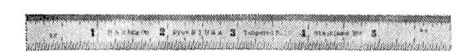

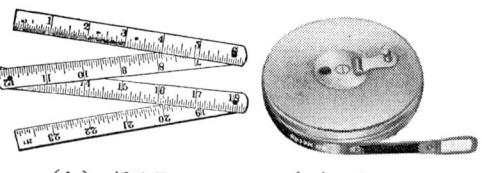

（a）鋼製直尺
（b）折リ尺
（c）巻キ尺
（d）コンベックス ルール 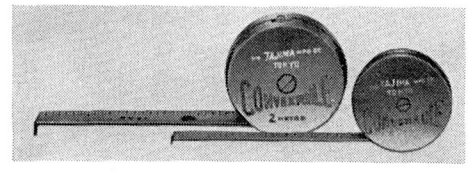
14・1図　スケール

2. 直角定規と直定規

直角定規（Square）は，14・2図のように，2 辺が直角，各辺は平行になっていて，直角面の測定・検査や垂直線のケガキに使う．

同図（a）は平形，同図（b）はふつうの台付キ，同図（c）は左勝手，同図（d）は右勝手といい，いずれも鋼製である．

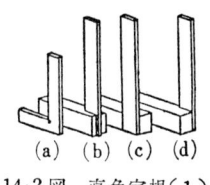

また，14・3図は鋳鉄製の直角定規で，直角面にキサゲ仕上ゲを施したものである．直定規（Straight edge）は，平面の真直度の測定・検査や，直線のケ

(a) (b) (c) (d)
14・2図　直角定規(1)．

ガキに使う．14・4 図 (a)〜(d) は，ベベル形・ナイフエッジ形・三角形・アイビーム形の直定規で，鋼製である．同図 (f) はクシ形といい，鋳鉄製のもので，長い面の測定・検査に使われる．

14・5 図は，直角定規によって工作物の直角度を測定する要領を示したものである．明るい方に向かい，左手で測定面を上にして持ち，右手で直角定規の台を工作物に当て，サオが測定面に合うまで下げてスキマを見るのである．

14・3 図　直角定規(2)．

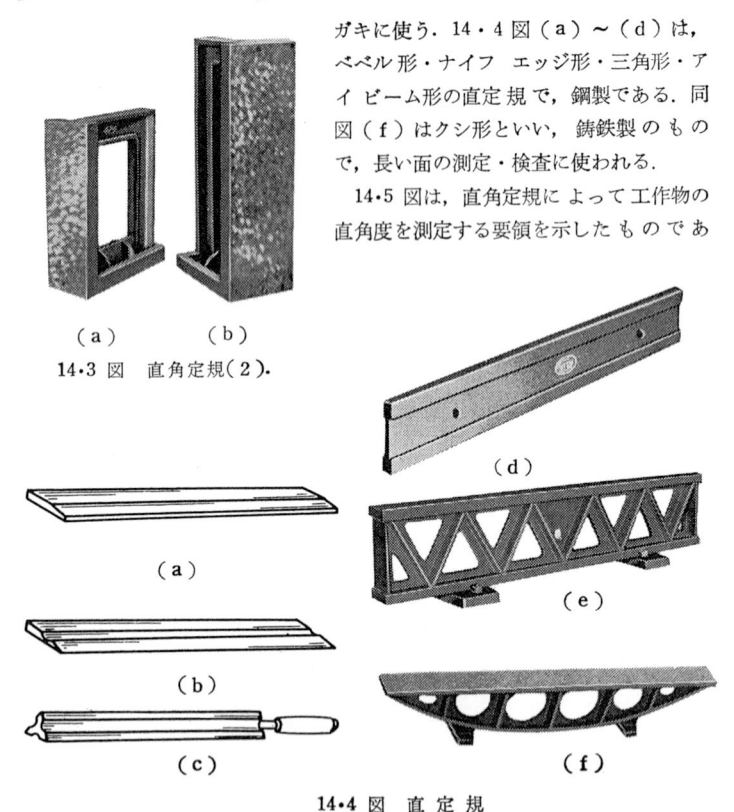

14・4 図　直定規

3. 外パスと内パス

外パスは丸パスともいわれる．丸棒の外径，工作物の厚サを測るときに用いる．内パスは穴パスともいわれ，穴の内径やスキマを測るとき

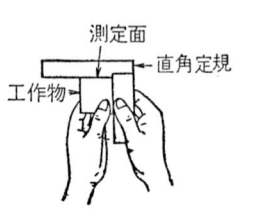

14・5 図　直角定規による測定法．

14・1 測定工具

に使う．いずれもカシメの中心から足先までの長サで大キサを表わし，100〜600 mm ぐらいまである鋼製で足先には焼キ入レが施してある．外パスには，14・6 図に示すような種類のものがある．

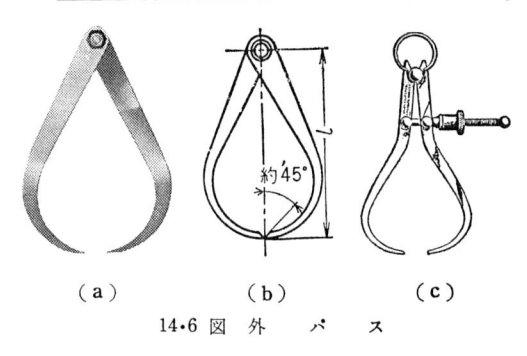

(a) (b) (c)

14・6 図　外　パ　ス

パスの足先は，14・7 図（a）に示すように，その端面は正しく直角で，平行になっていなければならない．同図（b），（c），（d）は，いずれも悪い例である．

パスを開閉するときは，14・8 図（a），（b）のように軽くたたき，測定するときは，同図（c）のように中指にパスをかけ，他の指は外から軽くそわせ，同図（d）に示すように，足先を工作物に直角にして，パスの重サで通すようにする．斜めにしたり，むりに通したりすると，誤差が大きくなって真の寸法はとれない．

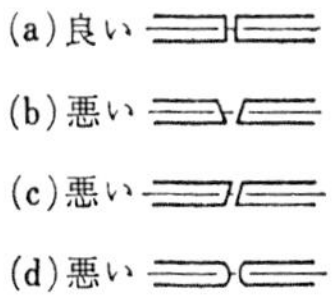

(a) 良い
(b) 悪い
(c) 悪い
(d) 悪い

14・7 図　外パスの足先．

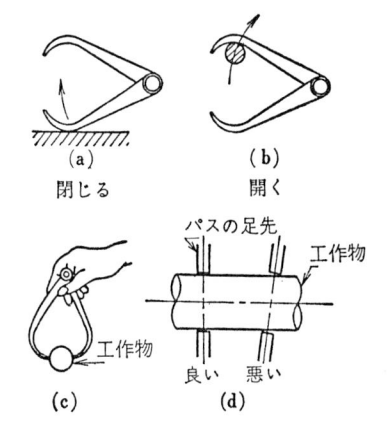

(a) 閉じる　　(b) 開く

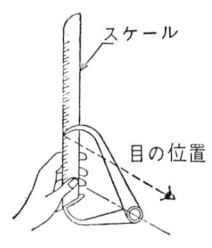

14・9 図　外パスによる寸法の読みかた．

(c)　工作物
(d)　パスの足先　工作物　良い　悪い

14・8 図　外パスの使いかた．

スケールに合わせて寸法を読みとるには，14・9 図に示すように，左手の小指でスケールの端とパスの一方の足先を合わせ，他方の足先をスケールの目盛リに直角に当てて，目はその真上から見るようにする．

内パスには，14・10 図のようなものがある．14・11 図は，内パスの使いかたを示し，14・12 図は，内パスによる寸法の読みかたを示したものである．

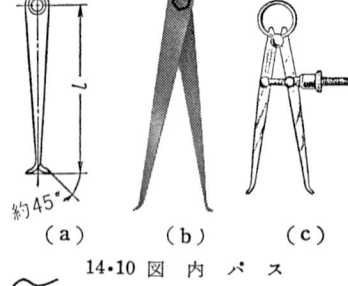

14・10 図　内　パ　ス
(a)　(b)　(c)

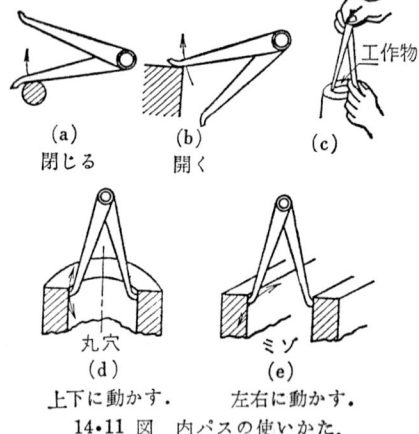

(a) 閉じる　(b) 開く　(c)
(d) 丸穴　上下に動かす．
(e) ミゾ　左右に動かす．
14・11 図　内パスの使いかた．

このほか，パスには内パス・外パスを兼用するものがある．14・13 図 (a) は，ダブルパスを示したもので，これは足を振り返すことによって，内径と外径の両方の測定ができる．同図 (b) は目盛リ付キ内外兼用パスで，中心から左右に目盛リがつけてあり，内径・外径ともただちに寸法の読ミトリができるようになっている．

4. 分　度　器

分度器（Protractor）は，角度の測定工具である．14・14 図は最も簡単な構造のもので，本体のプレートにキザミの目盛リが 180° の間に刻んであり，中央のネジを締めると，サオが固定される

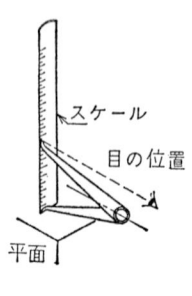

14・12 図　内パスによる寸法の読みかた．

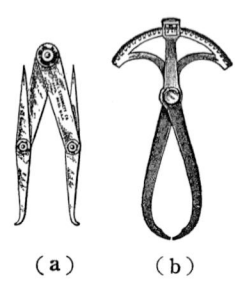

14・13 図　ダブル内外兼用パス．
(a)　(b)

14.1 測定工具

ようになっている.

14・15図(a)は万能分度器(Universal bevel protractor)を示したもので,**バーニヤ**(副尺・フクジャク)によって 5′ までは読みとることができるものである.本体の円板が基準面と一体になっていて,それにバーニヤを同心に回転できるように設けてあり,中心のネジでこれを固定するようになっている.バーニヤには腕があり,その腕には直定規が中心線に対して直角に取り付けられ,ネジによって任意の長サで固定できる.

万能分度器の目盛リは,14・15図(b)に示すように,**本尺**(ホンジャク)の23°ぶんの角度を12等分した目盛リがバーニヤにとってあるから,本尺の2目盛リ(2°)に対してバーニヤの1目盛リは $1/12$,すなわち 5′ 小さくなっている.

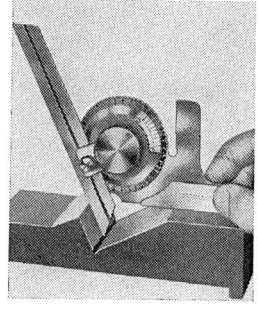

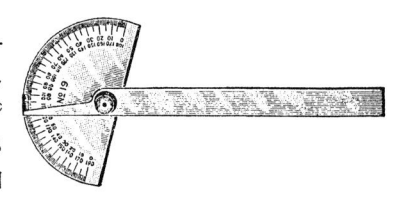

14・14図 分 度 器

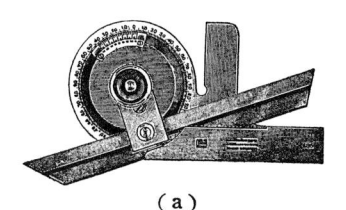

(a)

(b)

14・15図 万能分度器

(a) (b)
14・16図 万能分度器の使いかた.

角度を読みとるには,まず本尺の0線とバーニヤの0線との間の目盛リを読んで,つぎにバーニヤの目盛リ線と本尺の目盛リ線とが一致する点をバーニヤ上に読みとり,これを本尺の読ミに加えるのである.この図では

本尺の読ミは 12°であり，バーニヤの目盛リ線が本尺の目盛リ線と一致しているのは*印の 40′ であるから，この角度の読ミは 12°40′ である．14・16 図は万能分度器の使いかたの例を示したものである．

5. 組ミ合ワセ定規

組ミ合ワセ定規(Combination square set)は，14・17 図に示すように，直角定規と 45°の角度定規，1°目盛リの分度器，および 45°の心出シ定規が 1 本のスケールに組み合わされて，おのおの中央のミゾによって移動ができ，必要なところで締メ付ケネジで固定するようにしたものである．心出シ定規は丸棒の中心線のケガキができ，直角定規には水準器もついていて，それぞれはめ変えて広い用途に利用される．14・18 図は補助具を利用した組ミ合ワセ定規の使いかたの例である．

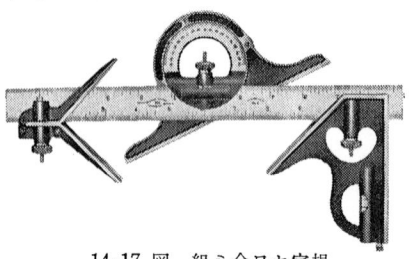

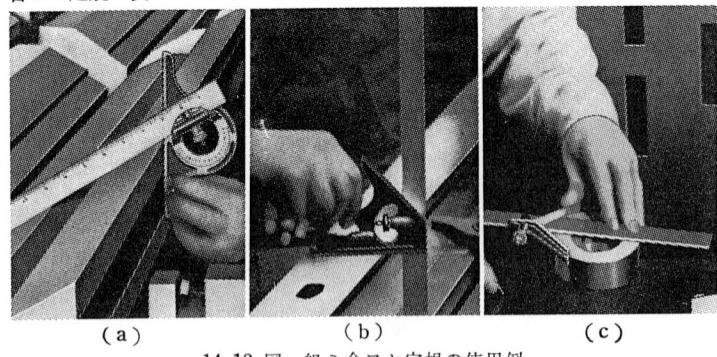

14・17 図　組ミ合ワセ定規

(a)　(b)　(c)

14・18 図　組ミ合ワセ定規の使用例．

6. コンビネーション ベベル

コンビネーション ベベル (Combination bevel) は，14・19 図(a)に示すように，2 本の角度定規A，Bを同じ長サのリンクC，Dで連絡したもので，それぞれ締メ付ケネジで固定するようにしたものである．A，Bを所定の角度に固定して使用するのである．同図(b)は，これを使用した角度のつくりかたの例を示したものである．

14.1 測定工具

(a) (b)

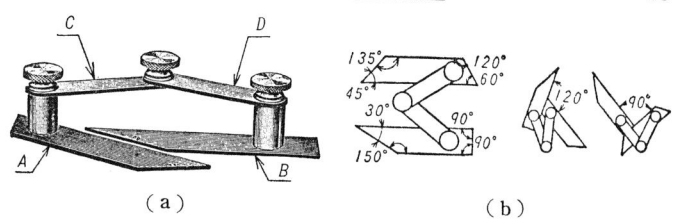

14・19 図 コンビネーション ベベル

7. 水準器

水準器 (Precision level) は，工作機械の精度検査・据エ付ケに使用されるほか，真直度・平面度の測定にも使用される．建築用の水準器とは違い，もっと精密な水準器である．14・20 図(a)は平形，(b)は角形の水準器である．いずれも断面一様なガラス管を曲率半径 60～150mm の円弧状に曲げるか，あるいは内面を円弧状にラップ仕上ゲしたものの中に，エーテルまたはアルコールを封入し，わずかの気ホウを残したものである．したがって，気ホウはつねに水準器の円弧と水平面の接点にある．

水準器は一般につぎのような構造をもっている．すなわち，14・21 図のように

① 主気ホウ管と直角に，副気ホウ管がある．

② 主気ホウ管の気ホウの長サを調節するための気ホウ室がある．

③ 零点調節装置があり，水平に置いたとき $1/10$ 目盛リ以内で零点調節ができる．

④ 主気ホウ管の目盛リは約 2mm の等間隔である．

前述の角形・平形のもののほか，14・22 図に示すような，傾斜角度の測定に用い

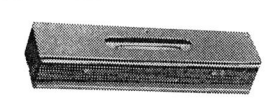

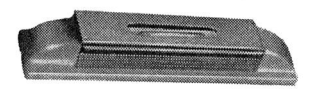

寸 法

底面	底面幅	Vミゾ(度)
200	50	
250	55	140
300	60	

(a) 平 形

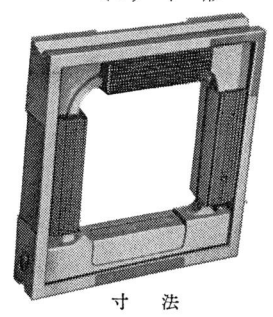

寸 法

側面	底面	底面幅	Vミゾ(度)
200	200	40	
250	250	45	140
300	300	50	

(b) 角 形

14・20 図 精密水準器

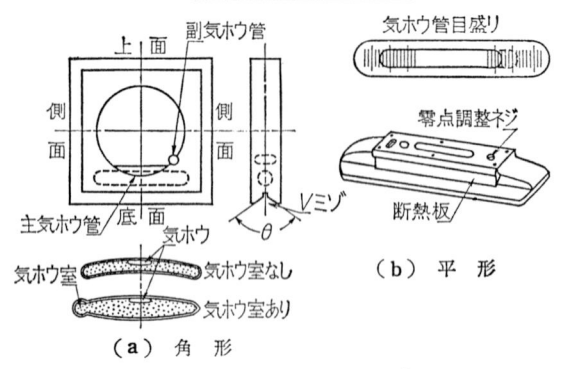

14.21 図 水準器の構造.

る傾斜測定用精密水準器 (Incline precision level) や光学式分度器 (Optica protractor level) がある. また, 機械工場などの中間軸の取リ付ケや, 機械の据エ付ケに用いる両脚式水準器 (Hydrostatic level) もある. これは, 14.23 図に示すように, 連結ゴム管を使用して, 異なった場所の水準を正確に測定するのである.

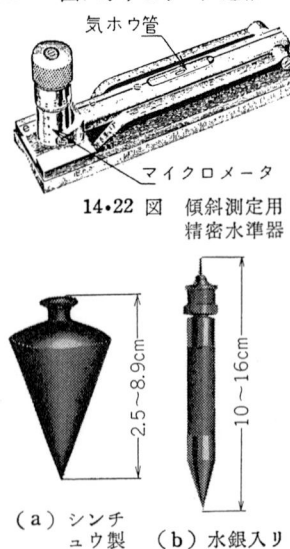

14.22 図 傾斜測定用精密水準器

14.23 図 両脚式水準器

8. 下ゲ振リ

下ゲ振リ (Plumb bob) は, 14.24 図のような, シンチュウ製の円スイ形分銅 (200〜560g) を, 絹糸に結んでつり下げたものである. 工作物の垂直を検査したリ, 機械を据え付ける位置を決めたりするときに用いる. 水銀入りの下ゲ振リは, 先端を焼キ入レして研

(a) シンチュウ製　(b) 水銀入リ
14.24 図 下ゲ振リ

削仕上ゲが施されていて，速やかに測定ができる．

14・2 ゲージ類

1. スキマゲージ

スキマゲージ (Thickness gauge) は，薄い鋼片を正しい厚サに仕上げたものを数枚組み合わせたもので，$1/100 \sim 1/10$ mm とびにつくられている．14・25 図はその一例である．

機械の部品と部品との間のスキマにこれをさし込んで測定したり，スベリ面に直定規をのせて，両者の間のスキマをこれで調べ，平面度を検査するときなどに用いる．

2. 針金ゲージ

針金ゲージ (Wire gauge) は，針金や細いドリルの径，板の厚サ等を測るゲージである．14・26 図は針金ゲージを示す．このミゾに品物をさし込んで径や厚サを測るのである．JIS ブラウンシャープ形・バーミンガム形・S.W.G 形（イギリス標準）がある．

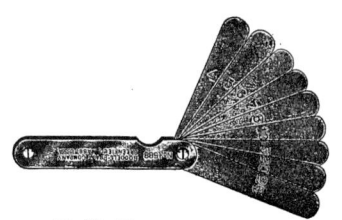

14・25 図　スキマゲージ

14・26 図　針金ゲージ

3. 半径ゲージ

半径ゲージ (Radius gauge) はアールゲージともいい，面の丸ミの測定に使う．14・27図のように，1枚の鋼片に外丸と内丸とがついていて，各種の寸法のものが一組ミにまとめてある．

14・27 図　半径ゲージ

14・3 ノギス

1. ノギス

ノギス (Vernier calipers) は，本尺（スケール）の先にある二つの平行なジョウ（アゴ）の間に，14・28 図に示すように工作物をはさみ，それにつけた副

尺（バーニヤ）の目盛リによって，本尺の目盛リより小さい寸法を読みとることができるようにした，実用的なスケールである．材質には，ステンレス鋼を使ったものが多い．

14・29 図は，JIS で規定されているノギスを示したものである．どの形式のノギスにも目盛リ合ワセの調節がしやすいように，微動送リネジの付いているものがある．14・30 図は，M形ノギスの，各部の名称を示したものである．

14・1 表は，ノギスの目盛リ方法を示したものである．

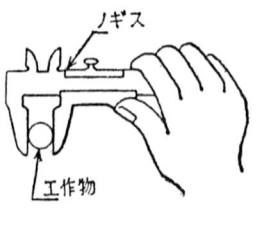

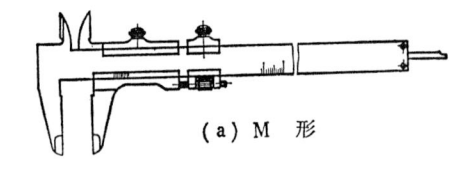

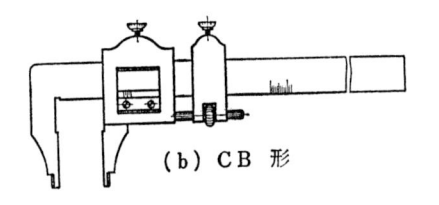

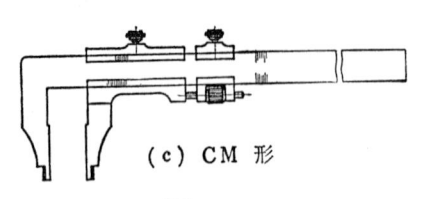

14・31 図に示すように，本尺の9目盛リ分を10等分した目盛リがノギスに施してあるものは，本尺の1目盛リに対し，バーニヤの1目盛リは $1/10$ だけ小さいわけであるから，ノギスの読ミで 0.1mm まで測定することができる．本尺の目盛リとバーニヤの第 n 目盛リとが一致しているとすると，バーニヤの第1

14・28 図　ノギスの使いかた．

(a) M 形

(b) CB 形

(c) CM 形

14・29 図　JIS で決められたノギス．

目盛リ線が本尺の近接目盛リから移動している寸法は $0.1 \times n (\mathrm{mm})$ となる．すなわち本尺の1目盛リ未満の寸法は，本尺の目盛リと重なったときのバーニヤの目盛リ数を，読み得る最小寸法に掛けたものである．14・32 図のようになっているノギスを読むには，まずバーニヤの基線 0 が本尺の何 mm のところにあるかを読み，つぎに，バーニヤの目盛リが本尺の目盛リと重なっているの

14.3 ノギス

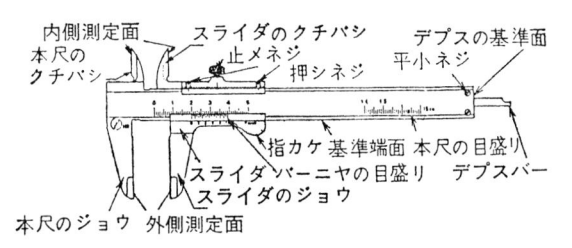

14・30 図 ノギスの名称.

14・1 表 ノギスの目盛リ方法.

種 類	呼ビ寸法	目盛リ 段 数	目盛リ 最小読ミ取リ長サ	本 尺	バーニヤ
M形ノギス	15cm 20cm 30cm	1	$\frac{1}{20}$mm	1mm	19mm を 20等分したもの.
CB形ノギス	15cm 20cm 30cm 60cm 1m	2 表面・外側用 裏面・内側用	$\frac{1}{50}$mm	$\frac{1}{2}$mm	12mm を 25等分したもの.
CM形ノギス	15cm 20cm 30cm 60cm 1m	2 下段・外側用 上段・内側用	$\frac{1}{50}$mm	1mm	49mm を 50等分したもの.

が, バーニヤの5目盛リのところにあるのを読んで, ノギスの読ミは $2+(1/10\times5)=2.5$ mm となるわけである. 14・33 図に示すような, 本尺の 19mm をバーニヤで 20 等分してある $1/20$mm のノギスでは, バーニヤの基線は本尺の 33mm, 本尺とバーニヤの一致点は5目盛リ, すなわち $1/20\times5=0.25$ mm であるから, $33+0.25=33.25$mm である. 14・34 図のような, 本尺が $1/2$mm目盛リの 24mm をバーニヤで 25 等分してあるノギスは, 最小読ミ取リ寸法は $1/50=0.02$mm である. 基線は 24.5mm, 一致点は11本目であるから, $0.02\times11=0.22$mm となり, したがって $24.5+0.22=24.72$mm である.

14・31 図 バーニヤの目盛リ.

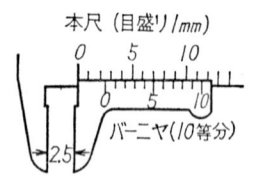

14・32 図 $1/10$ mm ノギスの読みかた．

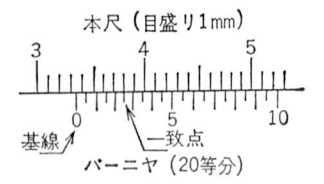

14・33 図 $1/20$ mm ノギスの読みかた．

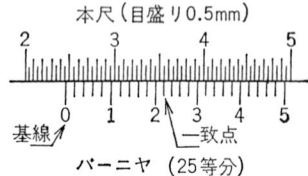

14・34 図 $1/50$ mm ノギスの読みかた．

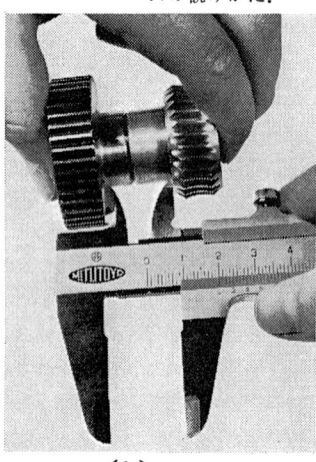

14・35 図は，ノギスの使いかたを示したものである．同図（a）は，ジョウによって外側を測定するところ，同図（b）はクチバシによって内側を測定するところを示している．

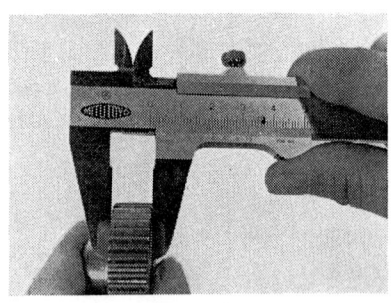

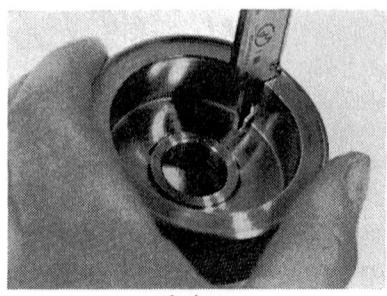

14・35 図 ノギスによる測定例．

また，同図（c）はデプスの基準面を合わせ，デプス バーを下げて深サを測定しているところである．測定するときノギスは傾けると誤差ができるので，いつでもまっすぐにして測定することがたいせつである．

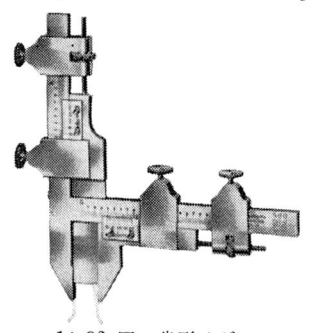

14・36 図は**歯形ノギス**という特殊なノギスである．歯車の歯形および歯形を切削するギヤ カッタ・ホブ などの 歯形測定用のノギスである．ジョウの横目盛リによって

14・36 図　歯形ノギス

歯の厚サを測定し，上下に動くブレイドの縦目盛りによって，歯の高サ，すなわちピッチ円から歯末までの寸法を測定することができる．14・37 図は**デプス ゲージ**で，主としての穴の深サや，2 平面間の間隔を測るときに使われる．デプス ゲージ の先端にカギをつければ，外側を測定することもできる．

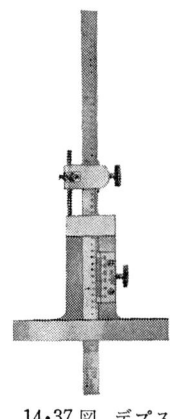

2. ハイト ゲージ

ハイト ゲージ (Height gauge) は，定盤の上で工作物に平行線を精密にケガキしたり，高サの測定・検査をしたりするときに使う測定器である．ノギスと同様にバーニヤで寸法を読みとるようにしてある．JIS では，つぎの種類を規定している．

14・37 図　デプスゲージ

①　HB形…スライダが箱形で，バーニヤが調整できる．軽量であって測定に適する．

②　HM形…スライダがミゾ形で比較的長い．丈夫でケガキに適する．

③　HT形…本尺が移動できる．したがって，中間位置のケガキおよび測定に適する．

14・38 図は，HT形の外観および各部の名称を示したものである．

14・4　マイクロメータ

マイクロメータ(Micrometer calipers)は，精密につくったオネジとメネジのハメアイを応用した精度の高い測定器である．0.01 mm までの寸法を読み

14章 測定工具

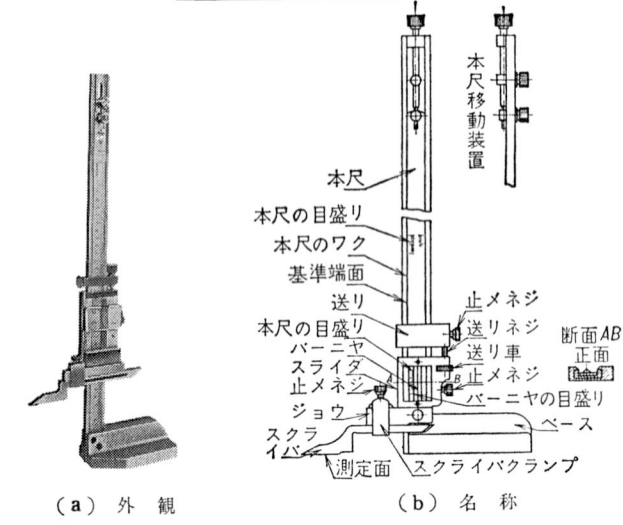

(a) 外観　　　(b) 名称

14・38図　ハイトゲージ

とることができ、バーニヤを利用したものは、0.001mm まで読みとることができる．

マイクロメータは、その種類が非常に多いが、ふつう使われているおもなものには、つぎのようなものがある．

1. 外側マイクロメータ

JISでは、0.01mm 目盛り、最大測定長 500mm 以下のものを、性能によって1級と2級とに分けている．

14・39図 (a) は 0〜25mm、同図 (b) は 125〜150mm を測定するマイクロメータを示す．

標準の外側マイクロメータは14・40図 のようになっている．スピンドルのオネジは、インナスリーブのメネジにはまっていて、ラチェットを回すと、

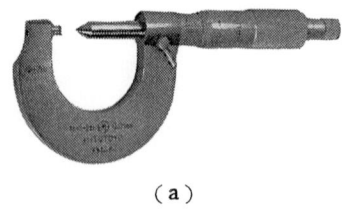

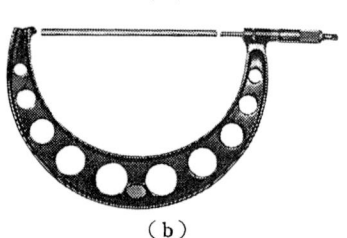

14・39図　外側マイクロメータ

14·4 マイクロメータ

シンブルおよびスピンドルがいっしょに回って、インナスリーブのメネジから出たり入ったりするので、中心線の方向に移動することになる.

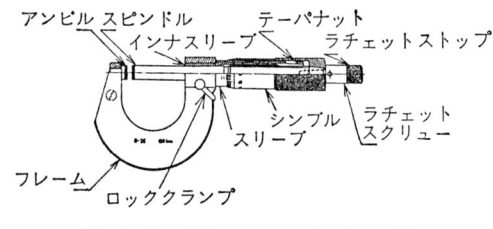

14·40 図 外側マイクロメータの構造.

ネジが移動する長サは、どのマイクロメータも 25mm につくられ、フレームの大キサによって測定範囲が 0〜25mm, 25〜50mm, 50〜75mm というようにするのである. アンビル・スピンドル面には、超硬合金を付けて摩耗に耐えるようにしたものが多い.

スピンドルのネジのピッチはスリーブ上の目盛り間隔と一致し、0.5mm になっている. シンブルの円周には、これを 50 等分した目盛りがついている. したがって、シンブルの 1 目盛りに対する、スピンドルの軸方向の移動量は、$0.5 \times \dfrac{1}{50} = 0.01$mm となる.

2. 内側マイクロメータ

14·41 図 (a) はキャリパ形といい、5〜25m の小径の内側測定ができる. 同図 (b) は 25〜50mm を測定するもの、同図 (c) は中径用のもので、棒形

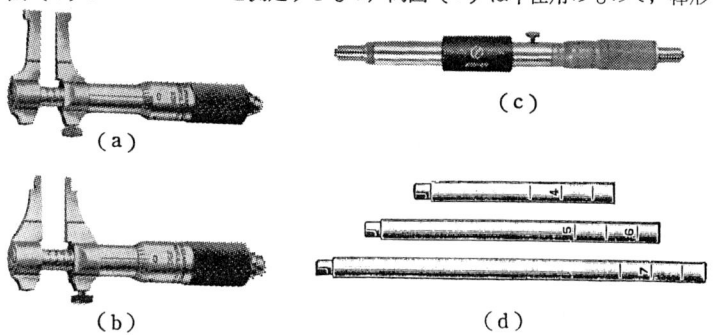

14·41 図 内側マイクロメータ

内側マイクロメータといわれているものである. 同図 (d) は継ギ足シロッド形のもので、マイクロメータ ヘッドにロッドを継ぎたして、広い範囲の測

3. その他のマイクロメータ

14・42 図に**ネジ マイクロメータ**を示す．オネジまたはメネジの有効径を測定するためのもので，一方のジョウにはVミゾがあり，他方のジョウは先端が円スイ形をしている．Vミゾの角度と円スイ形の頂角は，それぞれ測定するネジの角度とネジ ピッチの大キサに適合したものを選ばなければならない．

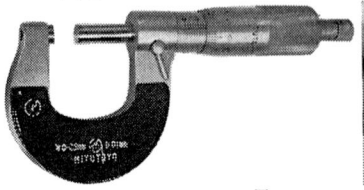

(a) オネジ用　　　　(b) 測定例
14・42 図　ネジ マイクロメータ

14・43 図は，**マイクロメータ ヘッド**を示したもので，外側マイクロメータのフレームをとって，インナ スリーブの一端が出ている．これは，出ている部分を機械や測定器に取り付けて，平面の高サや平行度の測定，または計器の検定などの，各種の用途に利用される．14・44 図は指示装置を内蔵した外側マイクロメータで，**指示マイクロメータ**という．指示部の指針によって 0.002mm の測定ができる．

14・43 図　マイクロメータ ヘッド

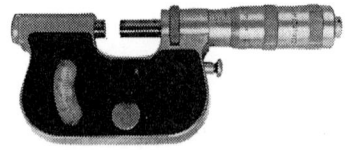

14・44 図　指示マイクロメータ

4. マイクロメータの使いかた

14・45 図は，マイクロメータの使い方を示したものである．

測定するには，必ず基線に正しくゼロ点の合ったマイクロメータを使い，工作物にアンビルを軽く当てて，ラチェット ストップによってスピンドルを回転させて工作物をはさむ．つぎにラチェット ストップを1～2回カラ回シさせて，シンブルが止まったときの目盛リを読む．小形の工作物を測る場合は，14・46 図のようなスタンドを使用すると測定しやすい．どんな方法によるとき

14・4 マイクロメータ

でも，測定面が傾くと誤差が生じるので，測定面に正しく合わせるように注意する．また測定力の個人差の影響をなくするため，ラチェットを回して測定することがたいせつである．クランプを締めたままでスピンドルを動かしたり，14・47図のようにシンブルを持ち，フレームを振り回してスピンドルの出シ入レをすると

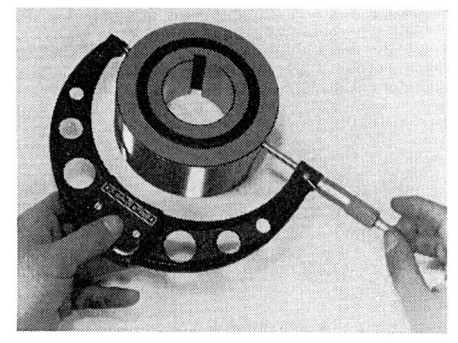

14・45 図　外側マイクロメータの使いかた．

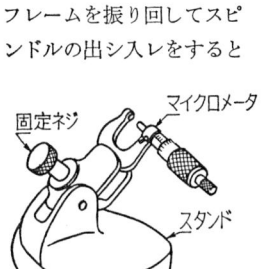

14・46 図　マイクロメータスタンド

14・47 図　マイクロメータの悪い使いかた．

マイクロメータを狂わせるから，絶対に避けなければならない．使用後は，ヨゴレをよくふきとり，異常がないかを点検し，ゼロ点の調整をして，アンビルとスピンドル面に油を塗り，箱に入れて湿度の少ないところに保管する．

なお，目盛リを読むには0.5mm まではシンブルの前端の位置でスリーブ の目盛リを読み，それ以下の端数は，スリーブ の基線とシンブル の目盛リの一致点で読みとればよい．この両方の読ミの和が求め

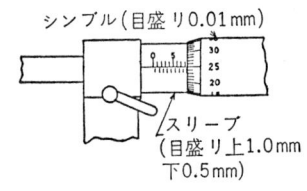

14・48 図　マイクロメータの読みかた（1）．

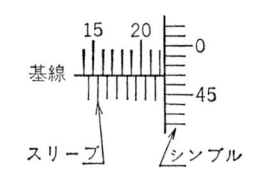

14・49 図　マイクロメータの読みかた（2）．

る寸法である．14・48 図に示す マイクロメータ の読ミは，スリーブの目盛リが 8.5mm，シンブルの円周目盛リは 0.25mm を示しているから，寸法は 8.5＋0.25＝8.75(mm) である．また 14.49 図の読みかたは，スリーブの目盛リは 22.0mm，シンブルの目盛リは 0.47mm を示しているから，寸法は 22.0＋0.47＝22.47(mm) である．

14・5 ダイヤル ゲージ

ダイヤル ゲージ (Dial gauge, Dial indicator) は，平面や円筒面の平滑サ，円筒の真円度，軸心のフレなどの検査や測定などに使われる測定器である．時計形・扇形などがあるが，いずれもスピンドルのわずかな動キを，テコや歯車仕掛ケで拡大し，目盛リと指針とでその動いた距離を読みとるものである．目盛リは，円周を 100 等分して，1目盛リが $1/100$ mm を示すものがふつうであるが，特殊のものには $1/1000$ mm を示すものもある．14・50 図は時計形ダイヤル ゲージの構造を示す．測定子は，測定する対象によって，14・51 図に示すような各種のものに取り替えることができる．

なお，ダイヤル ゲージは，測定に便利なように，14・52 図に示すようなスタンドに組み合わせたり，ホルダを用いたりする．

14・50 図　ダイヤル ゲージの構造

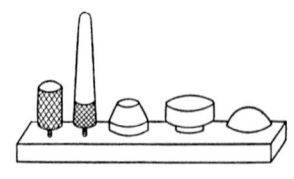

14・51 図　測定子の種類．

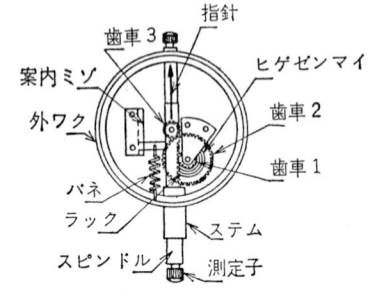

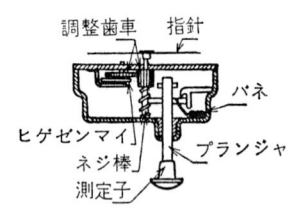

ダイヤル ゲージの使いかたの例を 14・53 図に示す．これは形削リ盤の万力の底面が刃物のスベリに対して平行かどうかを検査しているところである．刃物の代わりにダイヤル ゲージを取り付け，万力の一端にダイヤル ゲージの測定子を当てる．このとき目盛リ板を回して指針を 0 に合わせる．つぎに，刃物台を移動させて万力の他端に当てる．こうして ダイヤル ゲージ の目盛リを読

14・6 ブロック ゲージ

んで平行度を検査するのである．ダイヤル ゲージ の目盛リ板は，指針に関係なく回すことができるようになっている．また，ピンドルのラックはいつも同じか所ばかり使っていると，摩耗して誤差が多くなるので，全長にわたって使用するように心掛けるとよい．

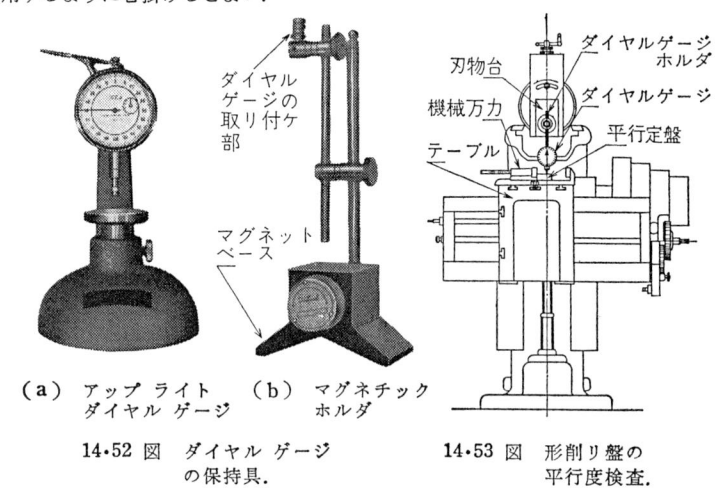

(a) アップ ライト ダイヤル ゲージ　(b) マグネチック ホルダ

14・52 図　ダイヤル ゲージ の保持具．

14・53 図　形削リ盤の平行度検査．

14・6 ブロック ゲージ

1. ブロック ゲージ

これは，ブロック ゲージ (Block gauge) または 発明者の スエーデン人 ヨハンソン の名前をとって，ヨハンソン ブロック ともいわれ，14・46 図に示したように，種種な厚サの長方形の鋼片を 103 個，111 個，112 個 など一組ミにしたもので，その相対する測定面間の距離は呼ビ寸法に対してきわめて小さい公差内で高精度に仕上げられており，これらを何個か組み合わせて互いに密着させ，必要な寸法をつくり出して長サの基準とする．

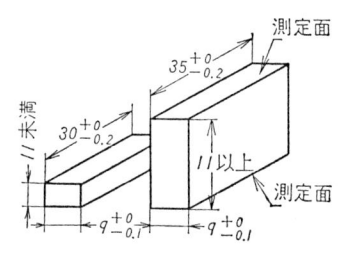

14・54 図　ブロック ゲージの断面寸法．

14章 測定工具

ブロック ゲージの呼ビ寸法の種類は，14·2 表のように決められている．ブロック ゲージには精度の等級により AA，A，B および C 級の4等級があり，これらの各等級に対する使用目的は，およそ 14·3 表に示すとおりである．

ブロック ゲージの取り扱いに際しては，まず保管のために塗ってあるサビ止メ油を，きれいなキハツ油などで洗い，ノリ気のないガーゼまたはセーム皮などでふき，ハケでホコリや繊維を取り除く．

測定面を指で触れると，手の汗や油でさびるおそれがあるので，できるだけ避けるようにする．

14·2 表 ブロック ゲージの標準寸法．
(単位 mm)

呼ビ寸法	寸法段階 (寸法の呼ビ.)
1.0005	——
1.001～1.009	0.001
0.991～0.999	0.001
1.01 ～1.49	0.01
1.6 ～1.9	0.1
0.5 ～25.0	0.5
30 ～90	10
75 ～200	25
250	——
300 ～500	100

密着させる（リンギングという．）には 14·55 図（a）のように，二つのブロックを測定面に直角に接触させ，押し付けながら測定面を互いに回し，同図（b）のようにすべらせて合わせれば，同図（c）のように密着させた面はかたくつく．はずす場合，引き離さず互いにすべらせて1個ずつはずし，指紋などのついていないように清浄にし，サビ止メとして酸性のないワセリンをていねいに塗り，湿気の少ないところへ保管する．

14·3 表 ブロック ゲージの使用区分．

区 分	使 用 目 的	等 級
参 照 用	標準用ブロック ゲージの精度点検．学術的研究．	AA, A
標 準 用	検査用および工作用ブロック ゲージの精度点検，測定器類の精度点検．	A, B
検 査 用	ゲージ類の精度点検，測定器類の精度調整．	A, B
	機械部品・機械工具などの検査．	B, C
工 作 用	ゲージの製作，測定器類の精度調整．	B, C
	工具刃物などの取リ付ケ．	C

14·6 ブロック ゲージ

任意の寸法のものを組み立てるには，できるだけ個数を少なく組み合わせることがたいせつで，下のケタから始めて，順次ケタを払って必要な寸法を選びだすのである．つぎにその1例として，15.245mm と 37.53mm の組ミ合ワセを示す．

なお，ブロック ゲージを直接測定に使用するには，工作物と接触する測定面には軽い油気を与えて，測定物に吸い付くことを防ぎ，摩耗を減少させるようにする．

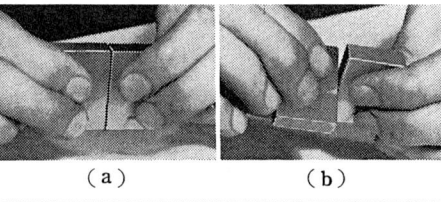

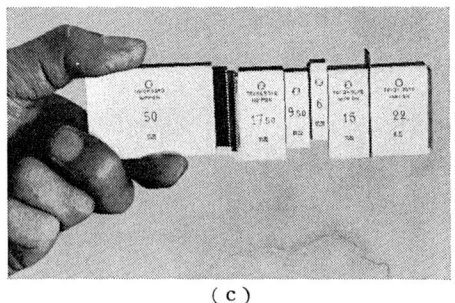

14·55 図 ブロック ゲージの組み合わせかた．

〔例〕

```
        15.245mm                    37.53mm
 ①……  1.005   (—           ①……  1.03    (—
       14.24                        36.50
 ②……  1.24    (—           ②……  6.50    (—
       13.00                        30.00
 ③……  13.00                 ③……  30.00
```

ブロック ゲージには，多くの付属品があり，種種な用途の使用に便利になっている．JIS では 14·56 図のような6種のものが規定されている．ジョウとポイントはブロック ゲージと密着して使用する．ホルダはブロック ゲージとジョウを組み合わせて内外測定用の高精度のハサミ ゲージとして使用することができる．また，センタ ポイントとスクライバ ポイントは，ブロック ゲージとホルダとともに用いると，精密な円のケガキをすることができ，ベース ブロックにホルダを取り付ければ，スクライバ ポイントにより，高サのケガキをするときの，きわめて高精度の工具として使うことができる．

2. アングル ブロック ゲージ

アングル ブロック ゲージ（Angle block gauge）は角度ゲージともいわ

(a) 丸形ジョウ
(b) 平形ジョウ
(c) スクライバ ポイント
(d) センタ ポイント
(e) ホルダ
(f) ベース・ブロック

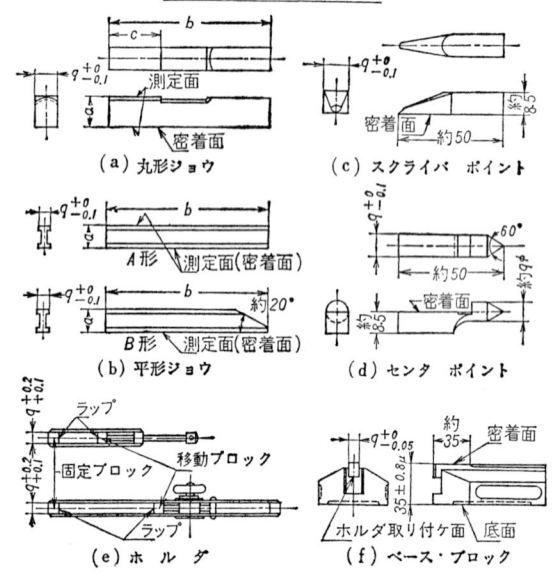

14・56 図　ブロック ゲージ付属品

れ，ブロック ゲージと同様の考えかたで，任意の正確な角度を得るためにつくられたものであり，ヨハンソン式とN・P・L式とがある．

(1) ヨハンソン式アングル ゲージ

14・57 図のように，隣り合う種種の正確な角度をもつようにつくられた一組ミのゲージで，85個組ミと49個組ミがある．85個組ミは2個のブロックを組み合わせて，0～10°および350～360°の間の角度は1°おきに，その他の角度は1'おきに任意の角度をつくることができ，49個組ミでは 1'おきのところが 5'おきとなる．付属品のホルダに入れ，必要な角度ゲージとして使用する．

14・57 図　ヨハンソン式アングル ブロック ゲージ

(2) N・P・L 式アングル ゲージ

ウエッジ ブロック ゲージともいい，14・58 図に示すように，長サ100mm，

幅51mm のクサビ形で,数個を組み合わせて,任意の角度をつくることができる．組ミ合ワセ内容は12個組ミ,9個組ミがあり,いずれも角度をプラスとマイナスに使い分け，0～90°の角度を1'おきにつくることができ,付属品の150mm の平行ブロックゲージで角度面の拡大ができる．同図(b)は12個組ミの組ミ合ワセの例である.

（a）セット

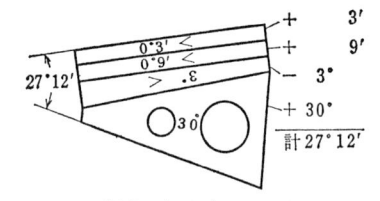

（b）組み合わせかた

14・58 図　N.P.L式アングルブロックゲージ

14・7 サインバー

これは,バーの本体と本体下部の切リ欠キに接触する2個のローラとによって組み合わされており，ブロックゲージなどと併用し,三角関数 sin を利用して精度の高い任意の角度をつくるもので,精密測定や精密ケガキに使用する.

14・59 図のように,ローラとブロックゲージの接点間の距離は,ローラの中心間距離 L とつねに等しいから,サインバーの上面に角度 θ を設定するには $\sin\theta=(H-h)/L$ を満足する H および h に適当なブロックゲージを組み合わせてローラの下に入れる．また θ が基準面より45°以上になると,誤差が大きくなるので使用してはいけない．大きな角度が必要な場合は,定盤に対して直角であることがわかっている面に対して，θ の補角を設けるのがよい．

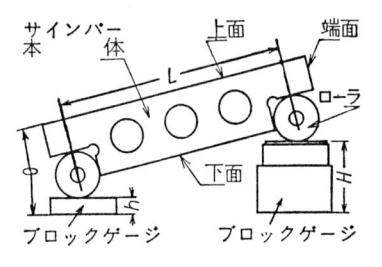

14・59 図　サインバーの名称．

よくわかる仕上ゲ作業法 終わり

索　引

〔ア〕
アール ゲージ　14—9
アイ ボルト　13—7
青竹　6—9
赤当タリ　5—13
アクメ ネジ タップ　9—8
上ゲタップ　9—3
アサリ　2—1
当タリ　5—13
当タリ角　7—8
穴アケ作業　7—1
穴基準式　12—4
穴用タガネ　3—2
油トイシ　5—5
油ミゾ　5—18
油ミゾ タガネ　3—1
荒ラ ハツリ　3—7
荒ラ目　4—3
アルカンサス トイシ　5—8
アンカ プレート　13—8
アングル ブロック ゲージ　14—23
アングル プレート　6—7

〔イ〕
イケール　11—9
鋳抜キ穴　7—37
1番ケガキ　6—11
一文字キリ　7—16
インデアン トイシ　5—7
インパクト レンチ　12—7

〔ウ〕
植エ刃キリ　7—16
ウエブ　7—9
内パス　14—4

〔エ〕
M・P・L式アングルゲージ　14—23
エボシ タガネ　3—1
円筒研削盤　13—28

〔オ〕
大振リ　3—7
送リ　7—40
帯ノコ盤　2—10
帯ヤスリ　4—15

〔カ〕
カギ形キサゲ　5—2
角頭ボルト　13—7
ガス タップ　9—5
片口スパナ　12—6
片手ハンマ　3—4
片パス　6—4
金切リ ノコ盤　2—9
金マス　6—7
カンザシ穴　13—21
ガン タップ　9—6
管用ダイス　9—11
管用タップ　9—5

〔キ〕
キー ミゾ定規　6—3
機械基礎　13—1
キサゲ　5—1
キサゲ作業　5—1
キセル レンチ　12—7
基礎ボルト　13—7
鏡面仕上ゲ　10—21

強力ボール盤　7—5
キリ抜キ　7—19
キリモミ　7—1
切リ回シ バイト　7—18
切レ刃　7—7
切レ刃の二番角　7—7

〔ク〕
食イツキ角　8—2
食イツキ部　8—2
口金　2—5
組ミ合ワセ定規　14—6
組ミ ヤスリ　4—1
クラッパ ブロック　11—6

〔ケ〕
傾斜測定用精密水準器　14—7
ケガキ作業　6—1
ケガキ針　6—1
削リ行程　11—2
削リ出シドリル　7—7
限界ゲージ方式　12—3
剣キリ　7—15
研削ダイス　9—11
研削タップ　9—1
現物合ワセ　12—2

〔コ〕
光学式分度器　14—8
工具支持台　3—3
鋼管グイ　13—4
高速切断機　2—10
甲丸キサゲ　5—2
小細工タガネ　3—2
小振リ　3—7
ゴフン　6—8
コンクリート　13—15

索　引

コンパス　*6—3*
コンパレータ　*10—17*
コンビネーション ベベル　*14—6*
コンベントリ形ダイヘッド　*9—12*

〔**サ**〕
細骨材　*13—16*
最小寸法　*12—3*
最大寸法　*12—3*
細目　*4—3*
サイン バー　*14—23*
先細ヤスリ　*4—5*
先タップ　*9—3*
先丸バイト　*11—4*
先丸ペンチ　*12—10*
下ゲ振リ　*14—8*
ササバキキサゲ　*5—1*
サドル　*11—2*
サラモミキリ　*7—17*
三角板キサゲ　*5—2*
三方締メ万力　*2—4*
三枚合ワセ　*5—17*

〔**シ**〕
仕上ゲ ハツリ　*3—7*
シェル タップ　*9—7*
軸受ケ箱　*12—24*
軸基準式　*12—4*
指示マイクロメータ　*14—16*
下穴　*7—33*
尺立テ　*6—4*
ジャッキ ボルト　*13—10*
斜面用ラップ　*10—24*
ジブ　*12—22*
シメシロ　*12—3*
心金　*6—7*
人造トイシ　*5—6*
心出シ作業　*12—2*

心出シ定規　*6—2*
心立テ ポンチ　*6—11*
シンニング　*7—7*
シンブル　*14—17*
真ミゾ キリ　*7—17*

〔**ス**〕
ス　*7—34*
水準器　*14—7*
スキマ　*12—3*
スキマ ゲージ　*5—14*
スキマバメ　*12—3*
スクイ角　*7—7*
スクライバ ポイント　*14—21*
スケール　*14—1*
捨テケガキ　*6—12*
捨テパス　*6—12*
ストレート シャンク　*7—9*
ストローク　*2—9*
スパイラル タップ　*9—7*
スピンドル　*7—6*
スパナ　*12—4*
スリ合ワ　*12—21*
セスリ合ワセ作業　*5—1*
スリ合ワセ定盤　*5—12*
スリーブ　*7—20*

〔**セ**〕
青熱モロサ　*5—3*
精密検査　*12—25*
精密水準器　*12—22*
精密中グリ盤　*13—28*
切削速度　*7—40*
切断トイシ　*2—10*
センタ リーマ　*8—9*
先端角　*7—7*
先端逃ゲ角　*7—7*

〔**ソ**〕
総形キリ　*7—16*
ソケット　*7—20*
粗骨材　*13—16*
外パス　*14—2*

〔**タ**〕
ダイス　*9—1*
ダイス回シ　*9—24*
ダイヤル ゲージ　*14—18*
タガネ　*3—1*
卓上ボール盤　*7—3*
タップ　*9—1*
タップ回シ　*9—16*
立テ万力　*2—4*
谷用ラップ　*10—24*
種タップ　*9—7*
ダブル パス　*14—4*
弾性バイト　*11—3*
鍛造ドリル　*7—7*
タング　*7—11*
炭素鋼　*3—16*
単目ヤスリ　*4—4*

〔**チ**〕
チゼル エッジ　*7—7*
チゼル ポイント　*7—6*
中振リ　*3—7*
中目　*4—3*
超硬合金ドリル　*7—14*
調整式ダイス　*9—8*
調整リーマ　*8—7*
直角定規　*14—1*
直定規　*14—1*

〔**ツ**〕
ツボ当タリ　*5—16*
ツリアイ試験法　*12—18*
ツリ上ゲ用フック　*13—21*

索　引

〔テ〕
T形レンチ　12—7
テーパ シャンク　7—9
テーパ シャンク ドリル　7—11
手加減ボール盤　7—4
テスト バー　12—21
鉄工ヤスリ　4—1
デプス ゲージ　7—32 (14—13)
電気ドリル　7—2
電気タップ　9—18

〔ト〕
トースカン　6—5
トマリ バメ　12—4
取リ付ケ ボルト　7—27
ドリル　7—1
ドリル タップ　9—7
ドリル チャック　7—2, 7—20
ドリル ブシュ　7—30
トルク コントロール ネジ回シ　12—9

〔ナ〕
中グリ バイト　7—18
中タップ　9—3
斜メ刃キサゲ　5—2
波目ヤスリ　4—4

〔ニ〕
2番ケガキ　6—11
二番スカシ　7—8
二番　7—7

〔ヌ〕
布ヤスリ　4—8

〔ネ〕
ネジ下ギリ　9—1
ネジ立テ　9—1
ネジ立テ盤　9—18
ネジ回シ　12—9

ネジレ角　7—7

〔ノ〕
ノギス　14—9

〔ハ〕
バーニヤ　14—5
バイト　11—3
ハイト ゲージ　14—13
パイプ レンチ　12—8
歯形ノギス　14—13
箱スパナ　12—7
バック テーパ　8—3
バネ キサゲ　5—1
刃物台　11—6
針金ゲージ　14—9
半径ゲージ　14—9
半月キリ　7—17
ハンド ラップ　10—14
万能定盤　6—7
万能分度器　14—5
半丸キサゲ　5—2

〔ヒ〕
非研削タップ　9—1
表面アラサ　10—16

〔フ〕
Vブロック　6—6
複目ヤスリ　4—3
不動先端角　7—7
振リ　7—3
ブロック ゲージ　10—15, 14—19
分度器　14—4

〔ヘ〕
ヘール バイト　11—4
平行台　6—7　11—7

〔ホ〕
防振ゴム　13—13
ポンチ　6—2

〔マ〕
舞イキリ　7—15
マイクロメータ　14—13
豆ジャッキ　7—29
丸ダイス　6—6　9—8
マルチ ナット ランナ　12—7

〔ミ〕
道板　13—24

〔ム〕
ムク ダイス　9—10

〔メ〕
目通シ　4—13
目安ポンチ　6—11

〔モ〕
モールス テーパ ソケット　7—2
モンキ スパナ　12—7

〔ヤ〕
焼キ入レ　3—2
焼キ モドシ　3—2
ヤスリ盤　4—5
ヤスリ目立テ機　4—5

〔ユ〕
弓ノコ　2—1

〔ヨ〕
呼ビ寸法　12—3

〔ラ〕
ラチェット　7—2
ラップ　10—1
ラップ焼ケ　10—7
ランド　7—8

〔リ〕
リトル ジャイアント ダイス　9—11
粒度　10—10
リンギング　14—20

〔レ〕
レベリング ブロック　13—8

〔ワ〕
輪ゲージ　10—21

- 本書の内容に関する質問は、オーム社ホームページの「サポート」から、「お問合せ」の「書籍に関するお問合せ」をご参照いただくか、または書状にてオーム社編集局宛にお願いします。お受けできる質問は本書で紹介した内容に限らせていただきます。なお、電話での質問にはお答えできませんので、あらかじめご了承ください。
- 万一、落丁・乱丁の場合は、送料当社負担でお取替えいたします。当社販売課宛にお送りください。
- 本書の一部の複写複製を希望される場合は、本書扉裏を参照してください。

JCOPY ＜出版者著作権管理機構 委託出版物＞

- 本書籍は、理工学社から発行されていた『よくわかる 仕上ゲ作業法』を、オーム社から版数、刷数を継承して発行するものです。

実用機械工学文庫
よくわかる 仕上ゲ作業法

| 1963 年 7 月 1 日 | 第 1 版第 1 刷発行 |
| 2022 年 7 月 20 日 | 第 1 版第 49 刷発行 |

編　者　大西久治
発行者　村上和夫
発行所　株式会社オーム社
　　　　郵便番号　101-8460
　　　　東京都千代田区神田錦町 3-1
　　　　電話　03(3233)0641(代表)
　　　　URL　https://www.ohmsha.co.jp/

© 大西久治 1963

印刷・製本　デジタルパブリッシングサービス
ISBN978-4-274-05024-4　Printed in Japan